电气安全工程

主编　刘　勇　陈长江　张慧栋　黄　飞

中国矿业大学出版社
· 徐州 ·

内 容 提 要

本书涵盖了电气安全科学技术的基本范畴，系统介绍了电气安全基础、电流对人体的危害及触电急救措施、供配电系统、变配电设备、继电保护、电气防护技术、电气火灾原理和防灾技术。在此基础上，有针对性地介绍了建筑施工、化工工业和采矿工程等典型传统工业领域的用电安全技术原理和防护措施，并且结合新能源的时代大背景，详细介绍了新能源汽车的发展历史、充放电安全技术原理及电气事故的处理。

本书可作为高等院校安全工程专业教材，也可作为有关安全工程技术人员和安全管理人员的培训教材。

图书在版编目(CIP)数据

电气安全工程 / 刘勇等主编. —徐州：中国矿业大学出版社，2024. 9. — ISBN 978-7-5646-6426-8

Ⅰ. TM08

中国国家版本馆 CIP 数据核字第 2024649S39 号

书　　名　电气安全工程
主　　编　刘　勇　陈长江　张慧栋　黄　飞
责任编辑　陈红梅
出版发行　中国矿业大学出版社有限责任公司
（江苏省徐州市解放南路　邮编 221008）
营销热线　(0516)83885370　83884103
出版服务　(0516)83995789　83884920
网　　址　http://www.cumtp.com　**E-mail**:cumtpvip@cumtp.com
印　　刷　江苏淮阴新华印务有限公司
开　　本　787 mm×1092 mm　1/16　**印张** 11.5　**字数** 287 千字
版次印次　2024 年 9 月第 1 版　2024 年 9 月第 1 次印刷
定　　价　34.50 元
（图书出现印装质量问题，本社负责调换）

前　言

电力工业起源于19世纪70年代，距今已有一个多世纪历史。电力的应用掀起了第二次工业化高潮，是人类历史上发生的三次科技革命之一。电力在工业革命、社会进步和人类文明发展中起到了关键作用，被马克思称为“电气火花”的“无比的革命力量”。如今，电力与人们的生产、生活、科学技术研究息息相关，是支撑社会经济发展、保障基本民生的重要基础。中国电力的发展是一部科技进步史，中国电力坚持自力更生与引进、创新相结合，创造了发电装机容量、发电量和电网规模世界第一，高电压直流输电工程独步全球等多项世界之最，取得了一大批具有自主知识产权的重大创新成果。在新的能源形式下，电力在能源安全中的地位更加凸显，中国电力改革正在如火如荼进行。

随着社会经济的迅速发展和科学技术的全面进步，人们对电力的需求与日俱增，触电、电气火灾等电气安全事故的发生频率和强度显著增加。近年来，每年由于电气安全事故造成的经济损失达数十亿甚至上百亿元，给国家及社会造成了不可估量的损失。电气安全已然跻身国家安全的重要组成部分，普及电气安全的相关知识势在必行。做好输电、用电安全，对维持电力系统的稳定性、可靠性，保障正常生产、生活秩序具有十分重要的意义。掌握电气防护的基本原理和技术，了解触电后紧急避险及急救措施，是科学预防电气安全事故发生和削弱事故危害程度的重要基石。培养电气安全专业技术人才是强化电气安全意识、践行电气安全规章制度、减少电气事故安全发生、实现用电安全的重要保障。

本书涵盖了电气安全科学和技术的基本范畴，系统介绍了电气安全基础、电流对人体的危害及触电急救措施、供配电系统、变配电设备、继电保护、电气防护技术、电气火灾原理和防灾技术。在此基础上，有针对性地介绍了建筑施工、化工工业和矿山等典型传统工业领域的用电安全技术原理和防护措施。结合新能源的时代大背景，详细介绍了新能源汽车的发展历史、充放电安全技术原理及电气安全事故的处理。全书注重编写内容的针对性、可操作性和先进性，同时兼顾安全教育方面应知理论和应会技能，既可作为电气安装及管理专业人员的工具书，又可作为安全工程、矿业工程、机电工程、消防工程等专业方向师生的教学用书。

本书内容编写及统稿工作如下：第1章由河南理工大学刘勇编写，并负责全书的统稿工作，第2章由湖南科技大学黄飞编写，第3、4、5、6章由河南理工大学陈长江编写，第7、8、9、10章由河南理工大学张慧栋编写。

本书在编写过程中参考了国内外相关教材和手册等资料，在此向相关作者致以谢意！感谢研究生李翔、高梦雅、井岗霞、余大炀、李兴、李林豫、黄逸在整理本书文字内容及图表过程中付出的辛勤劳动。

由于编者认识水平和学识有限，本书的内容体系难免有些疏漏，还请广大读者及专家、同行不吝指正。本书将定期进行修订和更新，以适应不断更新变化的电气科学与技术发展，保持内容的创新性、实用性和前瞻性。

编 者

2024年4月

目　录

第 1 章　电气安全基础

1.1　电路及其常用物理量

1.1.1　电路

1.1.1.1　电路的组成及作用

电流所流经的路径称为电路(回路)。电路的作用是实现电能的传输和转换。一般电路由电源、负载、开关和连接导线四个部分组成。

电源是将其他形式的能转换为电能的装置,是向负载提供电能的设备。例如,干电池、蓄电池将化学能转变为电能;发电机将机械能转变为电能。电源电路中电能的来源,是维持电流流动的原动力。

负载通常叫作用电器或用电设备。负载是将电能转变为其他形式的能的装置。例如,电灯将电能转变为光能;电炉将电能转变为热能;电动机将电能转变为机械能。负载是消耗电能的装置。

开关是控制电路通或断的装置。

连接导线可将电源和负载连成一个闭合回路,以实现电能的传输和分配。

1.1.1.2　电路的三种状态

电路通常有三种状态:通路、断路和短路。

通路:电源与负载接成的闭合回路,电路接成通路时称为有负载的工作状态。电气设备与电源接通时,就要承受电压和流过电流,因而要一定的功率损耗,产生热量,温度升高,从而会加速设备上绝缘材料的老化、变质,甚至导致漏电、被烧坏。为了使电气设备安全而又经济地运行,必须对工作电压、电流和功率给予限制,通常将这个限定的数值称为额定值。

断路:电源与负载未接成闭合回路的状态,又称为开路。

短路:电源未经过负载而直接经过导线接成回路。短路是电气设备运行中最常出现的事故,通常是由接线错误或电气设备绝缘损坏造成的。短路时电路中的电流很大,此电流称为短路电流。短路电流会使电气设备和连接导线的温度剧增而发热,致使电气设备和导线烧毁,甚至引起火灾。因此,短路是一种严重事故,应尽量避免。为了保护电气设备不致在发生短路时被烧坏,必须在电路中加入保护装置。

额定电压:电气设备正常工作时所承受的最大电压称为额定电压。其值与电气设备所采用的绝缘材料的耐压强度有关。

额定电流：电气设备长期工作所允许通过的最大电流称为额定电流。其值与电气设备绝缘材料的最高允许温度有关。

额定功率：电气设备在额定电压和额定电流下工作时的最大输出功率称为额定功率。

一般工厂所生产的电气设备在铭牌或说明书上都标明了额定值。电气设备在工作中，如果其工作电流、电压超过了额定值，就会大大缩短使用寿命，甚至被烧毁，这是不允许的；相反，如果设备的工作电流、电压比额定值低很多，则将达不到正常合理的工作状态，不能充分发挥自身的能力，也是不行的。因此，电气设备在额定值下工作是最经济、合理和安全可靠的，并能保证使用寿命。

电气设备在额定电压下工作时，通过的电流如果等于额定电流，则称为满载；如果大于额定值，则称为过载或超载；如果小于额定值，则称为轻载。

电气设备运行是否正常，通常可根据其温度的高低来衡量。如果温度超过规定值，说明电气设备过载，应停电检查。

1.1.2 电路中常用的物理量

电路中的基本物理量包括电流、电压和电阻。这些物理量在电路中起着重要的作用，决定了电路的行为和性能。

1.1.2.1 电流

(1) 电流的形成

任何物质都是由分子组成的，分子由原子组成，而原子又是由带正电的原子核和带负电的电子组成，电子围绕原子核旋转。平时因原子核和电子所带电荷量相等，因而原子不显电性。当电子脱离了原子核的束缚后，就成为自由电子。在外电场作用下，自由电子定向运动（移向电场的正极）就形成了电流。

(2) 电流的方向

在电路中，早期的科学家规定，电流的正方向是正电荷流动的方向。后来科学家发现，电流本质上是电子的定向移动，而电子是带负电荷的。因此，电流的流动方向是与电子的运动方向相反的，即电流从电源的正极流向负极。

(3) 电流的类型

电流有两种类型：直流和交流。如果电流的大小和方向都不随时间而变化，这种电流就称为直流；如果电流的大小和方向都随时间而变化，则此电流称为交流。

(4) 电流的大小和单位

电流有大小或强弱之分。一盏灯通过的电流大，灯就亮些；通过的电流小，灯就暗些。通常，用电流强度表示电流的强弱。电流强度在数值上等于 1 s 内流过导体横截面积的电荷量。电流强度简称为电流，用符号 I 表示。

度量电流大小的单位为安培（简称安），用 A 表示。在计算时，比安培大的单位为千安，比安培小的单位为毫安和微安。它们的换算关系为：

$$1\text{ 千安(kA)}=1\,000\text{ 安(A)}=10^3\text{ 安(A)}$$

$$1\text{ 安(A)}=1\,000\text{ 毫安(mA)}=10^3\text{ 毫安(mA)}=10^6\text{ 微安}(\mu\text{A})$$

1.1.2.2 电位

水有水位的高低。电荷如同水一样，在电场中也有电位的高低，电荷在电场中某点所具有的位能，称为该点的电位。

为确定电路中各点电位的高低，需要选择一个点作为比较的标准，此点称为参考点。设参考点的电位为零，以此标准来比较电路中其他各点电位的高低，比参考点电位高的电位为正，比参考点电位低的电位为负。因为地球可以近似地视为一个巨大的导体，所以在工程上通常取大地为参考点，其电位为零。对于电气设备和电子仪器，通常规定金属外壳或公共接点为零电位。因此，在电气设备安装中，为了保证安全，要求将电气设备的金属外壳接地，如电动机的外壳必须接地。

1.1.2.3　电压

电压又称为电位差。在电路中，任意两点都具有不同的位能，从而出现电位差。如同水一样，水从水位高的地方向水位低的地方运动形成水流。所以，可以把电压理解为推动电子运动的“压力”，推动电子运动的力称为电场力。电压是衡量电场力做功本领大小的物理量。在电路中，电场力将单位电荷从一点移动到另一点所做的功，称为该两点间的电压，用符号 U 表示。计量电压的单位是伏特(简称伏)，用符号 V 表示。计量高电压时用千伏，计量很低电压时用毫伏或微伏。其换算关系为：

$$1\ 千伏(kV)=1\ 000\ 伏(V)=10^3\ 伏(V)=10^6\ 毫伏(mV)=10^9\ 微伏(\mu V)$$

1.2　电气安全知识

1.2.1　电器与电气

电器是所有电工设备的简称。凡是根据外界特定的信号和要求，自动或手动接通和断开电路，断续或连续地改变电路参数，实现对电路或非电现象的切换、控制、保护、检测和调节的电气设备均称为电器。

电气是以电能、电气设备和电气技术为手段来创造、维持与改善限定空间和环境的一门学科。

电器侧重于个体、元件和设备；电气侧重于系统。

1.2.2　直流电与交流电

直流电是指电流方向和大小都不随时间做周期性变化的电流。

交流电的电流方向、大小都随时间做周期性的变化，并且在一周期内的平均值为零。

交流电可分为三相电、两相电和单相电。

三相电是指三相线供电，三根相线的任何两根相线间的电压都是 380 V(线电压为 380 V)，任一相线和任一零线或对地之间的电压都是 220 V，三相交流电主要用于工业或商业，负载常为三相交流电动机、三相交流电焊机等。

两相电是两根相线，相线与相线之间电压是 380 V，两相交流电常用于交流电焊机。

单相电是一零一相，由一根相线和一根零线组成，电压为 220 V，单相交流电常用于民用电器，如照明灯、电视机、电饭锅等。

1.2.3 高压电、低压电与特低压电

根据《电业安全工作规程》(GB 26860—2011),我国电力系统中,把电压等级在 1 kV 及以上的电气设备称为高压电气设备,把电压等级在 1 kV 以下的电气设备称为低压电气设备。

电力系统中通常采用高压供电,来减少输电过程中的能量散失。根据 $P=IU$ 公式可知,为减小电能在传输过程中的损耗,必须减小电流,同时又要确保总功率不变,则要适当提高电压大小,再经过降压变电所,最后到达用户终端。相对于普通电源来说,高压电有其特殊危害性。高压触电有两种特殊情形:高压电弧触电和跨步电压触电。由于电压较高,高压触电很容易导致触电死亡。

科学、经济的输电方法,应该根据输电功率的大小和输电距离远近,通过技术和经济分析,选择不同的输电电压。我国主要能源基地远离用电负荷中心,非常适合采用超高压或特高压输电。

输电线路的输电能力与输电电压的平方成正比,输送相同功率时,电压越高、电流越小,线路的损耗就小。同时,输电电压越高,从电源侧发电机端看去电路的阻抗就越小,在输电系统中,输电线路和发电机之间同步运行的稳定性就越高。因此,特高压输电有输送能力强、损耗小和稳定性好三大优点。

我国工频低压最常用的是 380 V 和 220 V 电压;在井下及其他场合,则常采用 127 V 和 660 V 电压;在安全要求高的场合,采用 50 V 以下的特低压电。

特低电压又称安全特低电压,旧称安全电压,是为防止触电事故而采用的由特定电源供电的电压系列。它是以人体允许电流与人体电阻的乘积为依据而确定的,即当触电时通过人体的电流是安全电流。根据欧姆定律,电压越高,电流也就越大。因此,可以把可能加在人身上的电压限制在某一范围之内,使得在这种电压下,通过人体的电流不超过允许的范围,这一电压就叫作特低电压,也叫作安全特低电压或安全超低电压。具有特低电压的设备属于Ⅲ类设备。

1.2.3.1 特低电压的确定及应用

特低电压值取决于人体允许电流和人体电阻的大小。人体允许电流是指在人体遭受电击后可能延续的时间内不致危及生命的电流。一般情况下,人体允许电流可按摆脱电流考虑;在装有防止触电的速断保护装置的场合,人体允许电流可按 30 mA 考虑;在容易发生严重二次事故的场合,应按不致引起强烈反应的 5 mA 考虑。

人体电阻主要由体内电阻和皮肤电阻组成,受接触电压、皮肤潮湿程度等多种因素的影响。体内电阻不受外界因素的影响,约为 500 Ω。皮肤电阻随着条件的不同可在很大范围内变化,使得人体电阻也在很大范围内变化。一般情况下,人体电阻可按 1 000~2 000 Ω 考虑。

我国标准规定了特低电压的系列,将特低电压额定值(工频有效值)的等级规定为 42 V、36 V、24 V、12 V 和 6 V 五个等级。特低电压的具体选用需要根据使用环境、人员和使用方式等因素来确定。凡手提照明灯、危险环境和特别危险环境下使用的携带式电动工具,如无特殊安全结构或安全措施,应采用 42 V 或 36 V 特低电压;金属容器内、隧道内和矿井内

等工作地点狭窄、行动不便，以及周围有大面积接地导体的环境，应采用 24 V 或 12 V 特低电压。特低电压额定值的选用见表 1-1。

表 1-1　特低电压额定值的选用

<table>
<tr><th colspan="2">特低电压(工频有效值)/V</th><th colspan="2" rowspan="2">选用举例</th></tr>
<tr><th>额定值</th><th>空载上限值</th></tr>
<tr><td>42</td><td>50</td><td colspan="2">在一般和较干燥环境中使用；在有触电危险的场所使用的手持电动工具；有电击危险环境中使用的手持照明灯和局部照明灯</td></tr>
<tr><td>36</td><td>43</td><td colspan="2">在一般和较干燥环境中使用。凡有电击危险环境中使用的手持照明灯和特别危险环境(矿井、多导电粉尘场所)使用的局部照明灯、高度不足 2.5 m 的一般照明灯、危险环境和特别危险环境中使用的携带式电动工具，如果没有特殊安全结构或安全措施，应采取 36 V 特低电压</td></tr>
<tr><td>24</td><td>29</td><td>当电气设备采用 24 V 以上特低电压时，必须采取防直接接触电击的措施。医用电气设备应采用 24 V 及以下的电压，插入人体的医用电气设备应更低</td><td rowspan="3">可供某些具有人体可能偶然触及的带电设备选用。在较恶劣环境中允许使用，如金属容器内、管道内、铁平台上、隧道内、矿井内和潮湿环境中</td></tr>
<tr><td>12</td><td>15</td><td>凡是工作地点狭窄、行动不便以及周围有大面积接地导体的环境(如金属容器内、隧道内)，使用手提照明灯的，应采用 12 V 电压</td></tr>
<tr><td>6</td><td>8</td><td>水下作业等特殊场所应采用 6 V 特低电压</td></tr>
</table>

注：特低电压标准不适用于带电部分能伸入人体的医疗设备。

1.2.3.2　电源及回路配置

(1) 安全电源。采用安全电压的用电设备必须由特定的电源供电。特定电源包括安全隔离变压器和独立电源。安全隔离变压器通常是装在同一铁芯上的两个相对独立的线圈，其接线如图 1-1 所示。安全隔离变压器一、二次侧之间有良好的绝缘。其间还可以用接地的屏蔽将其隔离开来，因此即使发生高压击穿事故，也是一次线圈与铁芯形成短路，在一次线圈与二次线圈之间没有任何电的联系。

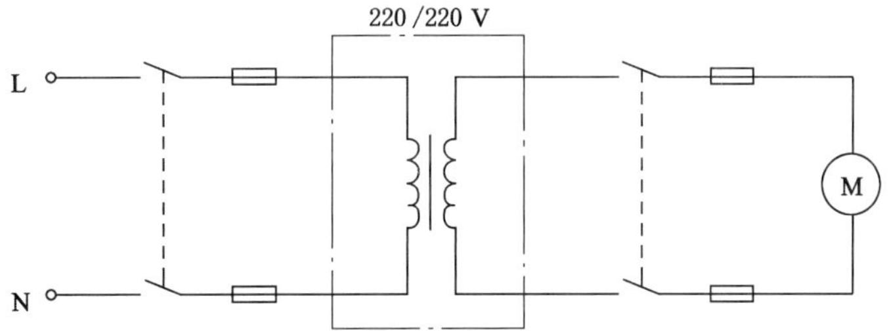

图 1-1　安全隔离变压器接线

分析图 1-2 中 a、b 两人的触电危险性可以看出：正常情况下，由于 N 线（或 PEN 线）直接接地，使流经 a 的电流沿系统的工作接地和重复接地构成回路，a 的接触电压接近相电压，危险性很大；而流经 b 的电流只能沿绝缘电阻和分布电容构成回路，假设相电压为 220 V，人体电阻为 2 000 Ω，线路的绝缘电阻为 0.5 MΩ，则 b 的接触电压仅为 0.88 V，由此可见，电击的危险性可以得到抑制。

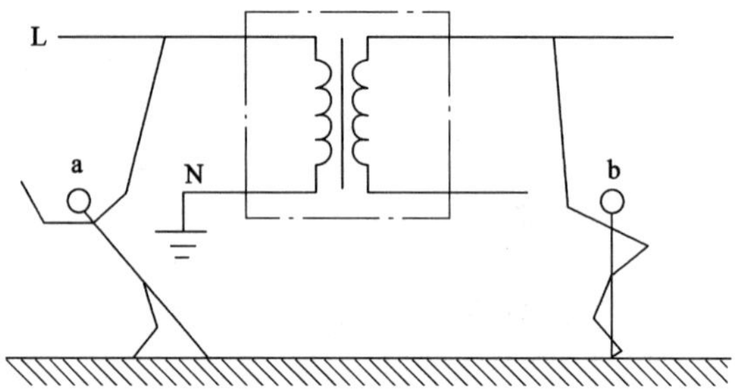

图 1-2　触电危险性

独立电源是指与安全隔离变压器具有同等隔离能力的发电机、蓄电池和电子装置等。

（2）回路配置。安全电压回路的带电部分必须与较高电压的回路保持电气隔离，不得与大地、中性线或保护零线、水管、暖气管道等相连接，但安全隔离变压器的外壳以及一、二次侧之间的屏蔽隔离层应按规定接地或接零。安全电压的配线最好与其他电压等级的配线分开敷设，否则，其绝缘水平应与共同敷设的其他较高电压等级配线的绝缘水平一致。

（3）插销座。安全电压的设备的插销座不应带有接零、接地插头或插孔。为了保证不与其他电压的插销座有插错的可能，安全电压应采用不同结构的插销座，或者在其插座上有明显的标志。

（4）短路保护。为了进行短路保护，安全电压电源的一、二次侧均应装设熔断器。

第 2 章　电流对人体的伤害

2.1　电流对人体的伤害概述

触电是电流对人体的伤害。电流对人体的作用与其他形式的能量对人体的作用具有明显区别，其特点是触电前没有任何预兆，往往在事故前一瞬间人体还没有丝毫察觉，触电事故突然发生了，所以这样的事故有比较大的危险性。

触电事故是由电流的能量作用于人体造成的。当电流通过人体时，人体会有麻痹、针刺、颤抖、痉挛、打击、疼痛等感觉；如果电流较大和持续时间长，会出现呼吸困难、心脏跳动不规则，甚至昏迷、心室颤动、心脏停搏、呼吸停止等症状。而且，人体在电流的作用下，人的防卫能力迅速降低。

电流对人体的伤害属于生理性质的伤害，伤害的严重程度主要取决于通过人体的电流大小、电流途径和持续时间。

电流作用于人体内部器官导致死亡的主要原因是心室性纤维颤动或窒息。前者主要是电流通过心脏，致使心室性纤维颤动，心脏的“泵室”作用失调，最后导致心脏停搏，血液循环中止；后者是当电流通过大脑的呼吸中枢，会阻止呼吸，甚至窒息，或电流通过胸部时，会使胸肌收缩，导致呼吸道阻塞，呼吸循环停止。

2.1.1　电击

电击是电流对人体内部器官的一种伤害，属内伤。电击时一般人体和带电体直接接触，由于电流通过人的肌体，肌肉有抽筋现象，肢部会痉挛，使人摔向一侧。这时，电流作用已使管理心脏和呼吸机能的神经中枢受到伤害，如果尚未脱离电源，心脏和呼吸器官的正常工作机能会继续遭到破坏，易造成死亡；如果人体能迅速脱离电源，可能不致引起严重的后果，对在某些情况下已出现假死等现象的伤员，可以及时、正确地施行现场心肺复苏急救。实践证明，多数人是可以挽回生命的。触电死亡事故大多是电击所造成的，因此电击是最危险的触电伤害。

电击的主要特征有：

(1) 一般易发生在 35 kV 及以下的高压电气设备和低压电气设备上，加于人体的电压不太高。

(2) 受轻度电击时，由于电流大部或全部从人体体内通过，故触电者外表不易找到明显的伤害，只在与大地接触的人体部位留下米粒大或黄豆大的击穿痕迹。但电流流经人体的时间较长时，电击伤害程度加重。

2.1.2 电伤

电伤是电流的热效应、化学效应或机械效应对人体表面造成的局部伤害，包括电灼（烧）伤、电烙印和皮肤金属化。

2.1.2.1 电灼（烧）伤

电灼（烧）伤是电流热效应和机械效应对人体外部造成的局部伤害，它可分为电弧灼伤和非电弧灼伤。电灼（烧）伤是触电事故中出现较多的一种形式。

电弧灼伤有两种：一是电流经过人体的电弧灼伤，称直接电弧灼伤，当人体某部位接近高压设备一定距离的瞬间，带电体对人体弧光放电，此时有较大的电流经过人体。由于人的本能作用和电弧放电时间较短，且伴有高频振荡，通常情况不致引起电击。但严重的电弧灼伤也能伴随电击，致人伤残或致命。二是电流不经过人体的电弧伤害，称为间接电弧灼（烧）伤，由于放电时电弧温度高达 3 000 ℃以上，通常会造成比较严重的大面积电弧烧伤。例如，电路中带负荷拉隔离开关时就会引起这类事故。

非电弧灼伤是由于电弧的辐射热作用所造成的人员眼睛伤害，或衣物等燃烧引起的烧伤，或因电流熔化局部导电体所产生的熔化金属粉末飞溅引起的灼伤。

必须警惕的是，员工的化纤类非棉织品着装，在电弧高温辐射热作用下，极易造成人体表面皮肤被烧伤的较大伤害。

2.1.2.2 电烙印

电烙印是人体触电后，由于电流的化学效应或机械效应在皮肤上形成的灼伤痕迹。伤痕一般呈圆形或椭圆形，有白色或灰色的边缘，一般不会使人感到疼痛。严重时会造成触电部位局部肌肉僵死，而不得不进行截除手术。

2.1.2.3 皮肤金属化

皮肤金属化是由于电流的机械性或化学性作用，将熔化产生的炽热金属微粒，渗入皮肤层所引起。大多数情况皮肤金属化是局部性的，通常不会造成其他严重后果。它是电伤中较轻的一种伤害。

人体触及带电体的情况是多种多样的，有时电击和电伤两种触电伤害会同时发生。此外，电伤会伴有伤员丧失知觉及平衡，致使其由高处坠落摔伤。

2.1.3 电流伤害机理分析

触电时，电流将通过人体，流过人体的电流会遇到阻力，这阻力就是人体阻抗。人体阻抗主要由体内电阻、皮肤电阻和体内电容、皮肤电容组成。体内电容、皮肤电容很小，一般可以忽略不计。

人体体内电阻是由人体内部组织、血液、骨骼等组成。由于人体内部组织、血液等含水量高，所以人体内部组织导电性能良好，基本上不受外界因素的影响，其体内电阻值约为 500 Ω。

人体皮肤电阻由表皮、真皮和皮下层组成。最外层表皮又由角质层、粒层和生长层组成，角质层一般有 0.05～0.2 mm 厚，其电气绝缘强度在干燥时很高，电阻率为 0.15～10 MΩ · cm，电阻高达 10 000～100 000 Ω。当角质层渗入水分或不完整时电阻值将会下降。真皮和皮下层有汗腺、汗管、毛囊、血管和神经、经脉等，其电阻率较低、电阻值较小。

皮肤电阻主要由皮肤表面的角质层所决定的。

皮肤电阻随着不同的条件和情况在很大的范围内变化，使得人体电阻也在很大的范围内变化。通过科学试验，人体的电阻值是：

（1）如果人体的皮肤干燥又未破损，一般为 10 000～100 000 Ω。

（2）去掉角质层，将下降到 800～1 000 Ω。

（3）如果将皮肤全部剥掉，将下降到 600～800 Ω。

在不同的接触电压和人体皮肤状况条件下的人体电阻见表 2-1。一般情况下，计算人体电阻也可按 1 000～2 000 Ω 考虑。

表 2-1　不同条件下的人体电阻/Ω

接触电压/V	人体电阻			
	皮肤干燥①	皮肤潮湿②	皮肤湿润③	皮肤浸入水中④
10	7 000	3 500	1 200	600
25	5 000	2 500	1 000	500
50	4 000	2 000	875	440
100	3 000	1 500	770	375
250	1 500	1 000	650	325

注：① 干燥场所的皮肤，电流途径为单手至双足；② 潮湿场所的皮肤，电流途径为单手至双足；③ 有水蒸气等特别潮湿场所的皮肤，电流途径为双手至双足；④ 游泳池或浴池中的情况，基本上为体内电阻。

影响人体电阻的因素很多，除角质层和皮肤生成的厚薄不同外，人体电阻值还受下列情况的影响而变化：

① 皮肤清洁时电阻值较大，有污垢、带有导电性粉尘时电阻值较小。

② 皮肤干燥时电阻值较大，潮湿、有汗水时电阻值较小。

③ 表皮皮肤完整时电阻值较大，有损伤、破坏时电阻值较小。

④ 电极与皮肤的接触面积大和接触紧密时电阻值小，反之电阻值大。

⑤ 通过人体的电流大，时间长，皮肤发热出汗时电阻值下降。

⑥ 接触的电压高时会电解和击穿皮肤，人体电阻值会大大下降。通常 10～30 V 的接触电压就能击穿皮肤。

如图 2-1 所示，a 为人体电阻的上限，b 为人体电阻的平均值，c 为人体电阻的下限；a 和 b 之间对应于干燥的皮肤，b 和 c 之间对应于潮湿的皮肤。

2.1.4　电流对人体伤害程度的影响因素

通过试验研究和触电事故的分析所知，当电流流经人体内部组织时，影响触电伤害的程度与通过人体的电流大小、持续时间、电流途径、电流的频率和种类以及人体状况和电压高低等多种因素有关，而且各因素之间有着密切关系。

2.1.4.1　电流大小

通过人体的电流越大，人体的生理反应越明显，人的感觉越强烈，引起心室颤动或窒息所需的时间越短，致命的危险性就越大。

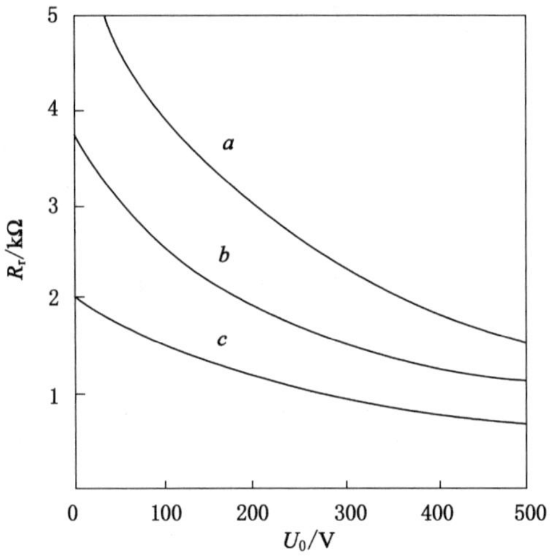

图 2-1 人体电阻和接触电压的关系

根据通过人体电流大小的不同，对人体产生的不同生理效应和呈现的状态，可将电流划分为以下三级。

（1）感知电流

感知电流是指人体开始通电有感觉的最小电流。试验资料表明，人体的感知电流随着每人的通电感觉之异，而有差异；随着人体电流流入部位的不同，而有所不同。50～60 Hz交流电时，成年男性平均感知电流约为1.1 mA，成年女性平均感知电流约为0.7 mA。直流电时，成年男性平均感知电流约为5.2 mA，成年女性平均感知电流约为3.5 mA。

（2）摆脱电流

摆脱电流是指人触电后能自主摆脱触电电源（带电体）的最大电流。摆脱电流是一个重要的安全指标，在其值内触电者具有自主行为的摆脱能力，自行脱离触电电源。试验资料表明，对于不同的人，摆脱电流也不相同。50～60 Hz交流电时成年男性平均摆脱电流约为16 mA，成年女性平均摆脱电流约为10.5 mA。直流电时成年男性平均摆脱电流约为76 mA，成年女性平均摆脱电流约为51 mA。按0.5%的危险度概率考虑，50～60 Hz交流电时成年男性最小摆脱电流约为9 mA，成年女性最小摆脱电流约为6 mA，儿童最小摆脱电流约为4.5 mA，见表2-2。

表 2-2 感知电流和摆脱电流　　单位：mA

	平均感知电流		平均摆脱电流		最小摆脱电流
	工频交流	直流	工频交流	直流	工频交流（按0.5%的危险度概率）
成年男性	1.1	5.2	16(15)	76	9
成年女性	0.7	3.5	10.5	51	6
儿童	—	—	—	—	4.5

表2-3是工频电流经手→躯干→手的途径，对成年男性的试验结果，其感知电流与摆脱电流值与表2-2相接近。这里仍要指出安全是相对的，因为它以行为和本能来判断安全，被

试验(保护)对象限于具有摆脱能力的触电者。1984 年国际电工委员会在 IEC479-1 中规定采用与持续时间无关的、常用的 15～100 Hz 的交流电感知电流为 0.5 mA，直流感知电流为 2 mA，交流摆脱电流值确定为 10 mA，我国国标中也将交流摆脱电流值定为 10 mA，矿井等类的作业场所则定为 6 mA。

表 2-3　工频电流对人体作用的试验结果　　单位：mA

感觉情况	被试者		
	5%	50%	95%
手表面有感觉	0.7	1.2	1.7
手表面有麻痹似的连续针刺感	1.0	2.0	3.0
手关节有连续针刺感	1.5	2.5	3.5
手有轻度颤动，关节有受压迫感	2.0	3.2	4.4
前肢部有强力压迫的轻度痉挛	2.5	4.0	5.5
上肢部有轻度痉挛	3.2	5.2	7.2
手硬直、有痉挛，但能伸开，已感觉有轻度疼痛	4.2	6.2	8.2
上肢部、手有剧烈痉挛，失去感觉，手的前表面有连续针刺感	4.3	6.6	8.9
手的肌肉直到肩部全部痉挛，但还可能摆脱带电体	7.0	11.0	15.0

(3) 致命电流

致命电流是指在较短时间内危及生命的最小电流。当人体发生触电，电流流过心脏，使心脏不仅不能正常搏动，还将引起心室纤维颤动，血液循环中止而死亡，这个使心室颤动的电流可称为致命电流。心室颤动电流的大小与电流流过人体的途径、心室通电时间有关。

2.1.4.2　触电时间

电流对人体所造成的生理效应与触电时间长短有密切的关系。如果触电时间越长，流过心脏的电流越大，越容易引起心室颤动，电击伤害的危险性也就越大。其原因如下：

(1) 触电时间越长，能量积累增加，心室颤动电流减小。当触电时间在 0.01～5 s 范围内时，心室颤动电流和触电时间的关系为：

$$I=\frac{116}{\sqrt{t}} \tag{2-1}$$

式中　I——相应于体重 50 kg 的人的心室颤动电流，mA；

t——触电时间，s。

心室颤动电流与触电时间的关系为：当 $t\geqslant 1$ s 时，$I=50$ mA；当 $t<1$ s 时，$I=\frac{50}{t}$mA。

(2) 触电持续时间的长短与通过人体电流的大小对人体所产生的生理效应是不同的。图 2-2 绘出了当 15～100 Hz 交流电流流过人体四肢(手到手或手到脚)时，4 种电流-时间区间对人体所产生的不同生理效应(IEC479-1)。

① 图 2-2 中的电流为左手流经双脚时的人体生理效应。

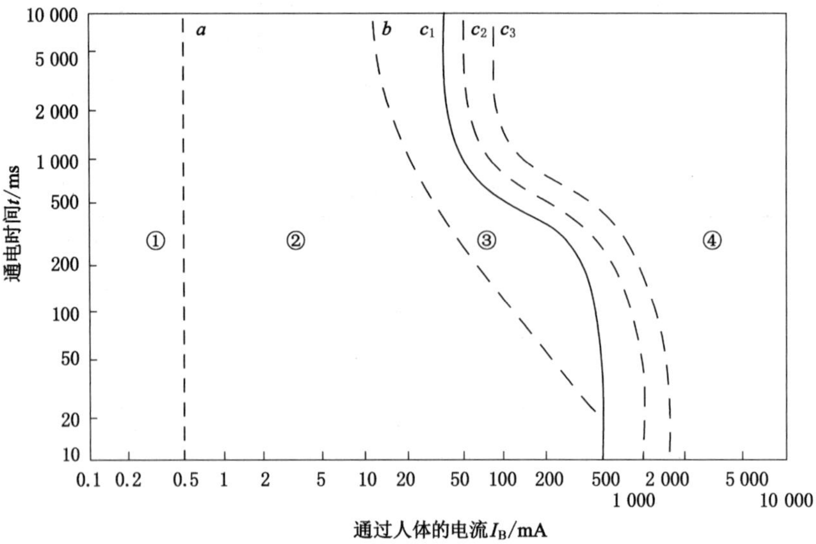

图 2-2　15～100 Hz 交流电对人体效应的时间-电流区间

② 图 2-2 中，500 mA/100 ms 这一点与大约 0.14％的心室颤动可能发生率相对应。在第①区间，通常无生理效应上的反应，与人体通过电流的时间无关；在第②区间，通常无有害的生理效应反应；在第③区间，通常被认为不会有器质性的损伤，但随着电流强度和持续时间的增加，很可能发生肌肉收缩、呼吸短促且困难、心脏组织和搏动传导的可逆性失调，甚至出现心室颤动和短暂心脏停搏；在第④区间，除了有第③区间的效应外，曲线 c_2 出现心室颤动的概率可达 5％，曲线 c_3 的概率增至 50％，曲线 c_3 以右时的概率高于 50％。随着电流强度和持续时间的增加，可能发生心脏停搏、呼吸停止和严重灼伤。

③ 通电时间与心室颤动电流有关，如图 2-3 所示。当通电时间超过心脏搏动周期时，心室颤动电流仅数十毫安(一般认为是 50 mA 以上)；当通电时间不足心脏搏动周期，但超过 10 ms，并发生在心脏搏动的特定时刻时，心室颤动电流在数百毫安以上。

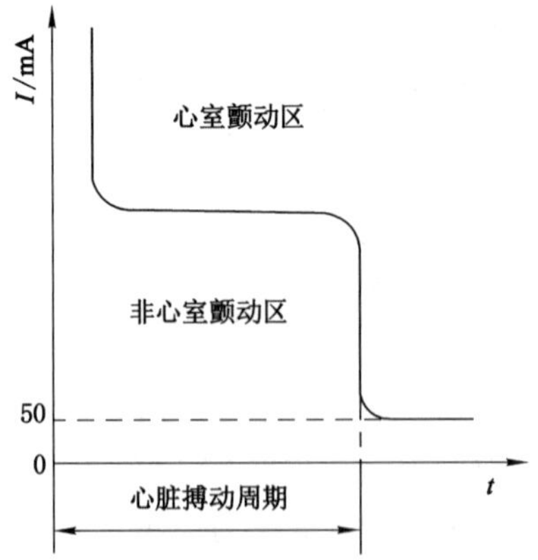

图 2-3　心室颤动电流与通电时间的关系

心脏每一搏动周期中，只有心脏收缩与舒张之间 0.1～0.2 s 的易激期对电流最敏感。触电时间一长，重合这段危险时间的可能性越大，危险性就越大。

(4) 触电时间越长，人体电阻因出汗等原因降低，导致流过人体电流进一步增大，触电危险性也增加。

根据试验和综合分析资料得出的工频电流大小与触电持续时间长短对人体的生理反应见表 2-4。其中，O 范围内，人的生理反应是没有感觉；A_1、A_2、A_3 范围内，在一般情况下尚不致引起心室颤动、产生严重的后果，但持续通电时间过长时仍会引发心室颤动；B_1、B_2 范围，易产生严重后果。

表 2-4　工频电流对人体的作用

电流范围	电流	触电时间	人的生理反应
O	0～0.5 mA	连续通电	没有感觉
A_1	0.5～5 mA	连续通电	开始有感觉，手指、手腕等处有痛感，无痉挛，可以摆脱带电体
A_2	5～30 mA	数分钟以内	痉挛、不能摆脱带电体，呼吸困难，血压升高，是可以忍受的极限
A_3	30～50 mA	数秒到数分钟	心脏跳动不规则，昏迷，血压升高，强烈痉挛，时间过长即引起心室颤动
B_1	50 mA 至数百毫安	低于心脏搏动周期	受强烈冲击，但未发生心室颤动
		超过心脏搏动周期	昏迷，心室颤动接触部位留有电流通过的痕迹
B_2	超过数百毫安	低于心脏搏动周期	在心脏搏动周期特定的相位触电时，发生心室颤动、昏迷，接触部位留有电流通过的痕迹
		高于心脏搏动周期	心脏停止跳动、昏迷，产生可能致命的电伤

2.1.4.3　电流途径

人体心脏是最为薄弱的器官，流经心脏的电流是促使心室性纤维颤动的"祸魁"。通过试验证明电流流过人体的途径不同时，流过心室颤动电流大小也不同，由此造成的电击危险性也不相同。人体不同电流途径对心脏电流的影响可用心脏电流系数表示。心脏电流系数就是从左手到双脚的心室颤动电流阈值与任一电流途径的心室颤动电流阈值的比值，则：

$$F = I_{\text{ref}}/I_{\text{h}} \tag{2-2}$$

式中　F——心脏电流系数；

I_{ref}——经左手到双脚的心室颤动电流阈值，mA；

I_{h}——任一电流途径的心室颤动电流阈值，mA。

心室颤动电流阈值是指引起心室性纤维颤动的最低电流值。在人体触电时，不同电流途径下的心脏电流系数见表 2-5。

表 2-5 不同电流途径下的心脏电流系数

电流途径	F	电流途径	F
左手至左脚、右脚或双脚；双手至双脚	1.0	背至左手	0.7
左手至右手	0.4	胸部至右手	1.3
右手至左脚、右脚或双脚	0.8	胸部至左手	1.5
背至右手	0.3	臂部至左手、右手或双手	0.7

从表 2-5 可看出，胸部至左手是最危险的电流途径，其次是胸部至右手。对四肢来说左手至左脚、右脚或双脚和双手至双脚也是最危险的电流途径，其次是右手至左脚、右脚或双脚。左手至右手的心脏电流系数较小，即心脏分流的电流较小；左脚至右脚的电流途径偏离心脏较远，从心脏流过的电流更小，但不能忽视因痉挛而摔倒，导致电流通过人体主要部位造成的伤害。

有关心电相位的问题。正常人的心脏跳动是有节律周期地进行舒张和收缩，当人体触电时，电流流过心电相位的心缩期和心舒期所产生的心室颤动电流阈值和危险性也有所不同。根据试验证明，电击心缩期的心室颤动电流阈值要比电击心舒期的心室颤动电流阈值小，也就是说电击心缩期的危险性要比电击心舒期的危险性大。当电流作用时间超过人的心脏搏动周期时，由于电流与心电相位的心缩期重合，极易产生心室颤动，因此心电相位在指定时间条件下对心室颤动电流阈值起着主要作用。

2.1.4.4 电流种类

直流电流、高频电流、冲击电流对人体都有伤害作用，其伤害程度一般较工频电流为轻。

电流频率不同，对人体的伤害程度也不同。25～300 Hz 的交流电流对人体伤害最严重。1 000 Hz 以上，伤害程度明显减轻，但高频高压电也有电击致命的危险。男性摆脱电流与频率的关系如图 2-4 所示。

10 000 Hz 高频交流电最小感知电流，男性约为 12 mA，女性约为 8 mA。平均摆脱电流男性约为 75 mA；女性约为 50 mA。可能引起心室颤动的电流，通电时间 0.03 s 时约为 1 100 mA；3 s 时约为 500 mA。

雷电和静电都能产生冲击电流。冲击电流能引起强烈的肌肉收缩，给人以冲击的感觉。冲击电流对人体的伤害程度与冲击放电能量有关。数十微秒至一百微秒的冲击电流使人有感觉的最小值为数十毫安。数十微秒至一百微秒接近 100 A 的冲击电流也不一定引起心室颤动，因而不使人致命。当人体电阻为 1 000 Ω 时，可以认为冲击电流引起心室颤动的界限是 27 W·s。

2.1.4.5 人体状况

试验和分析表明电击危险性与人的性别、人体状况有关。从表 2-2 可以看出，女性对于电流较男性敏感，女性的感知电流和摆脱电流均约为男性的 2/3。由于感知电流、摆脱电流和心室颤动电流一般与体重成正比，体重越轻越敏感，所以儿童对电流的感觉较成人敏感，儿童遭受电击较成人危险。人的健康状况、精神状态不同，对感知电流、摆脱电流和致命电

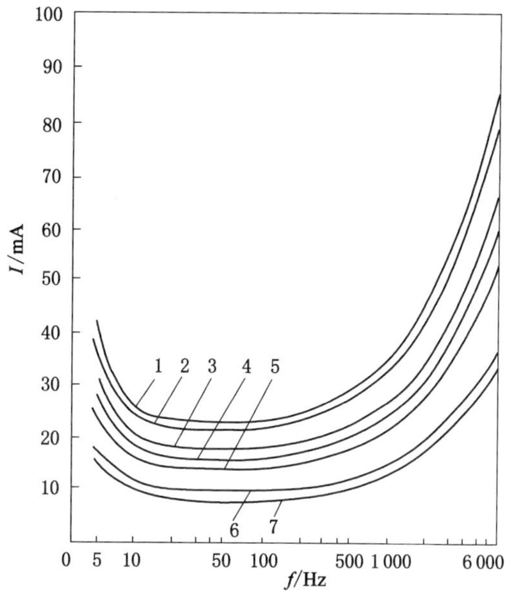

图 2-4　摆脱电流与频率的关系

流的敏感程度也不同，触电伤害程度也不一样。如有心脏病、呼吸道和神经系统疾病的人以及酗酒、疲劳过度的人，遭受电击时的危险性比正常人严重。

2.1.4.6　电压高低

流过人体的电流是由人体的接触电压和人体电阻所决定的。实际上，在现场常常会发生人体接近小于最小安全距离的高压电或不慎碰触到高电压带电体的现象，人体肌肤的角质层很容易被高电压击穿破坏，电阻率下降，同时含水分高的肌肤也会被电解，人体电阻很快降至内部电阻值，通过人体的电流随之增大，因此电压越高对人体构成的危险性也就越大。另外，当人体接近 66 kV 及以上高电压和 500 kV 及以上超高电压的带电体时，由于高电场的作用，会产生很高的静电感应电压；在强交流电磁场的作用下，会产生很高的电磁感应电压。因此，电力作业人员有面临静电感应高电压和电磁感应高电压对人的触电伤害，以及高压带电导体剩余电荷的触电伤害，同时会伴有高处坠下致伤等二次伤害。

电压低，电磁场的作用相对较弱，感应电压不大，人体对其敏感性较差，作业人员往往会在不知不觉中碰触及带电体而遭电击伤害，这类触电事故的例子较多。

接触或接近时电压对人体的影响见表 2-6。

表 2-6　电压对人体的影响

电压/V	对人体的影响	电压/V	对人体的影响
10	全身在水中时，跨步电压界限为 10 V/m	100～200	危险性急剧增大
20	为湿手的安全界限	200 及以上	对人的生命发生危险

表 2-6(续)

电压/V	对人体的影响	电压/V	对人体的影响
30	为干燥手的安全界限	3 000	有被带电体吸引的感觉
50①	对人的生命没有危险的界限	10 000 以上	有被弹开而脱险的可能

注:① 该电压是指空载上限交流有效值。

2.2 触电急救

2.2.1 迅速脱离电源

人触电以后,可能由于痉挛或失去知觉等原因而手紧抓带电体,不能自行摆脱电源。这时,使触电者尽快脱离电源是救活触电者首要因素。“时间就是生命”,早断电一秒钟就多一份救活的希望。

所谓脱离电源,就是把触电者接触的那一部分带电设备的所有开关、刀闸或其他断路设备断开,或者设法将触电者与带电设备脱离开。在脱离电源过程中,救护人员既要救人,也要注意保护自身的安全。现场心肺复苏法十分重要的是抢救者应掌握救生措施不致使自己有遭受电击的危险。

2.2.1.1 低压触电事故

低压触电事故可采用下列方法使触电者脱离电源:

(1) 如果触电地点附近有电源开关或电源插销,可立即拉开开关或拔出插销,断开电源。但应注意到拉线开关或平开关只是控制一根线,有可能因安装问题只能切断零线而没有断开电源的火线。

(2) 如果触电地点附近没有电源开关或电源插销,可用有绝缘柄的电工钳或有干燥木柄的斧头切断电线,断开电源,或用干木板等绝缘物插入触电者身下,以使其脱离电源。

(3) 当电线搭落在触电者身上或压在身下时,可用干燥的衣服、手套、绳索、木板、木棒等绝缘物作为工具,拉开触电者或挑开电线,使触电者脱离电源。

(4) 如果触电者的衣服是干燥的,又没有紧缠在身上,可以用一只手抓住他的衣服,拉离电源。但因触电者的身体是带电的,其鞋的绝缘也可能遭到破坏,救护人不得接触触电者的皮肤,也不能抓他的鞋。

(5) 若触电发生在低压带电的架空线路上或配电台架、进户线上,对可立即切断电源的则应迅速断开电源,救护者迅速登杆或登至可靠地方,并做好自身防触电、防坠落安全措施,用带有绝缘胶柄的钢丝钳、绝缘物体或干燥不导电物体等工具将触电者脱离电源。

2.2.1.2 高压触电事故

高压触电事故可采用下列方法使触电者脱离电源:

(1) 立即通知供电的有关单位或部门停电。

(2) 带上绝缘手套,穿上绝缘靴,用相应电压等级的绝缘工具按顺序拉开电源开关或熔断器。

(3) 抛掷裸金属线使线路短路接地，迫使保护装置动作，断开电源。注意抛掷金属线之前，先将金属线的一端固定可靠接地，然后另一端系上重物抛掷，注意抛掷的一端不可触及触电者和其他人。另外，抛掷者抛出线后，要迅速躲离接地的金属线 8 m 以外，防止跨步电压伤人。在抛掷短路线时，应注意防止电弧伤人或断线危及人员安全。

2.2.1.3　注意事项

以上使触电者脱离电源的方法，应根据现场具体情况而决定。在实践过程中现场人员(救护者)应以安全、快速为原则，正确选择脱离电源的方法，同时还应遵循下列注意事项：

(1) 救护人不可直接用手或其他金属及潮湿的物体作为救护工具，而必须使用适当的绝缘工具。救护人最好用一只手操作，以防自己触电。

(2) 防止触电者脱离电源后可能的摔伤，特别是当触电者在高处的情况下，应考虑防止坠落的措施。即使触电者在平地，也要注意触电者倒下的方向，注意防摔。救护者也应注意救护中自身的防坠落、摔伤措施。

(3) 救护者在救护过程中，特别是在杆上或高处抢救伤者时，要注意自身和被救者与附近带电体之间的安全距离，防止再次触及有电设备。电气设备、线路即使电源已断开，对未做安全措施挂上接地线的设备也应视作有电设备。救护人员登高时应随身携带必要的绝缘工具和牢固的绳索等。

(4) 如事故发生在夜间，应设置临时照明灯，以便于抢救，避免意外事故，但不能因此延误切除电源和进行急救的时间。

2.2.2　现场救护

触电者脱离电源以后，现场救护人员应迅速对症抢救，并设法联系医疗部门的医生到现场接替救治。要根据触电伤员的不同情况，采用不同的急救方法：

(1) 触电者神志清醒、有意识，心脏跳动，但呼吸急促、面色苍白，或曾一度昏迷、但未失去知觉。此时不能用心肺复苏法抢救，若用心脏按压法抢救，会加重心脏压力而产生严重后果，应将触电者抬到空气新鲜，通风良好地方躺平，安静休息 1～2 h，让他慢慢恢复正常。天凉时要注意保温，并随时观察呼吸、脉搏变化。

(2) 触电者神志不清，判断意识无，有心跳，但呼吸停止或极微弱时，应立即用仰头抬颏法，使气道开放，并进行口对口人工呼吸。这时是最容易抢救成功的时间和机会，但应切记不能对触电者施行心脏按压。如此时不及时用人工呼吸法抢救，触电者将会因缺氧过久而引起心跳停止。此种情况也可使用新型 CJH-Ⅰ、CJH-Ⅱ型插管式呼吸急救箱，实现人工呼吸目的。此种急救箱由呼吸器、供氧器及附件组成。呼吸器中的通气导管具有独特的结构和性能，可盲探置入口腔内，旋转 180°即可达到声门，导管前端通气孔，即插入气管内达到通气的目的。同时，导管的前背侧皮瓣紧闭于食管上口，不仅能够防止气流进入胃肠，而且能阻滞胃内溶物反流。呼吸器结构如图 2-5 所示。

(3) 触电者神志丧失，判定意识无，心跳停止，但有极微弱的呼吸时，应立即施行心肺复苏法抢救。不能认为尚有微弱呼吸，只需做胸外按压，因为这种微弱呼吸已起不到人体需要的氧交换作用，如不及时施实人工呼吸即会发生死亡，若能立即施行口对口人工呼吸法和胸外按压，方能抢救成功。

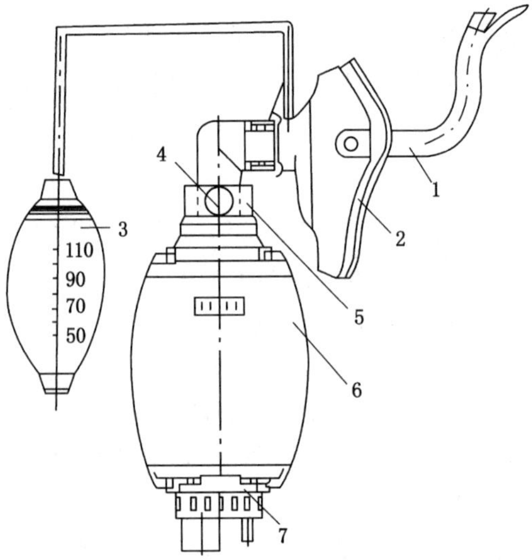

1—通气导管;2—透明紧闭面罩;3—吸痰负压球装置;
4—呼出气体孔;5—通气阀门;6—呼吸球体;7—进气阀门。

图 2-5　呼吸器结构

(4) 触电者心跳、呼吸停止时,应立即进行心肺复苏法抢救,不得延误或中断。

(5) 触电者和雷击伤者心跳、呼吸停止,并伴有其他外伤时,应先迅速进行心肺复苏急救,然后再处理外伤。

(6) 发现杆塔上或高处有人触电,要争取时间及早在杆塔上或高处开始抢救。触电者脱离电源后,应迅速将伤员扶卧在救护人的安全带上(或在适当地方躺平),然后根据伤者的意识、呼吸及颈动脉搏动情况来进行前(1)～(5)项不同方式的急救。必须提醒的是高处抢救触电者,迅速判断其意识和呼吸是否存在是十分重要的。若呼吸已停止,开放气道后立即口对口(鼻)吹气 2 次,再测试颈动脉,如有搏动,则每 5 s 吹气 1 次;若颈动脉无搏动,可用空心拳头叩击心前区 2 次,促使心脏复跳。

若需将伤员送至地面抢救,应再口对口(鼻)吹气 4 次,然后立即用绳索参照图 2-6 所示的下放方法,迅速将伤员送至地面,并继续按心肺复苏法坚持抢救。

(7) 触电者衣服被电弧光引燃时,应迅速扑灭其身上的火源,着火者切忌跑动,方法可利用衣服、被子、湿毛巾等扑火,必要时可就地躺下翻滚,使火扑灭。

2.2.3　现场抢救与专业抢救相结合

心跳和呼吸是人体存活的基本生理现象。一旦人的心跳和呼吸突然停止后,人体的各器官在较短时间内,还存在着微弱的功能,有些组织细胞的新陈代谢还在进行,这种生理现象就是我们通常所说的“假死”,也称为“临床死亡”。临床死亡是可逆转的,只要“假死”者体内无重要器官损伤,经及时的心肺复苏法抢救,还是有可能被救活的。若超过一定时限,“假死”者身体内的组织细胞就会逐渐死亡,称为“生物学死亡”。在电力生产与建设中触电、创伤等事故会造成心跳、呼吸骤停的“假死”生理现象。现场心肺复苏就是当人的心跳、呼吸骤停后立即用人工的方法重新建立呼吸和循环,恢复全身各器官的氧供应,尽快使心

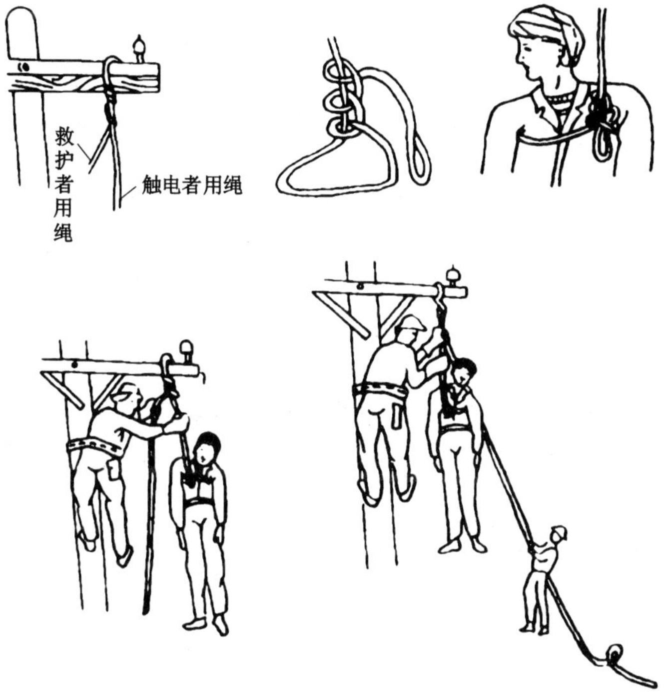

图 2-6 杆上或高处触电下放方法

跳和呼吸恢复。因此，现场心肺复苏又称为初期复苏、初步救生，是对人体进行基本生命支持。人的生命初步救生复苏后，仍需要继续得到医疗部门专业性的心肺复苏，对人体进行高级生命支持和后续生命支持，将进一步提高心跳、呼吸停止者的存活率（出院率）。专业心肺复苏又称为二期复苏，是进一步支持心、肺和脑复苏，使人的智能和工作能力恢复。所以，心肺复苏的急救过程是初步救生和进一步救生的组合，是现场心肺复苏与专业心肺复苏的结合。

由以上内容可知，心肺复苏是一个连贯和系统的急救技术，各个步骤应不间断地进行，其急救技术分为四个阶段：

① 快速准备期，判断伤员或病人是否呼吸和心跳突然停止，准备投入抢救。

② 进行现场心肺复苏，即基础生命支持。

③ 进一步心肺复苏，即高级生命支持。

④ 继续进行后续心肺复苏，即后续生命支持。

现场心肺复苏是徒手抢救操作方法，一般均为非专业的现场人员操作，它是挽救生命最初、最重要的阶段，如果现场心肺复苏法不及时、操作不正确，则将导致整个复苏抢救的失败。二期复苏是专业救治，即在现场心肺复苏后进行进一步心肺复苏，使心、肺、脑获得康复和正常工作能力，在这期间有时还需借助于医疗设备和检测仪器等，有时也需借助于药物治疗和专业护理等。例如，电除颤器治疗心室性纤维颤动、心电图仪监测心律状况等，这对提高病人存活率和康复水平是非常重要的。

2.2.4 医务救护案例分析

所谓坚定抢救信心，就是救护者要有“救死扶伤”的精神，面对被抢救的触电者。一是要树立定能救活触电者的信心，只要有百分之一的希望，就要尽百分之百的努力。排除一切干扰，坚持迅速、正确地施行心肺复苏法。二是要有耐心，心肺复苏的成功率，关键取决于救护者对伤者施行现场心肺复苏的开始抢救时间和持久时间。据有关资料统计，从触电后第 1 min 开始救治者，90%有良好效果；第 6 min 开始救治者，10%有良好效果；如在第 12 min 以后开始救治，则救活的可能性就很小了。从表 2-7 可看出，对伤者进行心肺复苏法的时间越早，其复苏成功率越高。例如，1962 年某供电局带电作业班蔡某，在一次高压线路杆塔上作业时，双手触电烧伤并出现“假死”，经在现场和转送医院的途中不停地进行人工心肺复苏，医院医生接手后，又及时地开胸进行胸内心脏按压，前后历时约 30 min，终于将其救活；国外资料中也有坚持 72 min 连续进行心肺复苏术，将患者抢救复苏的实例。1980 年，广东省佛山市曾有抢救触电者成功一例，其抢救的时间竟长达 7 h。

表 2-7　心肺复苏成功率与时间的关系

复苏开始时间/min	复苏成功率/%	复苏开始时间/min	复苏成功率/%
<1	90	<6	10～20
1～2	45	8～12	6
2～4	27	>12	很小

触电者死亡一般有五个特征会出现：心跳、呼吸停止；瞳孔放大；尸斑；尸僵；血管硬化。

如果五个特征中有一个尚未出现，都应把触电者当作“假死”，还应继续坚持抢救。

在抢救过程中，如发现触电者皮肤由紫变红，瞳孔由大变小，则说明抢救收到了效果；如果发现触电者嘴唇稍有开合，或眼皮活动，或喉嗓间有咽东西的动作，则应注意其是否有自主心跳和自主呼吸。

如触电者能开始呼吸时，即可停止人工呼吸，并继续在旁注意观察；如果人工呼吸停止后，触电者仍不能自主呼吸，则应立即再做人工呼吸。

第 3 章　供配电系统

3.1　电力系统

电力是现代工业的主要动力。它具有来源广泛、价格低廉、传输简单、便于自动化控制和测量等优点。因此,电力在工农业生产和整个国民经济领域中得到了广泛的应用。电力的生产、输送、分配和使用的全过程,实际上是在同一瞬间完成的。由发电厂、电力网、变电所及电力用户组成的统一整体,称为电力系统,如图 3-1 所示。

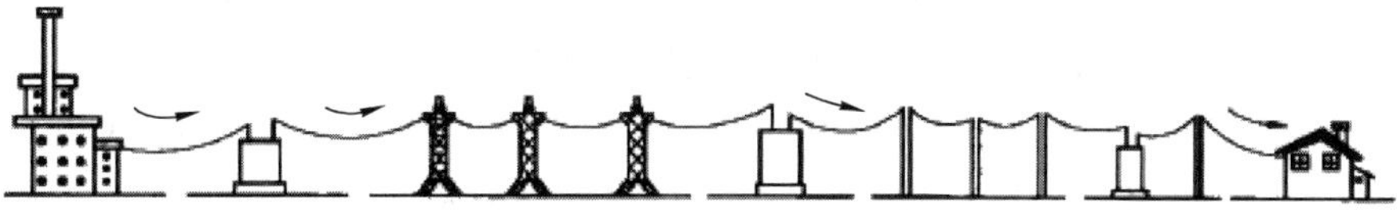

图 3-1　从发电厂到用户的输配电过程

发电厂是将各种非电能转换成电能的工厂,通常根据其所转换的能源分类,例如水力发电厂、火力发电厂等。

电力网是输送、变换和分配电能的网络,由变电所和各种不同电压等级的电力线路所组成。它是联系电厂和用户的中间环节。电力网的任务是将发电厂生产的电能输送、变换和分配到电力用户。

电力网的电压等级见表 3-1。我国习惯上将电压为 800 kV 以上的称为特高压,330 kV 至 800 kV 的称为超高压,1～330 kV 的称为高压,1 kV 以下的称为低压。一般将 3 kV、6 kV、10 kV 等级的电压称为配电电压。

表 3-1　我国交流电网和电力设备的额定电压

	电力网和电力设备额定电压	发动机额定电压	电力变压器额定电压	
			一次	二次
低压/V	220/127	230	220/127	230/133
	380/220	400	380/220	400/230
	660/380	690	660/380	690/400
高压/kV	3	3.15	3 及 3.15	3.15 及 3.3
	6	6.3	6 及 6.3	6.3 及 6.6
	10	10.5	10 及 10.5	10.5 及 11

表 3-1(续)

	电力网和电力设备额定电压	发动机额定电压	电力变压器额定电压	
			一次	二次
高压/kV	—	13.8,15.75,18.2	13.8,15.75,18.2	—
	35	—	35	38.5
	63	—	63	69
	110	—	110	121
	220	—	220	242
超高压/kV	330	—	330	363
	500	—	500	500
	750	—	750	—

注:表中“/”左边数字为三相电路的线电压,右边数字为相电压。

变电所是接收电能、变换电压和分配电能的场所。它是由电力变压器和配电装置组成。按变压的性质和作用又可分为升压变电所和降压变电所两种,在电力系统中,所有消耗电能的用户均称为电力用户。电力用户所拥有的用电设备可按其用途分为:动力用电设备(如电动机等)、工业用电设备(如电解、冶炼、电焊、热处理等设备)、电热用电设备(如电炉、干燥箱、空调等)、照明用电设备和试验用电设备等,它们可将电能转换为化学能、机械能、热能和光能等不同形式。

3.2 负荷分类及供电

3.2.1 用电负荷分类

用电负荷根据其对供电可靠性的要求分为下列几种。

3.2.1.1 一级负荷

凡符合下列情况之一的用电负荷称为一级用电负荷。

(1) 中断供电时将造成人身伤亡。

(2) 中断供电时将在经济上造成重大损失。例如,重大设备损坏、重大产品报废、用重要原料生产的产品大量报废以及国民经济中重点企业的连续生产过程被打乱需要长时间才能恢复等。

(3) 中断供电时将影响有重大政治、经济意义的用电单位的正常工作。例如,重要交通枢纽、重要通信枢纽、重要宾馆、大型体育场馆,以及经常用于国际的大量人员集中的公共场所等用电单位中的重要电力负荷。

一级用电负荷中,若中断供电将发生中毒、爆炸和火灾等情况的负荷以及特别重要场所的不允许中断供电的负荷,应视为特别重要的负荷。

3.2.1.2 二级负荷

凡符合下列情况之一的用电负荷称为二级用电负荷。

(1) 中断供电时将在经济上造成较大损失。例如,主要设备损坏、大量产品报废和连续生产过程被打乱需要长时间才能恢复、重点企业大量减产等。

(2) 中断供电将影响重要用电单位的正常工作。例如,交通枢纽和通信枢纽等用电单位中的重要电力负荷,以及中断供电将造成大型影院、大型商场等较多人员集中的重要的公共场所秩序混乱等。

3.2.1.3　三级负荷

不属于一级和二级负荷的用电负荷称为三级负荷。

3.2.2　供电

3.2.2.1　一级负荷供电要求

(1) 一级负荷应由两个电源供电,当一个电源发生故障时,另一个电源不应同时受到损坏。

(2) 一级负荷中特别重要的负荷,除由两个电源供电外,还应增设应急电源,并不准将其他负荷接入应急供电系统。

应急供电系统有下列几种:

① 独立于正常电源的发电机组,即与电网在电气上独立的电源,如柴油发电机等。

② 供电电网中独立于正常电源的专用的馈电线路。

③ 蓄电池。

具体选择哪种应急电源,一般可根据允许中断供电的时间来选择。例如,允许中断供电时间在15 s以上的供电系统可选用快速自启动的发电机组;自动投入装置的动作时间能满足允许中断供电时间的系统,可选用带自动投入装置的独立于正常电源的专用馈电线路;允许中断时间为毫秒级的系统可选用蓄电池不间断供电装置或柴油机不间断供电装置等。

3.2.2.2　二级负荷供电要求

一般采用双回路供电,即采用两条线路供电。若条件不允许,可采用10 kV及10 kV以下的专用架空线路供电。是否设置备用电源应作经济技术比较,若中断供电所造成的损失大于设置备用电源费用,则应设置备用电源;否则允许采用一个独立电源。

3.2.2.3　三级负荷供电要求

对供电无特殊要求。在不增加投资的情况下,应尽量提高供电的可靠性。

3.3　变配电站

3.3.1　变配电站站址选择

为了保障变配电站安全运行和供配电系统的经济合理以及安装维护方便,变配电站站址选择应根据下列要求综合考虑确定:

(1) 站址要尽可能接近负荷中心。

(2) 进出线方便。

(3) 不宜设在多尘或有腐蚀性气体的场所。如无法远离时，不应设在污染源的下风侧。

(4) 不应设在有剧烈振动的场所。

(5) 不应设在爆炸危险场所以内和不宜设在有火灾危险场所的正上方或正下方。如果一定要布置在爆炸危险场所范围内和布置在与火灾危险场所的建筑物毗连处时，应符合现行的《爆炸危险环境电力装置设计规范》(GB 50058—2014)的规定。

(6) 变配电站为独立建筑物时，不宜设在地势低洼和可能积水的场所。

(7) 高层建筑地下层变配电站的位置，宜选择在通风、散热条件较好的场所。

(8) 变配电站位于高层建筑(或其他地下建筑)的地下室时，不宜设在最底层。假如地下只有一层时，则应采取适当抬高变配电站地面等防水措施。应避免洪水或积水从其他渠道淹渍变配电站的可能。

(9) 变配电站站址选择时还应考虑设备运输、吊装等方便。

3.3.2 变配电站布置

变配电所有户外式和户内式，即变压器及一些电气设备布置在户外或户内。目前中小型工厂 10 kV 变配电站多采用户内布置。户内式变配电站主要由三部分组成：高压配电室、变压器室和低压配电室。此外，有的变配电站还设有高压电容器室和值班室。

(1) 应考虑设备的维护、检修、实验及搬运便利。值班室一般应尽量靠近高、低压配电室，且有门直通。高、低压配电室内通道最小宽度值见表 3-2 和表 3-3。室内变压器外廓与墙壁的最小距离值见表 3-4。

表 3-2　高压配电室内通道最小宽度

布置方式	维护通道/m	操作通道/m	
		固定式	手车式
单列布置	0.8	1.5	单车长+1.2
双列布置	0.8	2.0	双车长+0.9

表 3-3　低压配电室内通道最小宽度

布置方式	屏前操作通道/m	屏后操作通道/m	屏后维护通道/m
单列布置	1.5	1.2	1.0
双列布置	2.0	1.2	1.0

表 3-4　变压器外廓与室内墙壁最小距离

变压器容量/(kV·A)	100～1 000	1 250 以上
至后壁与侧壁净距/m	0.6	0.8
至大门净距/m	0.8	1.0

(2) 配电室长度超过 7 m 时，应设两个出口，并宜布置在配电室的两端。当配电室为楼上、楼下两部分布置时，楼上部分应至少有一个安全出口。配电室应设防火门，门均应向外

开起，严禁用门闩。相邻配电室之间及配电室通往值班室的门应能双向开起，值班室应有门直接通向户外或走廊；变压器室、电容器室和多油断路器室的门应采用非易燃材料制作，配电室可开固定窗采光，并应采取防止玻璃破碎时小动物进入的措施。高压配电室宜设不能开起的自然采光窗。变配电所（室）内其他房间的窗户应按其使用特点装设金属网（网孔不大于 10 mm×10 mm）或金属窗纱，并应有防止雨、雪和灰沙侵入的措施。

(3) 进出线方便。如果是架空线进线，则高压配电室宜位于进线侧。户内变电站的变压器室一般宜靠近低压配电室。

(4) 高压电力电容器室一般设置在高压配电室隔壁，两室之间用防火墙隔开。高压电容器安装应符合设计及技术规范规定。电容器室室温要控制在 40 ℃以下。

低压电力电容器柜一般装在低压配电室，与低压配电屏并列安装。

(5) 节约占地面积和建设费用。变配电所有低压配电室时，值班室可与其合并，但这时值班人员经常工作的一面、低压配电屏的正面或侧面离墙距离不得小于 3 m。当高压开关柜小于 5 台时，可与低压配电屏装在同一房间，但这时高、低压开关柜之间距离不得小于 2 m。

(6) 符合防火防爆要求。例如配电室的防火等级不应低于 3 级。

在确定变配电站的总体布置方案时，应因地制宜，合理设计，通过几个方案的技术经济比较，选择最佳方案。图 3-2 为典型工厂变配电站的平面布置示意图。

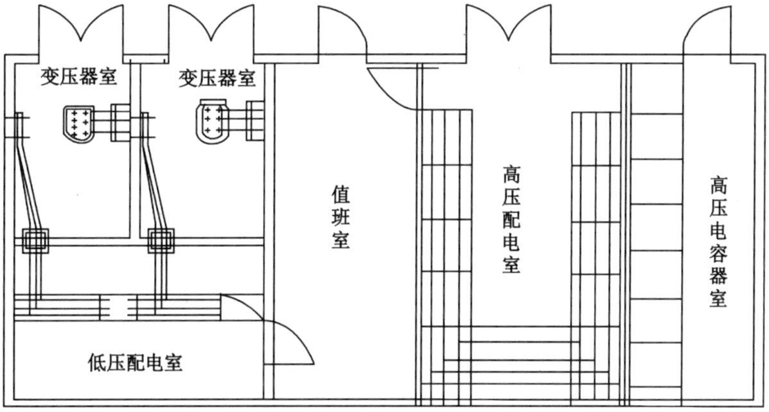

图 3-2　典型工厂变配电站的平面布置示意图

3.3.3　配电装置的安全净距

3.3.3.1　配电装置类型

根据电气主接线的要求，用来接收和分配电能的装置称为配电装置。它主要由开关设备（包括操作机构）、保护电器、测量电器和母线等组成。电气主接线中各种电气设备的布置通过配电装置来落实，电气主接线的安全、可靠也由配电装置来实现。因此，配电装置的设计很重要，它是变电站电气设计的重要内容之一。

根据电气设备装置地点不同，配电装置分为屋外配电装置、屋内配电装置和成套配电装置。

屋内配电装置是将电气设备布置在室内，具有下列优点：外界环境条件（如气温、湿度、污秽和化学气体等）对电气设备的运行影响小，因而维护工作量小；操作在屋内进行，比较方便；占地面积小，但建设投资大。

屋外配电装置是将电气设备布置在室外，具有下列优点：土建工程量和费用较小；扩建比较方便；相邻设备之间的距离较大，便于维护和检修。其缺点是：由于电气设备都敞露在屋外，受气候、环境条件影响较大，维护工作量大，有些设备的价格相对较高，而且占地面积也较大。

成套配电装置是制造厂成套供应的设备。同一回路的开关电器、测量电器、保护电器和辅助设备等都装在一个或两个全封闭或半封闭的金属柜中。制造厂生产有各种不同电路的成套配电柜和元件，设计时可根据主接线要求选择，组合成整个配电装置。成套配电装置的特点是：结构紧凑、占地面积小；所有电器元件已在工厂组装成一整体，大大减少了现场安装工作量，缩短建设周期，便于扩建和搬迁；运行可靠性高，维护方便；耗用钢材较多造价较高。

成套配电装置有三种：低压成套配电装置、高压成套配电装置（略）和六氟化硫全封闭组合电器。下面介绍常用的两种。

(1) 低压成套配电装置有固定式和抽屉式两种。高压开关柜有固定式和手车式两种，其中手车式是将断路器及其操作机构装在小车上，正常运行时手车推入，断路器通过隔离触头与母线及出线相连接，检修时可将小车拉出柜外，用相同规格的备用小车推入，使电路很快恢复供电。

(2) 六氟化硫全封闭组合电器是把特殊设计制造的断路器、隔离开关、接地开关、电流互感器、电压互感器、避雷器等设备按接线要求组合在一个充有六氟化硫气体的全封闭金属壳体内。与常规电器的配电装置相比，这种成套配电装置具有以下优点：

① 大量节省配电装置占地面积与空间。

② 运行可靠性高。由于带电部分封闭在金属壳内，因而不受污秽、潮湿和各种恶劣气候等环境条件影响，也不会发生小动物造成短路和接地事故。另外，六氟化硫是一种不燃的惰性气体，不会发生火灾，一般也不会发生爆炸事故。

③ 土建工作量小，建设速度快。

④ 维修周期长，维护方便。全封闭六氟化硫断路器由于触头很少氧化，触头开断后烧损极微，因而可很长时间后检修；因为在运行中也无须进行绝缘子清扫等工作，所以维修工作量大为减少。

⑤ 能妥善解决高压配电装置电磁干扰、静电感应等环境保护问题。

因为封闭且接地的金属外壳起了很好的屏蔽作用，所以无须采取专门的措施。另外，由于高压部分被金属外壳屏蔽，因而不易发生人身触电事故。六氟化硫全封闭组合电器的主要缺点是：金属材料消耗大；对材料性能、加工与装配精度要求高、造价贵。

3.3.3.2 配电装置的安全净距

配电装置的整个结构尺寸，是综合考虑了电气设备的外形尺寸、检修维护和运输的安全距离等因素而决定的。配电装置的长度大于 6 m 时，其柜（屏）后通道应设两个出口，低压配电装置两个出口间的距离超过 15 m 时，尚应增加出口。

在各种间隔距离中，不同相的带电部分之间及带电部分对接地部分之间的最小容许空间净距离，称为最小安全净距，即 A 值。在这个距离内，无论在正常额定工作电压下或各种短时过电压的作用下都不会发生空气绝缘的击穿。A 值的大小是根据过电压与绝缘配合计算和间隙放电试验曲线确定的。在 A 值的基础上，屋内外配电装置中各部分相互安全距离尺寸被分为 A、B、C、D、E 五种，其含义如图 3-3 和图 3-4 所示。

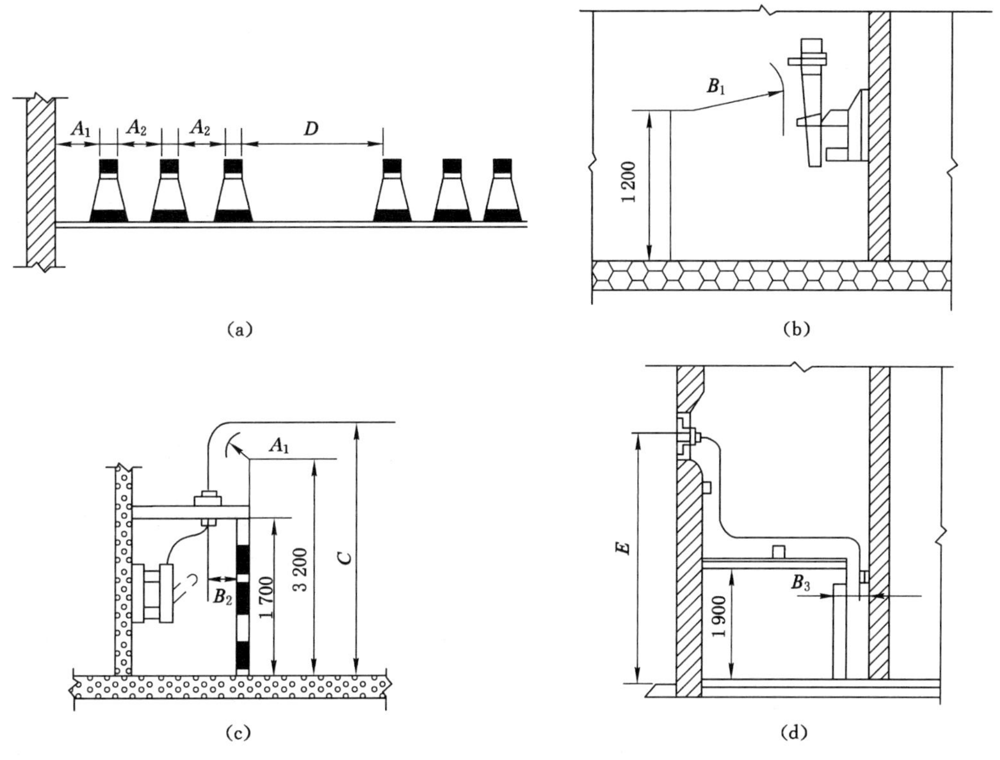

图 3-3　屋内配电装置最小电气距离(单位：mm)

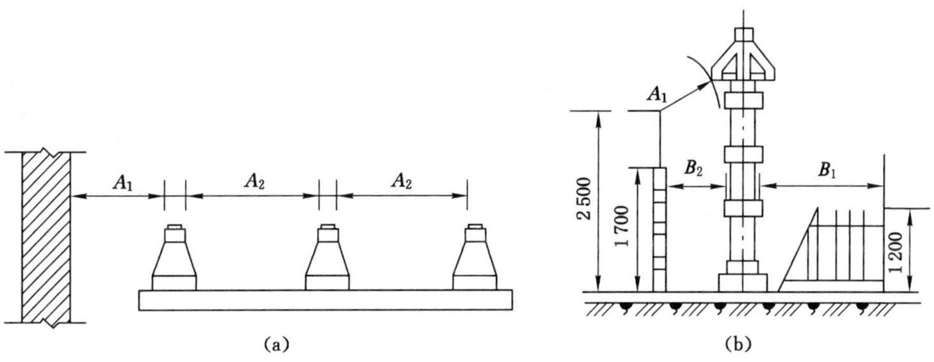

图 3-4　屋外配电装置最小电气距离(单位：mm)

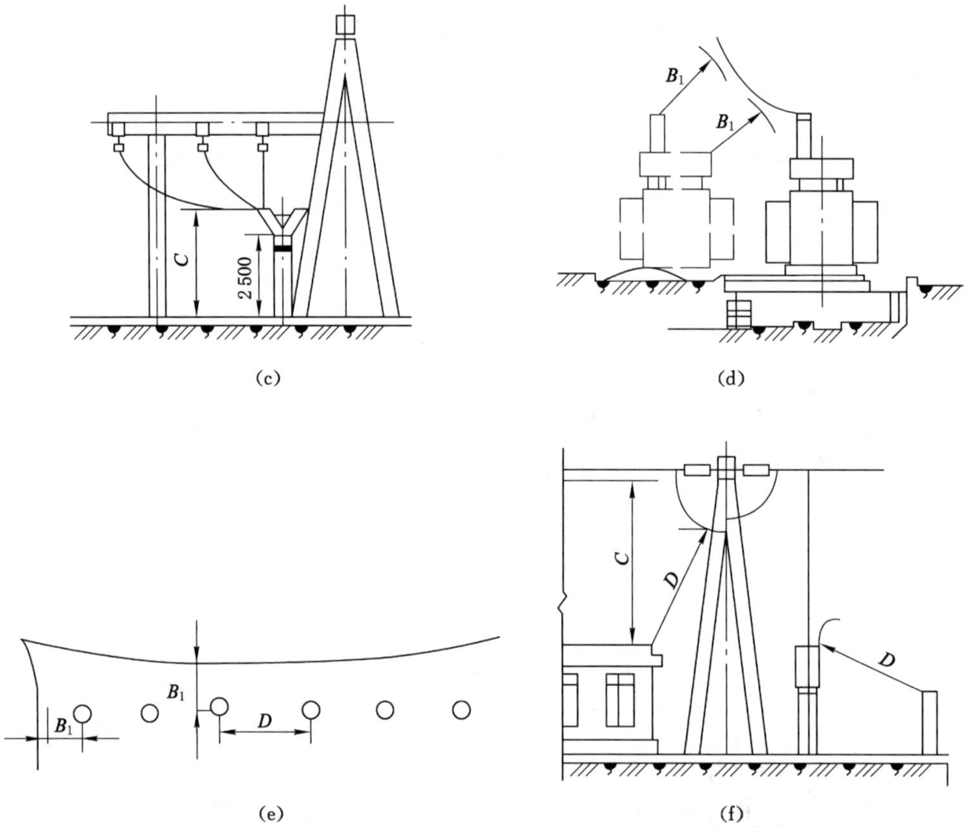

图 3-4 （续）

图 3-3(a)所示为带电部分至接地部分间，不同相的带电部分间以及不同时停电检修的无遮栏裸导体之间的水平距离；图 3-3(b)所示为带电部分至栅栏的净距；图 3-3(c)所示为带电部分至网状遮栏和无遮栏裸导体至地(楼)面的净距离；图 3-3(d)所示为带电部分至板状遮栏和出线套管至屋外通道的路面的净距离。

图 3-4(a)所示为硬母线不同相的导体和带电部分至接地部分间的净距；图 3-4(b)所示为带电部分至围栏的净距；图 3-4(c)所示为带电部分或绝缘子最低部分对接地部分的净距；图 3-4(d)所示为设备运输时其外廓至遮栏裸导体间的净距；图 3-4(e)所示为需要不同时停电检修的无遮栏裸导体间的水平和垂直交叉净距；图 3-4(f)所示为带电部分至建筑物和围墙的净距。

① A 值。A 值分为两项：A_1 和 A_2。

A_1：带电部分至接地部分间的最小安全空气距离。

A_2：不同相的导体间的最小安全空气距离。

② B 值。B 值分为三项：B_1、B_2 和 B_3。

B_1：带电体对栅栏和带电体运输设备间的安全净距。$B_1=A_1+750$ mm。式中，750 mm 是考虑运行值班人员的手误入栅栏时手臂的长度。

B_2：带电部分至网状栅栏的安全净距。$B_2=A_1+70$ mm$+30$ mm。式中，70 mm 是考

虑运行值班人员手指误入网状遮栏时的手指长度，30 mm 为施工误差。

B_3：指带电部分至无孔(板状)遮栏的安全净距。$B_3=A_1+30$ mm。式中，30 mm 为施工误差。

③ C 值：无遮栏裸导体距地面的安全高度。A_1 考虑人举手后，手与带电体之间的距离不得小于 A_1 值，所以 $C=A_1+2\ 500$ mm。式中，2 500 mm 是考虑运行值班人员举手后的总高度 2 300 mm，加上施工误差 200 mm。对屋内配电装置，施工条件较屋外好，可不再增加施工误差，即 $C=A_1+2\ 300$ mm。

④ D 值：保证配电装置检修时人和裸导体之间的距离不小于 A_1 值的约束值。$D=A_1+1\ 800\ \text{mm}+200\ \text{mm}$。式中，1 800 mm 是考虑检修人员和工具的活动范围，200 mm 是考虑屋外条件较差而取的裕度。对屋外配电装置可不再增加裕度，即 $D=A_1+1\ 800$ mm。

⑤ E 值：出线套管中心线至屋外通道路面的净距称为 E 值。考虑到人站在载重汽车上举手高度不大于 3.5 m，故：在 35 kV 及以下时，E 值为 4 m；在 110 kV 及以上时，E 值为 $A_1+3\ 500$ mm。当经过出线套管直接引线到屋外配电装置时，出线套管的引线至屋外地面的距离可按不小于屋外的 C 值考虑。

表 3-5 和表 3-6 分别为屋内配电装置和屋外配电装置的最小安全净距。

表 3-5　屋内配电装置的最小电气间距　单位：mm

各部分间距	额定电压/kV					
	3	6	10	35	110J*	110
带电部分至接地部分间 A_1	75	100	125	300	850	950
不同相的导体间 A_2	75	100	125	300	900	1 000
带电部分至遮栏 B_1	825	850	875	1 050	1 600	1 700
带电部分至网状遮栏 B_2	175	200	225	400	950	1 050
带电部分至无孔遮栏 B_3	105	130	155	330	880	980
无遮栏裸导体至地(楼)板 C	2 500	2 500	2 500	2 600	3 150	3 250
需要不同时停电检修的无遮栏裸导体间水平净距 D	1 875	1 900	1 925	2 100	2 650	2 750
架空出线套管至地面 E	4 000	4 000	4 000	4 000	5 000	5 000

注：* 为中性点直接接地系统。

表 3-6　屋外配电装置的最小电气间距　单位：mm

各部分间距	额定电压/kV					
	3～10	35	110J*	110	220J*	330J*
带电部分至接地部分间 A_1	200	400	900	1 000	1 800	2 600
不同相的导体间 A_2	200	400	1 000	1 100	2 000	2 800
带电部分至遮栏 B_1	950	1 150	1 650	1 750	2 550	3 350

表 3-6(续)

各部分间距	额定电压/kV					
	3～10	35	110J*	110	220J*	330J*
带电部分至网状遮栏 B_2	300	500	1 000	1 100	1 900	2 700
无遮栏裸导体至地(楼)板 C	2 700	2 900	3 400	3 500	4 300	5 100
需要不同时停电检修的无遮栏裸导体间水平净距 D	2 200	2 400	2 900	3 000	3 800	4 600

注：* 为中性点直接接地系统。

安全净距是保证配电装置安全运行的基本条件，设计和安装配电装置必须严格符合安全净距的要求。

第 4 章　变配电设备

4.1　变配电设备选择的一般原则

工矿企业所采用的主要电气设备，一般是指高压断路器、隔离开关、负荷开关、熔断器、仪用互感器、母线、绝缘子、低压断路器以及成套配电装置（高压开关柜和低压配电屏）等。虽然它们的工作环境、装置地点和运行要求各不相同，但在设计和选择这些电气设备时均应遵守下面几项原则。

4.1.1　按正常工作条件选择额定电压和额定电流

电气设备的额定电压 U_e 应符合电器装设点的电网额定电压，并应大于或等于正常时可能出现的最大工作电压 U_g，则：

$$U_e \geqslant U_g \tag{4-1}$$

我国电气设备额定电压标准是按海拔 1 000 m 设计的，如在高海拔地区，应采取措施增强其绝缘后方可使用。

电气设备的额定电流是允许长时间通过而不发生过热的最大工作电流。

额定电流 I_e 应大于或等于正常工作时的最大负荷电流 I_g，则：

$$I_e \geqslant I_g \tag{4-2}$$

我国目前生产的电气设备，设计时环境温度取 40 ℃为计算值，如果设备的最高环境温度与规定值不同时，应对原有额定电流值进行修正。其方法是：

(1) 当周围空气温度每低于最高环境温度（+40 ℃）1 ℃时，高压电器的允许工作电流可比额定值增加 0.5%，但总的增大值不能超过 20%。

(2) 当周围空气温度在+40～+60 ℃时，高压电器的允许工作电流按下式确定：

$$I_y = I_e \sqrt{\frac{\theta_e - \theta}{\theta_e - 40}} \tag{4-3}$$

式中　θ_e——电气设备的长时间允许最高发热温度，℃；

θ——实际环境的空气温度，℃。

4.1.2　按短路情况来校验电气设备的动稳定和热稳定

断路器、负荷开关、隔离开关及电抗器等的动稳定性需满足下式而得到保证：

$$I_{max} \geqslant I_{ch}^{(3)} \text{ 或 } i_{max} \geqslant i_{ch}^{(3)} \tag{4-4}$$

式中　I_{max}，i_{max}——制造厂规定的电气设备极限通过电流的有效值和峰值；

$I_{ch}^{(3)}$，$i_{ch}^{(3)}$——按三相短路情况计算所得的短路全电流的有效值和冲击值。

断路器、负荷开关、隔离开关及电抗器等的热稳定性由满足下式而得到保证：

$$I_t^2 t \geqslant I_\infty^2 t_{jx} \text{ 或 } I_t \geqslant I_\infty \sqrt{\frac{t_{jx}}{t}} \tag{4-5}$$

式中 I_t——制造厂规定的电气设备在时间 t 内的热稳定电流，该电流是在指定时间内（通常是 1 s、5 s、10 s）不使电气设备各部分加热到超过所规定的最大允许短时间温度的电流；

I_∞——短路稳态电流；

t——与 I_t 相对应的时间；

t_{jx}——假想时间。

对电气设备作短路校验时，应按最严重的短路情况选择短路点。

校验动稳定时，以三相短路作为计算类型。

校验热稳定时，应以两相短路和三相短路中最严重的一种作为计算依据。

短路电流作用时间的计算，取离短路点最近的继电保护装置的主保护动作时间与断路器动作时间之和。如果主保护装置有未被保护的死区，则应根据保护该区短路故障的后备保护装置的动作时间校验热稳定。

4.1.3 按三相短路容量校验开关电器的断流能力

断路器、自动断路器和熔断器等设备必须具备在最严重的短路状态下切断故障电流的能力。所以，此类电气设备在额定电压下允许的开断电流 I_{dk} 和允许的遮断容量 S_{dk} 必须大于开关电器必须切断的最大短路电流或短路容量，即：

$$\begin{cases} I_{0.2} \text{ 或 } I_d < I_{dk} \\ S_{0.2} \text{ 或 } S_d < S_{dk} \end{cases} \tag{4-6}$$

式中 $I_{0.2}$，$S_{0.2}$——短路后 0.2 s 时的三相短路电流及三相短路容量。

当普通断路器用于高海拔地区、矿山井下、电压等级较低的电网中时，均应降低其铭牌遮断容量。当采用手动操作机构及自动重合闸装置时，因灭弧能力下降，其遮断容量亦下降为额定值的 60%～70%。

4.1.4 按电气设备的使用环境选择设备的类型

选择电气设备时应考虑使用的工作环境，而采用与工作环境相适应的设备，如户外还是户内，一般型还是矿用型等。

4.2 变压器

4.2.1 概述

电力变压器是变配电站的核心设备，用其将电压升高或降低。工矿企业用的变压器均起降低电压的作用，通常把 35 kV 或 6～10 kV 的电压降低为工业设备及照明用电的电压。

按照冷却方式，电力变压器分为油浸自冷式、风冷式、水冷式和干式。

油浸自冷式电力变压器由器身、油箱、冷却装置、保护装置和出线装置组成。器身包括铁芯、绕组(线圈)、绝缘、引线和分接开关;油箱包括油箱本体和油箱附件;冷却装置包括散热器和冷却器;保护装置包括储油柜、油标、安全气道、吸湿器、测温元件和气体继电器;出线装置包括高、低压套管。

油浸自冷式电力变压器的铁芯和绕组都浸没在绝缘油里。变压器里的油兼有散热、绝缘、防止内部元件和材料老化以及内部发生故障时熄灭电弧的作用。

容量较大的变压器,油箱设计有散热管,油经过油箱的散热管循环流动,把绕组和铁芯发出的热量散发到空气中去。大型变压器还采用加装风扇、强迫油循环以及水内冷等冷却方式。

如图 4-1 所示,油浸自冷式电力变压器设有储油柜,储油柜又叫作油枕(图 4-2)。储油柜容积为油箱容积的 1/10,位于油箱上部,其下部有油管连通。其作用是给油的热胀冷缩留出缓冲空间,保持油箱始终充满油;同时,减少油与空气的接触面积,减缓油的氧化。

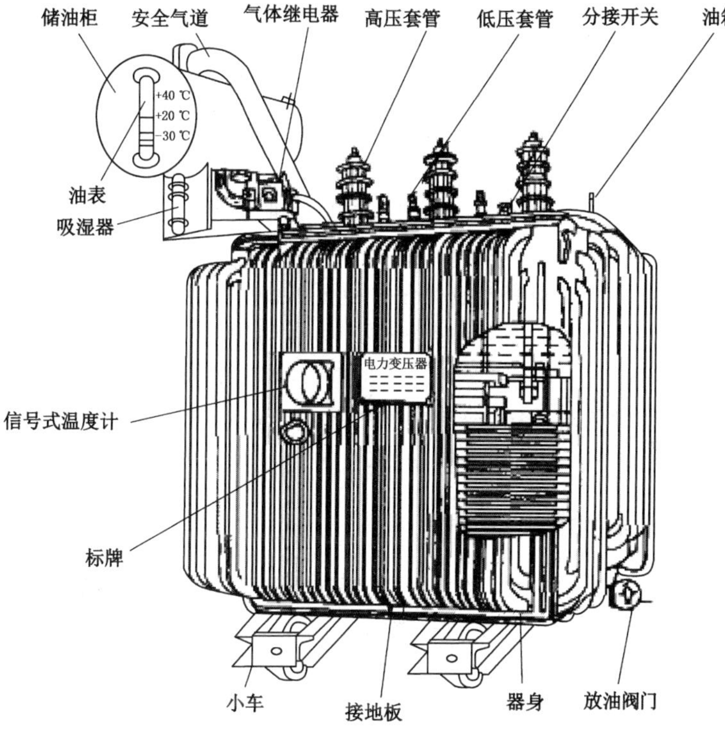

图 4-1　三相油浸自冷式电力变压器

干式变压器按结构分为非封闭式、封闭式、全封闭式和密封式。

密封式干式变压器带有密封的保护外壳,壳内充有空气或某种气体,壳内的空气或某种气体不与外界发生交换,是一种非呼吸型的变压器。

全封闭干式变压器是外界空气不以循环方式冷却铁芯和线圈的一种充气的干式变压器。

封闭干式变压器是外界空气以循环方式直接冷却铁芯和线圈的一种干式变压器。

非封闭干式变压器不带保护外壳,其铁芯和线圈直接由空气冷却。

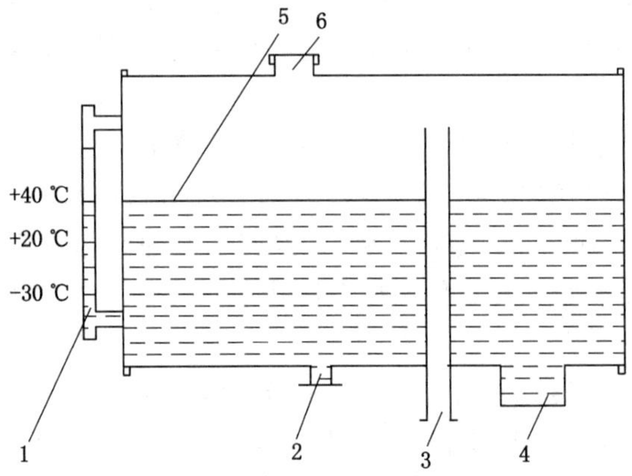

1—油位计；2—油箱法兰接口；3—呼吸器法兰接口；4—集污盒；5—油面线；6—注油孔。

图 4-2　储油柜示意图

干式变压器因没有油，也就没有引发火灾、爆炸和污染等的问题，故电气规范和规程等均不要求干式变压器置于单独房间内。特别是新的干式变压器系列，损耗和噪声降到了新的水平，更为变压器与低压屏置于同一配电室内创造了条件。

干式变压器的安全运行和使用寿命，很大程度上取决于变压器绕组绝缘的安全可靠。绕组温度超过绝缘耐受温度使绝缘破坏，是导致变压器不能正常工作的主要原因之一，对变压器的运行温度的监测及其报警控制是十分重要的。

干式变压器冷却方式分为自然空气冷却(AN)和强迫空气冷却(AF)。自然空气冷却时，变压器可在额定容量下长期连续运行。强迫空气冷却时，变压器输出容量可提高 50%。干式变压器适用于断续过负荷运行，或者应急事故过负荷运行；同时，由于过负荷时负载损耗和阻抗电压增幅较大，处于非经济运行状态，故不应使其处于长时间连续过负荷运行。

4.2.2　变压器的技术参数

变压器的技术参数指额定容量、额定电压、阻抗电压等参数。

(1) 变压器的额定容量 S_N。它是变压器在正常工作条件下能发挥出来的最大出力，即视在功率，单位为 kV・A。

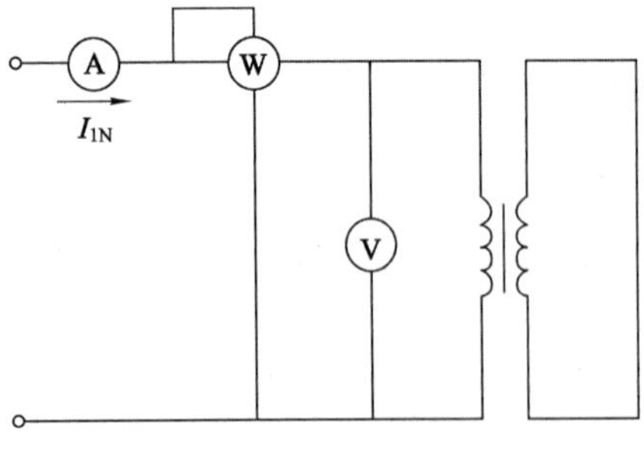

图 4-3　单相变压器短路试验接线图

(2) 变压器的额定电压。它包括一次额定电压 U_{1N} 和二次额定电压 U_{2N}，均指线电压。由于允许电源电压在±5%的范围浮动，一次额定电压往往只表示电压等级，二次额定电压指空载电压。铭牌中联结组标号 Y，y_{n0} 表示高压绕组星形联结，低压绕组中性点直接接地并接出中性线的星形联结，低压侧额定电压 0.4 kV 的配电变压器都采用这种联结组。

(3) 阻抗电压。它是指变压器内阻抗大小的参数，由短路试验求得。变压器短路试验在高压侧进行，如图 4-3 所示。图 4-3 中 V、A 和 W 分别表示电压表、电流表和功率表。逐渐升高试验电压至额定电流时读取所施加的电压，这个电压称为短路电压，记作 U_{1K}。因为变压器短路时励磁阻抗可以不予考虑，所以短路电压为：

$$U_{1K}=I_{1N}[(r_1+r'_2)+(jx_1+x'_2)]=I_{1N}Z_K \tag{4-7}$$

式中　I_{1N}——变压器高压侧额定电流；

Z_K——变压器短路阻抗。

短路电压与额定电压之比即变压器的阻抗电压。阻抗电压用百分数表示，即：

$$U_K=\frac{U_{1K}}{U_{1N}}\times 100\%$$

10 kV 变压器的阻抗电压在 4%～6%；35 kV 变压器的阻抗电压多在 6.5%～7.5%；大容量变压器的阻抗电压偏大。

变压器的额定电流指线电流，三相电力变压器的额定电流按下式计算：

$$I_{1N}=\frac{S}{\sqrt{3}U_{1N}} \tag{4-8}$$

$$I_{2N}=\frac{S}{\sqrt{3}U_{2N}} \tag{4-9}$$

除上述技术参数外，变压器还有空载电流、空载损耗、短路损耗和温升等参数。

空载电流是在低压侧加上额定电压进行空载试验时测得的电流。变压器空载电流的大小决定于变压器的电磁结构。10～35 kV 变压器的空载电流大多在额定电流的 2%～6%。变压器越大，空载电流所占比例越小。单相变压器空载试验接线如图 4-4 所示。注意，此图与短路试验接线图不同：短路试验在高压侧施加电压，而空载试验是在低压侧施加电压；短路试验时电流表接在电源侧、电压表接在负荷侧，而空载试验时电流表接在负荷侧和电压表接在电源侧。空载损耗基本上是铁芯中的功率损耗，简称铁损，大致与电压的二次方成正比，其大小决定于 $I_m^2 r_m$。

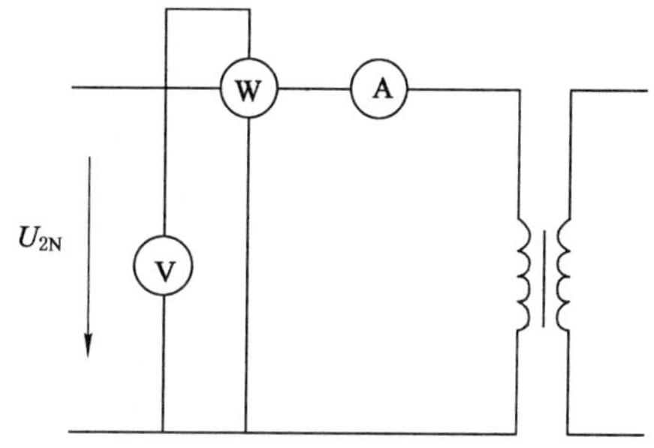

图 4-4　单相变压器空载试验接线图

短路损耗是做变压器短路试验时测得的功率损耗，基本上是绕组中的功率损耗，简称铜损，大致与电流的二次方成正比，其大小决定于 $I_1^2 r_1 + I_2^2 r_2$。

温升是变压器温度与环境温度之差，温升限值决定于绝缘材料的种类。

4.2.3　变压器安全运行

4.2.3.1　变压器运行参数

新投入的变压器在带负荷前，应空载运行 24 h，运行中变压器的运行参量应当符合规定。例如，高压侧电压偏差不得超过额定值的±5%，低压侧最大不平衡电流不得超过额定电流的 25%，温度和温升不得超过规定值。

变压器允许过负载运行，但允许过载的时间必须与过载前上层油温和过载量相适应。油浸自冷式电力变压器的允许过载时间可参考表 4-1 确定。

表 4-1　油浸自冷式电力变压器允许过载时间　　单位：mm

过负载量/%	过载前上层/min						
	18 ℃	24 ℃	30 ℃	36 ℃	42 ℃	48 ℃	54 ℃
5	350	325	290	240	180	90	10
10	230	205	170	130	85	10	—
15	170	145	110	80	35	—	—
20	125	100	75	45	—	—	—
25	95	75	50	25	—	—	—
30	70	50	30	—	—	—	—
35	55	35	15	—	—	—	—
40	40	25	—	—	—	—	—
45	25	10	—	—	—	—	—
50	15	—	—	—	—	—	—

油浸自冷式电力变压器采用绝缘纸、棉纱等A级绝缘材料。由于A级绝缘材料的最高工作温度为105 ℃，因此变压器的发热元件温度不得超过105 ℃。综上所述，绕组温升不得超过65 ℃，铁芯表面温升不得超过70 ℃，油箱上层的油温最高不得超过95 ℃，但为了减缓变压器油变质，上层油温最高不宜超过85 ℃。

如发现运行中变压器的温度过高，应及时处理；如环境温度未发生变化，负荷电流和电源电压也没有变化，下列原因可造成变压器温度过高：

(1) 变压器绕组匝间短路或层间短路。

(2) 变压器分接开关接触不良。

(3) 变压器铁芯片间绝缘损坏或压紧螺杆绝缘损坏使铁芯短路。

(4) 变压器负荷电流过大且延续时间过长或三相负荷严重不平衡，或者电源电压偏高或电源缺相，或者散热故障或环境温度过高等。

4.2.3.2　变压器并联运行

为了提高运行的经济性和供电的可靠性，在很多情况下，可采用两台变压器并联运行，即将两台变压器一次侧和二次侧的同名端分别并联在一起的运行方式。单相变压器的并联运行接线如图4-5所示。并联运行的基本要求是并联回路内不产生有害的环流，而且负荷合理分配。因此，变压器并联运行应当满足以下条件：

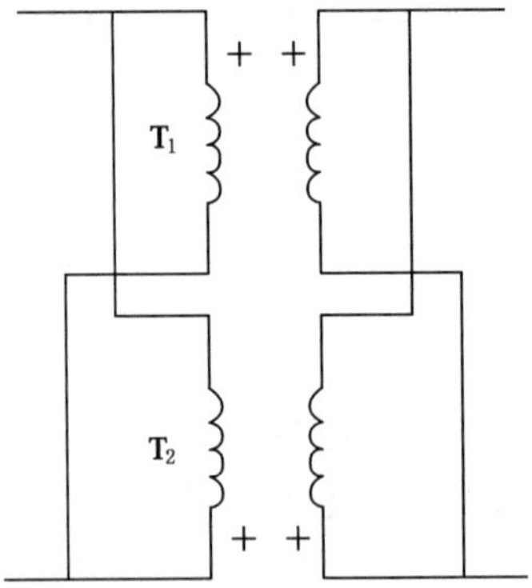

图4-5　单相变压器的并联运行接线示意图

(1) 两变压器的额定电压比应当相等，满足 $U_{a1}=U_{a2}$ 的条件。否则，二次并联回路中将产生差值电动势。由于并联回路内的阻抗很小，所以该差值电动势将在二次并联回路中产生很大的环流。同时，由于电磁感应，所以一次回路中也将产生很大的环流。环流将增加变压器的发热，降低变压器的出力，环流过大也可能烧毁变压器。因此，并联变压器的电压比的偏差不得超过 0.5%。

(2) 两变压器的联结组必须同相。否则，即使各变压器二次电压数值相等，即 $U_{a1}=U_{a2}$，但由于两者的相位不同，也会在二次并联回路中存在差值电动势，并产生危险的环流。

(3) 两变压器的阻抗电压最好相等，阻抗电压相差不宜超过 10%。由于并联变压器自身的负载率与其阻抗电压成反比，因而若变压器的阻抗电压相等，则各自的负载率相等；若两台变压器的阻抗电压不相等，则阻抗电压高的负载率低、阻抗电压低的负载率高。在后一种情况下，阻抗电压低的变压器满负载时，阻抗电压高的变压器将不能满负载运行；而阻抗电压高的变压器满负载时，阻抗电压低的变压器将过负载运行。因此，并联变压器的阻抗电压不相等将造成并联电压组负荷分配不合理，使并联变压器组出力降低。

(4) 两变压器的容量之比一般不应超过 3∶1。由于制造上的原因，如容量相差太大，因此阻抗电压的条件将得不到满足。并联变压器的容量不同时，容量较大的变压器的阻抗电压应当低一些。

4.2.4　变压器故障分析和事故处理

当变压器有下列情况之一时，应停止运行：声响很不均或有爆裂声；漏油致使油面低于油面计上的限度；储油柜喷油或安全气道喷油；正常条件下温度过高，并不断上升；油色过深，油内出现碳质，套管有严重裂纹和放电现象。

10 kV 变压器每十年左右需大修一次，每年需小修一次。如安装在污秽地点，检修期限要适当缩短。变压器常见故障分析参考表 4-2。

表 4-2　变压器故障分析

故障		征象	可能原因	检查方法
1. 铁芯	铁芯片间绝缘损坏	空载损耗大，油质变坏（闪点降低、击穿电压降低、酸价增高）	铁芯片间绝缘老化，有局部缺陷	吊出器身检查，可用直流电压、电流表法测片间绝缘电阻
	铁芯片局部短路或局部熔毁	气体继电器内有气体信号回路动作，油的闪燃点降低，油色变黑，并有特殊气味	铁芯或铁轭的螺杆绝缘损坏，故障处有金属件将铁芯片短路，片间绝缘损坏严重，接地方法不正确构成短路	吊出器身进行外观检查，可用直流电压和电流表法测片间绝缘电阻
	接地片断裂	当电压升高时，内部可能发生轻微的放电声	—	吊出器身检查接地片
	不正常的响声和噪声	—	(1) 铁芯叠片中缺片或多片； (2) 铁芯油道内或夹件下面松动； (3) 铁芯的紧固零件松动； (4) 接入电源的电压偏高	(1) 补片或抽片，确保铁芯夹紧； (2) 将自由端用纸板塞紧压紧； (3) 检查紧固件并予以紧固； (4) 检查接入的一次电压值

表 4-2(续)

故障		征象	可能原因	检查方法
2. 线圈	匝间短路	气体继电器内气体呈灰白色或蓝色。 (1) 跳闸回路动作; (2) 油温过高; (3) 油有时发出咕嘟声; (4) 一次电流略高; (5) 各相直流电阻不平衡; (6) 故障严重时,差动保护装置动作,如有过电流保护装置也将动作	(1) 由于自然损坏、散热不良或长期过负荷,使匝间绝缘损坏; (2) 由于变压器短路或其他故障,线圈受到振动与变形而损伤匝间绝缘; (3) 线圈绕制时未发现的缺陷(导线有毛刺、导线焊接不良和导线绝缘不完善等)或线匝排列、换位、线圈压装等不正确使绝缘受到损坏	(1) 吊出器身,外观检测; (2) 测量直流电阻; (3) 将器身置于空气中,在线圈上加 10%～20% 额定电压做空载试验,如有损坏点则会冒烟(应有防火措施); (4) 检查油箱上的冷却管是否堵塞
	线圈断线	断线处发生电弧,使油分解,促使气体继电器动作	由于连接不良或短路,应力使引线断裂;导线内部焊接不良,匝间短接,使线匝烧断	吊出器身检查:如线圈为△形接法,可用电流表检查线圈的相电流或测直流电阻。如有一相断线,则在三相三次电阻测量中,有两次测量值近似,而另一次为前两次的 1 倍,即表明该相有故障。如未完全断线,则第三次比前两次略大,如为 Y 形接法,可测直流电阻或用兆欧表检查
	对地击穿	气体继电器动作	(1) 主绝缘因老化而有破裂和折断等缺陷; (2) 绝缘油受潮; (3) 线圈内有杂质; (4) 过电压的作用; (5) 短路时线圈变形损坏	(1) 用兆欧表测线圈对油箱的绝缘电阻; (2) 试验油的击穿电压; (3) 吊出器身检查
	线圈相间短路	气体继电器差动保护、过电流保护均发生动作,安全气道爆破	与对地击穿相似,也可能是由于引线间短路或套管间短路	吊出器身检查,用兆欧表测量
3. 分接开关	触头表面熔化与灼伤	气体继电器动作,有时差动保护与过电流保护装置也动作	结构与装配上存在缺陷,如接触不可靠和弹簧压力不够,短路时触点过热	用兆欧表检查有无断裂处,吊出器身做外部检查,测量各分接头直流电阻
	相接触头放电或各分接头放电	气体继电器动作,安全气道爆破	过电压作用,变压器内有灰尘或受潮	用兆欧表检查,吊出器身检查

表 4-2(续)

故障		征象	可能原因	检查方法
4. 气体继电器	信号回路动作	—	继电器中有气体，油面下降；变压器引线端短路时油面振荡等	分析气体性质，颜色气味与可燃性等
	跳闸回路动作	—	油面急剧下降，变压器内有严重故障，产生大量可燃性气体	分析气体性质，将油进行简化试验，分析油面急剧下降的原因
5. 绝缘油	油质变坏	—	油中有气体溶解	分析油质
6. 套管	对地击穿	外部保护装置动作	瓷件表面脏或有裂纹	用兆欧表检查
	套管间放电	外部保护装置动作	套管间有杂质存在	外部检查

4.3　高压断路器

高压断路器也称高压开关，高压断路器用来在正常情况下接通和断开电路，以及在故障时切除故障电路。

按灭弧介质的不同可分为：多油断路器、少油断路器、真空断路器、六氟化硫断路器和电磁式空气断路器。

4.3.1　多油断路器

多油断路器是利用绝缘油作为灭弧介质，同时也用油作为相间及相对地绝缘介质之用的一种断路器。其主要组成部分为油箱、盖、套管绝缘子、触头和传动机构。电压不超过 10 kV 的多油断路器，三相均放在一个充以绝缘油的箱内。电压为 35～110 kV 的多油断路器，均用分相油箱，通过连杆操作三相联动。

断路器的油面既不能过高也不能过低。因为在电弧发生时要产生大量气体，若油面过高，则缓冲空间太小，使油箱压力过大而发生爆炸；反之，若油面过低，则油冷却气体的程度不够，给灭弧增加困难，且可能使得油分解出的高温氢气与缓冲空间的空气接触引起燃烧直至爆炸。因此，在运行中的油断路器要经常注意油面指示，并定期取样试验，检查油的质量是否符合规范要求。此外，其排气管具有防止爆炸的作用，应保持畅通。图 4-6 所示为 DW2-35 型多油断路器一相剖面图。

4.3.2　少油断路器

少油断路器中，油只用来做灭弧介质，载流部分的绝缘是利用空气和陶瓷等绝缘材料，因油量较少，油箱可造得很坚固，制造质量良好的少油断路器可以认为是防爆和防火的，使用比较安全。少油断路器油箱是带电的，安装时应保证具有足够的安全距离，并且外壳漆成红色。少油断路器体积小、质量轻、爆炸和失火的危险性较小，故多用在工矿企

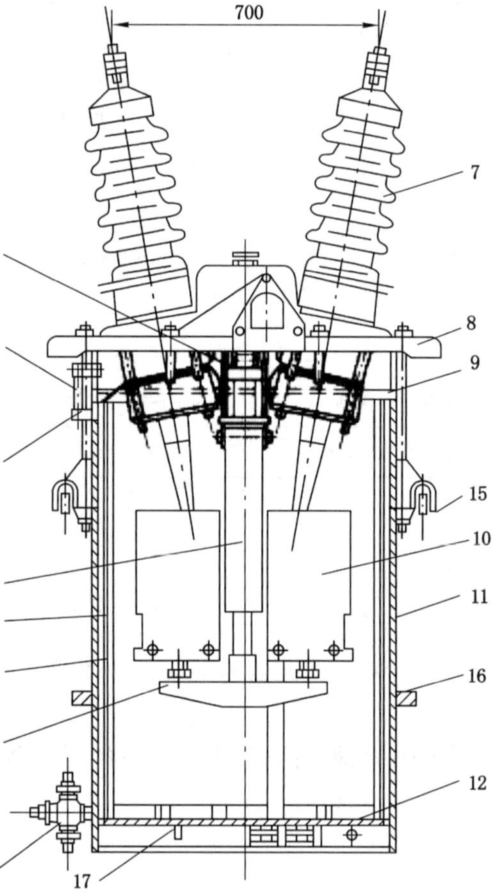

1—传动机构；2—油标；3—套管型电流互感器；4—绝缘提升杆和导向管；5—动触头；
6—放油阀；7—套管；8—油箱盖；9—油面；10—灭弧室；11—油箱；12—电热器；
13—绝缘隔板；14—木条；15—滑轮；16，17—加强肋铁。

图 4-6　DW2-35 型多油断路器一相剖面图

业 6～10 kV 的变配电装置中，但是它不适合频繁操作。图 4-7 所示为 SN10-10Ⅰ型少油断路器。

4.3.3　真空断路器

真空断路器是靠真空作为灭弧和绝缘介质。这里的真空是指真空度在 10^{-5} mmHg (1 mmHg=133.3 Pa)以上的空间。由于空气稀薄，因而具有较高的绝缘强度(E=10～45 kV/mm)，电弧易于熄灭。真空断路器动作迅速、体积小、质量轻、寿命长和维护方便，还具有防火防爆等优点，对要求迅速动作及操作频繁的场所尤为适用。图 4-8 所示为 ZN3-10G 型真空断路器；图 4-9 所示为真空灭弧室结构。

4.3.4　六氟化硫断路器

六氟化硫断路器是用 SF_6 气体作绝缘和灭弧介质的断路器。SF_6 是一种化学性能非常

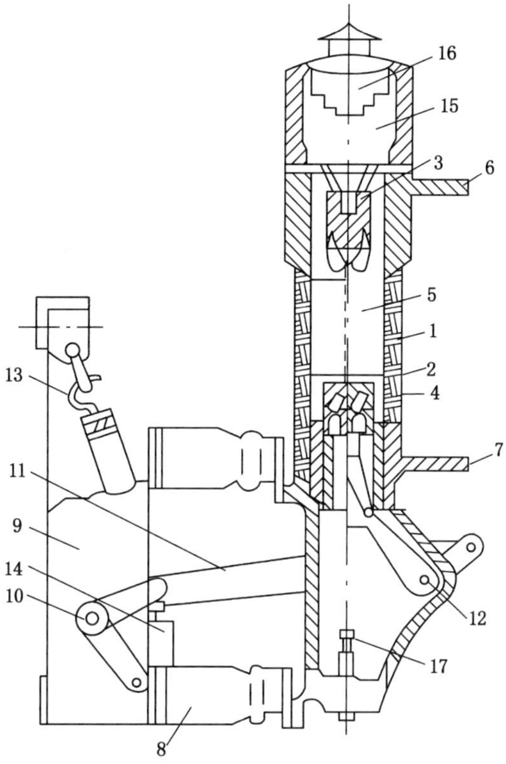

1—灭弧室；2—绝缘筒；3—静触头；4—滚动触头；5—动触杆；6—上出线板；
7—下出线板；8—支持绝缘子；9—底座；10—主轴；11—绝缘拉杆；12—转轴；
13—分闸弹簧；14—合闸弹簧；15—缓冲空间；16—油气分离器；17—分闸油缓冲器。

图4-7　SN10-10Ⅰ型少油断路器

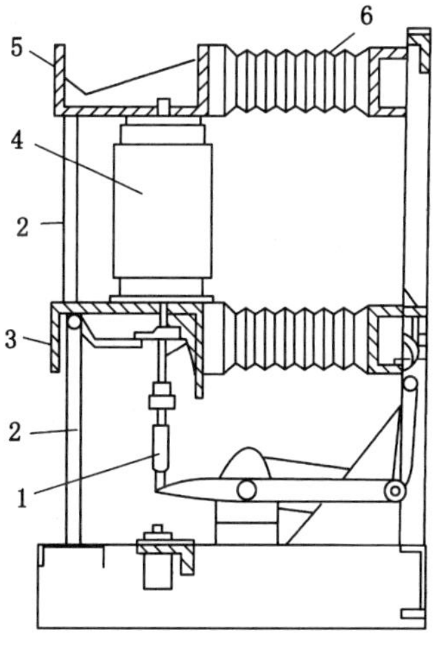

1—瓷拉杆；2—瓷柱；3—下导电极；4—真空灭弧室；
5—上导电板；6—支持式绝缘子。

图4-8　ZN3-10G型真空断路器

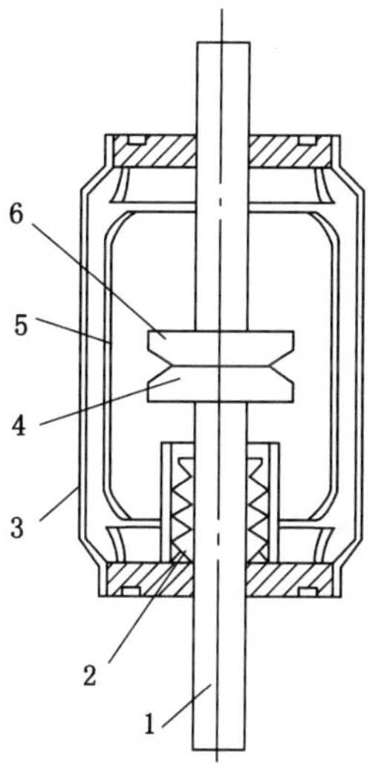

1—活动导电杆；2—金属波纹管；3—玻璃罩；
4—动触头；5—屏蔽罩；6—静触头。

图4-9　真空灭弧室结构

稳定的惰性气体，在常态下无色、无臭、无毒、不燃、无老化现象，绝缘度高，灭弧性能好。虽然纯净的 SF_6 气体是无毒的，但设备在运行过程中，在电弧作用下，SF_6 气体会分解生成多种有毒物质。因此对从事 SF_6 电气设备运行、试验及检修人员须采取必要的安全防护措施。LW-220 型 SF_6 断路器单相结构图如图 4-10 所示。

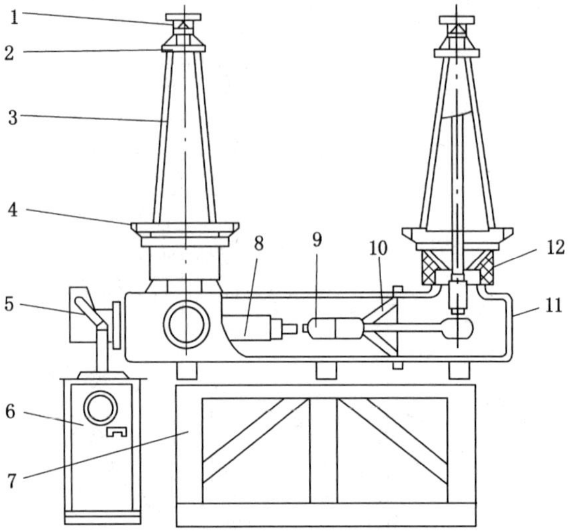

1—接线端子；2—上均压环；3—出线瓷套管；4—下均压环；5—拐臂箱；6—机构箱；7—低座；8—灭弧室；9—静触头；10—盆式绝缘子；11—壳体；12—电流互感器。

图 4-10　LW-220 型 SF_6 断路器单相结构图

4.4　隔离开关

隔离开关也叫闸刀开关，是不带专门灭弧装置、无切断正常负荷电流能力的高压开关。隔离开关主要用来隔断电源，以保证检修工作的安全。隔离开关是裸露的。隔离开关必须有明显可见的断开点。

隔离开关只允许用来切断或接通下列线路或设备：电压 10 kV，长度不超过 1～5 km 的空载电缆；电压 10 kV，长度不超过 5～10 km 的空载架空线路；电压互感器及避雷器；电压不超过 10 kV，容量不超过 320 kV·A 的空载变压器。

由于隔离开关只有很小的灭弧能力，因而如果错误地用隔离开关切断短路电流或负荷电流，则不能熄灭电弧，将会造成严重事故。因此，断路器和隔离开关的操作应当很好地配合，拉闸时，先拉开断路器，后拉开隔离开关；合闸时，先合上隔离开关，后合上断路器。为了防止错误操作，可以在断路器和隔离开关的操作机构上装设机械的或电磁的联锁装置。不论哪种联锁装置，都必须保证：开关在合闸位置时，只有先拉开断路器才可能拉开隔离开关；开关在分闸位置时，次序正好倒过来，只有先合上隔离开关才可能合上断路器。开关的操作机构连同其联锁装置必须动作灵活、准确可靠。

在进行隔离开关的合闸操作时，无论是用手柄经机械传动装置操作，还是用绝缘杆直接操作，都要求动作迅速、果断。操作终了时不应有撞击现象。在合闸过程中，即使发生电弧，也不允许将已经合上或将要合上的刀闸拉回来。否则，会造成弧光短路。

在进行隔离开关的拉闸操作时，要特别留心刀闸离开刀座瞬间的情况。拉闸过程可以分为两个步骤：第一步，将刀闸从刀座拉开一个很小的间隙，如果这时不出现强烈的电弧，应进行第二步操作，将刀闸全部拉开。如果进行第一步操作时产生强烈的电弧，则不能进行第二步操作，并应立即将刀闸合上。

对于单极隔离开关，如果是带负荷拉闸，在拉开第一相时，由于还有两相继续供电，产生的电弧并不大；而在拉开第二相时，将产生强烈的电弧，可能导致相邻相间发生弧光短路。因此，单极隔离开关拉闸时，应先拉开中间的一相，再依次拉开旁边的两相；合闸时，则最后合上中间的一相；在室外进行拉闸操作时，拉开中间的一相之后，再拉开下风侧的一相，最后拉开上风侧的一相；对于垂直排列的单极隔离开关，拉闸时先拉开中间的一相之后，再拉开上方的一相，最后拉开下方的一相。

4.5　负荷开关

负荷开关是用以切断与关合线路负荷电流的开关设备，有的还可用于切断与关合空载线路、空载变压器以及电容器等。负荷开关在分闸状态时有明显的断口，可起到隔离开关的作用。但负荷开关在框架上配有跳扣、凸轮和快速合闸弹簧组成的快速合闸机构和灭弧装置，其性能又优于隔离开关，是介于隔离开关与断路器之间的一种开关电器。

负荷开关分为户内型和户外型。从灭弧方式的不同可分为产气式、压气式、压缩空气式、油浸式、真空式、SF_6 式等多种类型。压气式负荷开关灭弧是利用分闸时主轴带动活塞压缩空气，使压缩空气从喷嘴中高速喷出以吹熄电弧。产气式负荷开关的灭弧系统采用固体产气元件，在分闸时，电弧产生的高温下产生大量气体，沿着喷嘴高速喷出，形成强烈的纵吹作用，使电弧很快熄灭。对于其他类型的负荷开关，其灭弧装置利用了不同材料的绝缘介质和灭弧装置来熄灭电弧。

负荷开关在使用中往往配合熔断器使用，来切断故障电流。有的负荷开关在结构上就安装有熔断器。负荷开关常用于额定电压在 10 kV 以下的配电网络、工矿企业的降压变电所、配电室中的配电装置以及小型农村电网中。

负荷开关在结构上与同类型断路器相似，但其结构又比断路器简单。因此，检修、维护可参考断路器的检修方法与厂家规定进行，负荷开关的运行维护事项如下：

(1) 每年定期检修一次或在开断 20 次负载电流后进行全面检修，重点检查灭弧装置。

(2) 检修中检查绝缘子有无损伤，触头接触是否良好。

(3) 检查机械摩擦部分的磨损程度及转动是否灵活。检修后应涂中性凡士林。

(4) 检查接地线是否紧固，接地是否良好。

(5) 全部检修完毕后，投入运行前应进行不少于 5 次的分闸试验。

(6) 对装有熔断器的负荷开关，应检查熔丝是否良好，接触是否良好，所配熔丝是否符合要求。

4.6 熔断器

熔断器是用来防止电气设备长期通过过载电流和短路电流的保护元件。它由金属熔件(又称为熔体、熔丝)、支持熔件的接触结构和外壳组成,分为高压熔断器与低压熔断器两种。

4.6.1 高压熔断器

它主要由熔管与熔件两部分组成。当线路电流超过熔件熔断电流时,熔件熔断,达到切除故障、保护设备的目的。

电流越大,熔件熔断时间越短。电流与熔断时间的关系曲线,称为熔件的安-秒特性曲线。在选择熔件时,其安-秒特性应符合保护选择性的要求。

高压熔断器采用两种方式进行灭弧:

一种是熔管内壁为产气材料,在电弧高温下,产生大量气体,在熔管内产生很高的气压,使电弧过零后熄灭,也可利用此气体进行吹弧,达到灭弧的目的。这种熔断器的开断电流有上、下限,如果电流太大,管内气压过高,会造成熔管的爆炸;电流过小,会使产气量过小,管内压力过低,而达不到灭弧的目的。使用时,应使短路电流的最大值与最小值在开断电流的上、下两个限值范围内。

另一种是利用石英砂作为灭弧介质,填充在熔管内,当熔件熔断后,电弧受到石英砂强烈的冷却作用而迅速熄灭。这种熔件当通过很大电流时,燃弧时间很短,使电流未达到最大值前即熄灭,具有限制短路电流的作用,称为限流式熔断器。受限流熔断器保护的电器可不进行动、热稳定的校验。

户外跌落式熔断器,用于 10 kV 及以下的配电网络中,作为配电变压器和配电线路的保护。直接用分、合熔丝管的方法来分、合配电线路或变压器,切断变压器的空载电流或小负荷电流见图 4-11。

户外跌落式熔断器中的单次重合式熔断器在第一根熔丝管跌落后,间隔一定时间(一般不低于 0.3 s)后,可借助于重合机构自动重合闸,以减少停电事故。

高压熔断器按额定电压及额定电流选择,并按短路电流来校验熔断器的开断电流或断流容量。

对熔断器额定电流应按下列条件选择,即:

$$I_{er} \geqslant I_{ej} \geqslant I_g \tag{4-10}$$

式中 I_{er}——熔断器的额定电流;

I_{ej}——熔件的额定电流;

I_g——线路长时最大工作电流。

熔件在正常冲击电流作用下,不应发生熔断。在故障时,应与熔断器上、下级保护装置的动作相配合,不应发生越级熔断或上一级保护越级跳闸事故。

熔断器的额定断流容量或开断电流应满足下式:

$$S_{ek} \geqslant S'' \text{ 或 } I_{ek} \geqslant I'' \tag{4-11}$$

式中 S''——次暂态短路容量;

I''——次暂态短路电流。

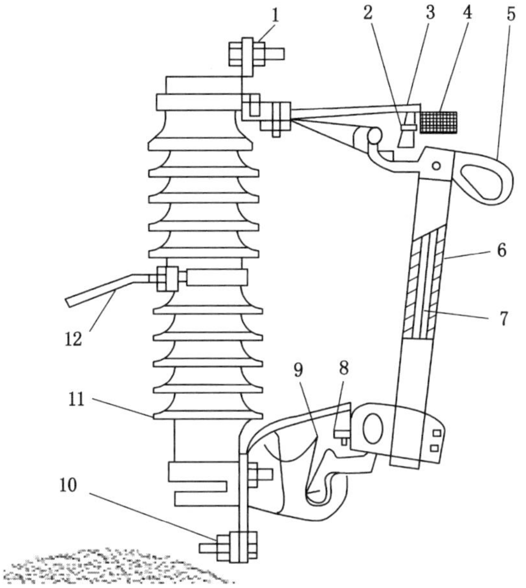

1—上接线端；2—上静触头；3—上动触头；4—管帽；5—操作环；6—熔丝管；
7—熔丝；8—下动触头；9—下静触头；10—下接线端；11—瓷绝缘子；12—安装板。

图 4-11　跌落式熔断器结构图

4.6.2　低压熔断器

常用的熔断器有管式熔断器 R1 系列、螺旋塞式熔断器 RL 系列、插入式熔断器 RC 系列、填料封闭式 RT 系列和无填料管式熔断器 RM 系列。

熔断器选择时，除了按额定电压、环境等要求外，主要应满足熔体和熔断器（熔管）的额定电流。

4.6.2.1　熔体额定电流应同时满足的条件

(1) 运行时，熔体额定电流 I_{er} 应不小于回路的计算负荷电流 I_j：

$$I_{er} \geqslant I_j \tag{4-12}$$

(2) 保护有电动机负荷的线路，熔断器熔体额定电流应大于电动机启动时的电流。

单台电动机回路：

$$I_{er} \geqslant \frac{I_{qd}}{\alpha} \tag{4-13}$$

配电线路：

$$I_{er} \geqslant \frac{I_{jf}}{\alpha} \tag{4-14}$$

多台电动机回路：

$$I_{er} \geqslant \frac{I_{qd,n} + I_{js(n-1)}}{\alpha} \tag{4-15}$$

式中 I_{qd}——电动机的启动电流；

I_{jf}——配电线路的尖峰电流；

$I_{qd,n}$——启动最大一台电动机的启动电流；

$I_{js(n-1)}$——线路中除启动最大一台电动机以外的所有电动机计算电流；

α——熔体躲过启动电流的安全系数，决定于启动状况和熔断器特性，见表 4-3。

表 4-3 α 系数

熔断器型号	熔断材料	熔断电流	α	
			电动机轻载启动	电动机重载启动
RT0	铜	50 A 及以下	2.5	2
		60～200 A	3.5	3
		200 A 以上	4	3
RM10	锌	60 A 及以下	2.5	2
		80～200 A	3	2.5
		200 A 以上	3.5	3
RM1	锌	10～350 A	2.5	2
RL1	铜、银	60 A 及以下	2.5	2
		80～100 A	3	2.5
RC1A	铅、铜	10～200 A	3	2.5

注：① 本表是根据熔断器特性曲线分析而得。

② 轻载启动时间按 6～10 s 考虑，重载启动时间按 15～20 s 考虑。

4.6.2.2 熔断器(熔管)额定电流的确定

(1) 熔断器的额定电流应大于或等于熔体额定电流。

(2) 按短路电流校验其开断能力。

低压熔断器是一种易损器件，为保证运行的安全，更换熔管或熔体时一定要按原来规格更换，不能改动。

4.7 互感器

互感器是发电厂和变电所主要设备之一。它将高电压变换成低电压，将大电流变换成小电流，供测量电压用的互感器称为电压互感器，供测量电流用的互感器称为电流互感器。使用互感器的主要目的如下：

(1) 将二次回路与一次回路隔离，以保证操作人员和设备的安全，并且可以降低测量仪表及继电器的绝缘水平，简化仪表构造。

(2) 将电压和电流变换成统一的标准值，电流互感器二次绕组的额定电流都是 5 A；电压互感器二次绕组的电压通常都规定为 100 V，从而可以减少测量仪表和继电器的规格品种，使仪表和继电器标准化。

(3) 可以避免短路电流直接流过测量仪表及继电器的线圈。

电压互感器的工作原理与变压器相似。

电压互感器按冷却方式不同可分为干式和油浸式；按相数可分为单相和三相；按安装地点可分为户内式和户外式。

图 4-12 是一只单相电压互感器接在三相线路上，用于测量任意两相间的线电压。图 4-13 是两只单相电压互感器接成不完全三角形（V/V 形接线），用于只需测线电压的仪表和继电器，但是这种接法不能测相电压。

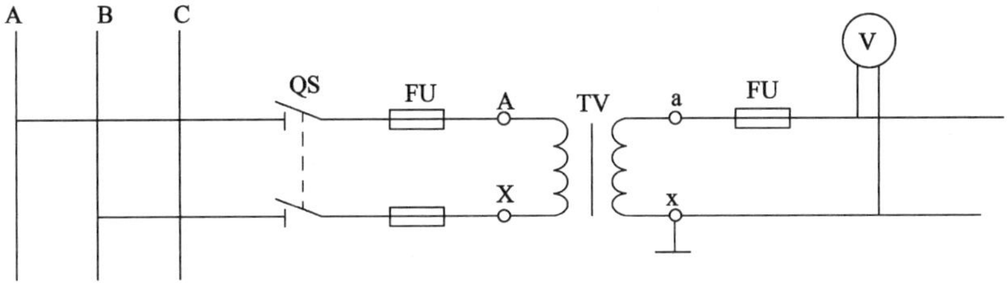

图 4-12　电压互感器接线（一）

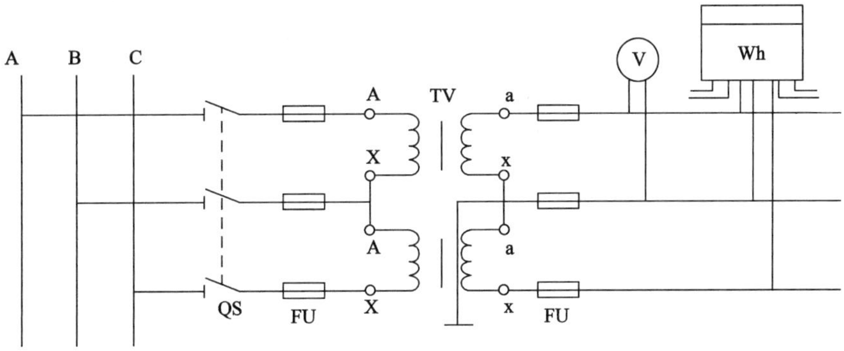

图 4-13　电压互感器接线（二）

在中性点不接地或经消弧线圈接地的 3～10 kV 电网中，广泛采用三相五柱式电压互感器，或者采用三台单相三线圈互感器接成三相组，它们的一次线圈与二次线圈为 Y_0/Y_0 联结，辅助二次线圈接成开口三角形，用于接反应零序电压的继电器，或者接到三只电压表构成的绝缘监视装置上。这样，互感器既可用于测量线电压和相电压，又可用于单相接地保护和监视电网对地绝缘（图 4-14 和图 4-15）。

实际中一般不采用三相三柱式电压互感器，这是由于三相三柱式电压互感器一次绕组中性点不允许接地，所以只能适用于测量三相线电压的测量仪器和继电器，而不能用来检查电网对地的绝缘情况。

假如把三相三柱式电压互感器一次绕组中性点接地，则在系统中发生接地时就会有零序电流 I_0 通过接地点并流入大地，I_0 在磁导体的铁芯中产生零序磁通 Φ_0（Φ_0 三相同相），在铁芯中没有通路而以漏磁通的形式通过空气隙和互感器铁壳形成通路。由于零序励通磁阻很大，零序励磁电流也很大，当持续时间长时，就可能引起电压互感器过热，甚至烧毁。

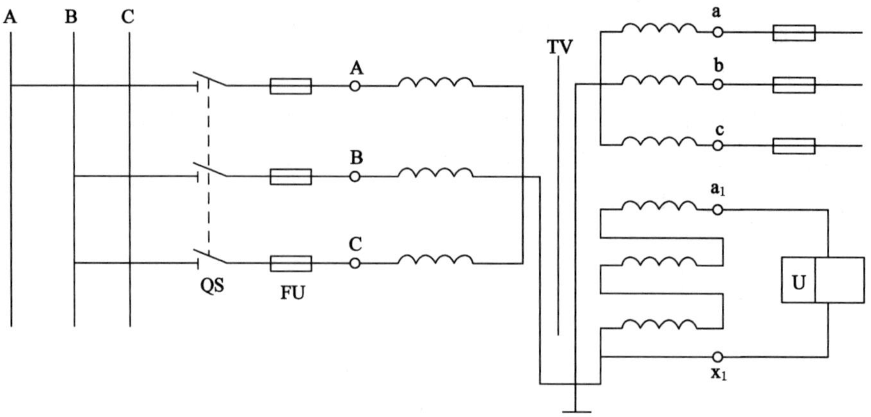

图 4-14　三相五柱式电压互感器的 $Y_0/Y_0/\triangle$ 接线

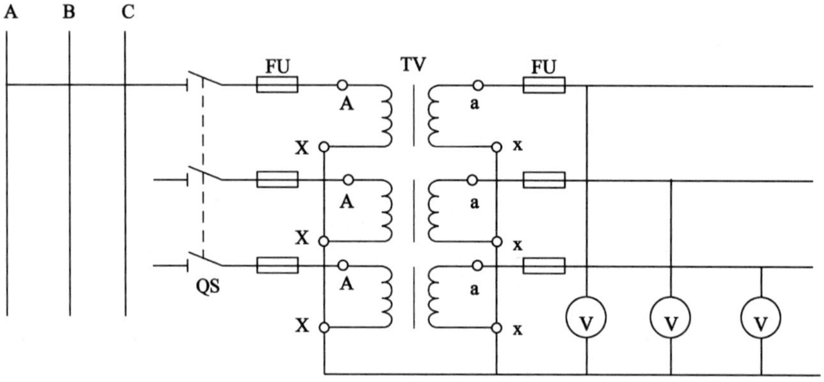

图 4-15　三个单相三线圈电压互感器的 Y_0/Y_0 接线

电压互感器的二次线圈都要接地,防止由于绝缘损坏使高压窜入低压侧对运行人员造成危险。

因互感器一次侧及二次侧都不允许短路,故均应装设熔断器。一次侧的隔离开关用于检修互感器时与电源隔开,形成一个明显的断开点。

在运行和检修中,要防止电压互感器反馈送电造成事故,如图 4-16 所示。为了检修母线甲,仅拉开 1Q、3Q、5Q 是不够的。这是因为母线乙的高压电还可以借助 7Q 和两个电压互感器反馈到母线甲上,从而危及检修人员。

电流互感器的一次线圈串接于被测量的电路中,二次线圈与量电仪表及继电器的电流线圈串联,其二次电路的阻抗非常小,在正常工作情况下,接近于短路状态,这是电流互感器与电力变压器和电压互感器的主要区别。

电流互感器在运行中不容许二次侧开路。这是因为在一次电流为额定值及二次侧成闭合回路的条件下,电流互感器铁芯中的磁通密度为 0.06～0.1 T,但当二次侧开路而一次电流仍存在时,铁芯中的磁通密度剧烈增加。当一次电流为额定值时,其值可达 1.4～1.8 T,

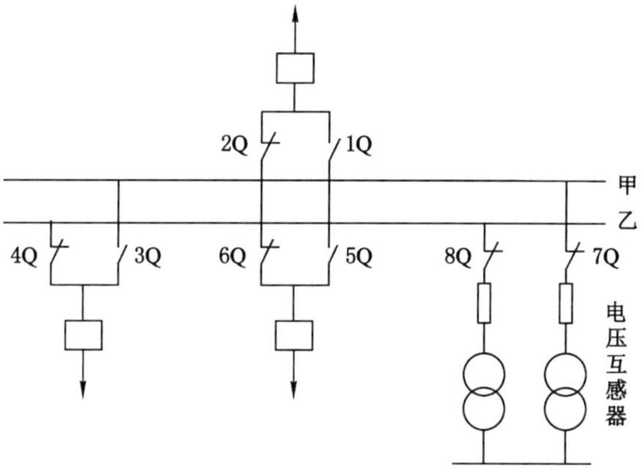

图 4-16　电压互感器反馈送电示意图

使铁芯严重饱和。这时在二次侧产生很高的感应电动势，其峰值可达数千伏，甚至上万伏，如图 4-17 所示。这一电压对设备绝缘和运行人员的安全都是危险的。同时，由于铁芯中磁通的骤增，引起磁滞涡流损耗增大，使铁芯剧烈发热，导致互感器损坏。除此之外，在铁芯中产生剩磁，使电流互感器误差增大。因此，在拆除仪表和继电器之前将二次绕组短路，并且不允许在二次电路中使用熔断器。

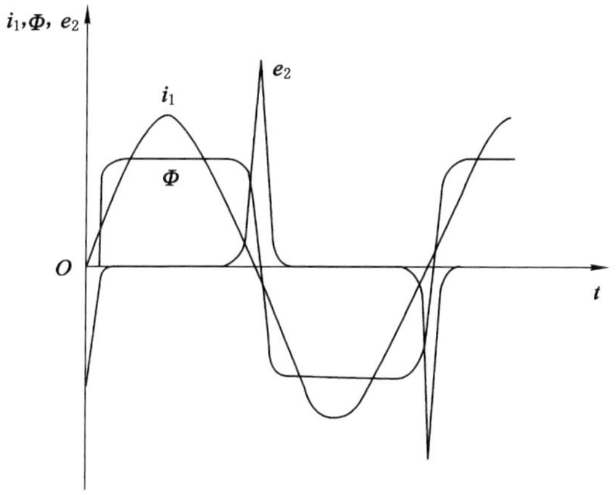

图 4-17　电流互感器二次侧开路时磁通和电动势波形

4.8　绝缘子和母线

4.8.1　绝缘子

绝缘子一般由固体绝缘材料制成，安装在不同电位的导体之间或导体与接地构件之间，是同时起到电气绝缘和机械支撑作用的器件。不同类型绝缘子的结构、外形虽有较大差异，但都是由绝缘本体和连接金具两大部分组成的。

绝缘子是架空输电线路的重要组成部分。传输电能的导线处于高电位。杆塔处于地电位，绝缘子的作用一方面使导线和杆塔在电气上绝缘，另一方面使导线和杆塔在机械上相连，绝缘子要承受导线自重及导线的风载、覆冰等各种机械力的作用。这些作用力通过绝缘子传递给杆塔，杆塔还要承受绝缘子自身的重力。绝缘子要同时满足电气性能和机械性能两方面的要求。

变电站的电气设备如变压器、断路器、电压互感器、电流互感器、避雷器、隔离刀闸等设备都有瓷套、棒形支柱等部件，这些部件也同时起着电气绝缘和机械支撑的作用，大型瓷套同时起着容器的作用，内部装着电器组件和绝缘油。这些瓷套和棒形支柱等器件也统称为绝缘子。

在电气性能方面，绝缘子除了要承受稳态工频运行电压的作用外，还要承受由雷电或操作引起的暂态过电压的作用。在决定绝缘子串长或绝缘子串的干弧距离时，要同时考虑上述三种电压的作用。比较两种暂态电压对决定干弧距离的作用，330 kV 以下主要考虑雷电过电压的作用，330 kV 以上主要考虑操作过电压的作用。在绝缘子闪络时，数以千安计的事故电流以电弧的形式沿绝缘子表面流过，绝缘子要能耐受大电弧的烧蚀直到线路保护动作。

在机械性能方面，要求绝缘子在长期的机械载荷作用下能稳定可靠地工作，同时要求对飓风和地震也要有较好的承受能力。对绝缘子除了电气性能和机械性能方面的要求外，还要求绝缘子有较好的耐候性能和抗老化能力。要求绝缘子能抵御雨雪冰霜、风吹日晒、酷暑严寒，在各种恶劣气象条件下都能稳定可靠地工作，并且应有几十年的使用寿命。

4.8.2 母线

变配电设备中的母线是发电厂和变电所的各级电压配电装置中的关键组成部分。它是将发动机、变压器与各种电器连接的导线，主要作用是汇集、分配和传送电能。在进出线较多的情况下，母线能够方便地实现电能的汇集和分配。

母线通常由导线、绝缘子、架构（支杆）、接地装置和金具等部件组成。其中，导线形式有软导线和硬导线。

母线操作主要是指母线的停电和送电，以及母线上的设备在两条母线间的倒换等。由于母线是设备的汇合场所，连接元件多，操作量大，因此在操作前必须做好充分的准备，操作时要严格按次序进行。例如，备用或检修后的母线送电操作，应使用装有反应各种故障类型的速断保护的开关进行。对于装有母差保护的母线，必须将母差保护做相应的切换后才能进行母线的操作。

注意，母线操作是一项高度专业的任务，应由具有相应资质和经验的专业人员进行。在进行任何母线操作之前，都应确保已经制订了详细的操作计划，并进行了充分的风险评估和安全准备。同时，还应确保已经遵循了所有相关的安全规定和操作规程。

4.9 电力电容器

电力电容器的作用是改善电能质量，降低电能损耗，提高供电设备利用率。

电容器由外壳和芯子组成。外壳用密封钢板焊接而成。芯子由电容元件串、并联组成。电容元件用铝箔制作电极，用电容器纸或复合绝缘膜作为绝缘介质。电容器内以绝缘油作为浸渍介质，老式的多采用矿物油，新式的多采用十二烷基苯。新式的燃爆危险性较小。

4.9.1　补偿原理

电力系统中，多为电动机等感性设备。这类设备在从线路中取得电流做功时，还要在线路上消耗一部分不做功的电感电流。功率因数 $\cos\varphi$ 就是用来衡量不做功的电流大小。功率因数越低，发电机、电力变压器及线路的额外负担也越大。不仅降低了线路及电力设备的利用率，还增加了线路上的功率损耗、电压损失，降低了供电质量。提高功率因数的有效方法是并联电容，产生领前的电容电流去抵消落后的电感电流，将无功电流减小到适当的范围。

如图 4-18 所示，补偿前线路上的感性无功电流为 I_{L0}，线路上的总电流为 I_0。并联电容后，产生一容性无功电流 I_C，抵消部分感性电流，使得线路上的感性无功电流减小为 I_L，线路上的总电流减小为 I。

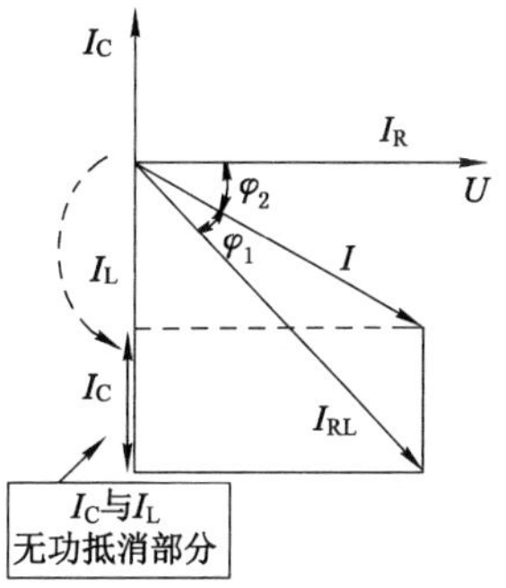

图 4-18　电容补偿原理

由图可知，如将功率因数从 $\cos\varphi_0$ 提高到 $\cos\varphi$，需要的容性电流 I_C 为：

$$I_C = I_{L0} - I_L = I_R(\tan\varphi_0 - \tan\varphi) \tag{4-16}$$

式中　I_R——线路上的有功电流。

由式(4-16)不难求得要求补偿的无功功率为：

$$Q = P(\tan\varphi_0 - \tan\varphi) \tag{4-17}$$

式中　Q——需要的无功功率，kvar；

P——平均有功功率(计算有功功率)，kW；

φ_0——补偿前的功率因数角；

φ——补偿后的功率因数角。

补偿用电力电容器或者安装在高压侧，或者安装在低压侧；可以集中安装，也可以分散安装。从补偿的效用角度看，低压补偿比高压补偿好，分散补偿比集中补偿好；从节省投资和便于管理的角度看，高压补偿比低压补偿好，集中补偿比分散补偿好。

4.9.2　电力电容器的安装和接线

电容器所在环境温度不应超过 40 ℃，周围空气相对湿度不应大于 80%，海拔高度不应超过 1 000 m。周围不应有腐蚀性气体或蒸气，不应有大量灰尘或纤维，所安装的环境应无易燃、易爆危险或强烈振动。

电容器室应为耐火建筑，耐火等级不应低于二级；电容器室应有良好的通风及防止温升过高的措施。总油量 300 kg 以上的高压电容器应安装在单独的防爆室内；总油量 300 kg 以下的高压电容器和低压电容器应视其油量的多少，安装在有防爆墙或有隔板的间隔内。

电容器外壳和钢架均应采取接地(接零)措施。

电容器应有完善的放电装置。高压电容器可以用电压互感器的高压绕组作为放电负荷；低压电容器可以用灯泡或电动机绕组作为放电负荷。放电电阻值应满足经过 30 s 放电后最高残留电压不超过安全电压。三角形联结 10 kV 电容器每相放电电阻可按下式计算：

$$R \leqslant 1.5 \times \frac{10^6 U^2}{Q} \tag{4-18}$$

式中 R——每相放电电阻，Ω；

U——线电压，kV；

Q——每相电容器容量，kvar。

电力电容器应根据其额定电压及线路额定电压选择适当的接线，并根据其容量安装电压表及电流表以监视工作情况。

4.9.3 电容器安全运行

电容器运行中，电流不应超过其额定电流的 1.3 倍，电压不应超过其额定电压的 1.1 倍。环境温度不得超出表 4-4 所列的限值。电容器外壳温度不得超过规定值(一般为 60 ℃或 65 ℃)。电容器各触点应保持良好，不得有松动或过热迹象；套管应清洁且不得有放电痕迹；外壳不应有明显变形，不应有漏油痕迹。电容器的开关设备、保护电器和放电装置应保持完好。

表 4-4 电容器使用的环境温度

温度类型	环境温度/℃				
	上限	下限	时平均最高	日平均最高	年平均最高
Ⅰ类	+40	+40	+40	+30	+20
Ⅱ类	+45	+40	+45	+35	+25
Ⅲ类	+50	+40	+50	+40	+30

在正常情况下，应根据线路上功率因数的高低和电压的高低投入或退出并联电容器。当功率因数低于 0.9、电压偏低时，应投入电容器组；当功率因数趋近于 1 类且有超前趋势、电压偏高时，应退出电容器组。

当运行参数异常、超出电容器的工作条件时，应退出电容器组。

当发现电容器连触点严重过热甚至熔化，瓷套管严重闪络放电，外壳严重膨胀变形，电容器或其放电装置发出严重异常声响，电容器爆裂或起火、冒烟时，应紧急退出运行。

进行电容器操作应注意以下几点：

(1) 停电操作时，先拉开电容器的开关，后拉开各路出线的开关；送电时，先合上各路出线的开关，后合上电容器的开关。

(2) 全站因事故停电后，应拉开电容器的开关。

(3) 电容器断路器跳闸后不得强行送电；熔丝熔断后，查明原因之前，不得更换熔丝送电。

(4) 不论是高压电容器还是低压电容器，都不允许在带有残留电荷的情况下合闸。否则，可能产生很大的电流冲击。电容器重新合闸前，至少应放电 3 min。

(5) 为了检查、修理的需要，电容器断开电源后，工作人员接近之前，不论该电容器是否装有放电装置，都必须用可携带的专门放电负荷进行人工放电。

当高压电容器组总容量不超过 100 kvar 时，可用跌落式熔断器保护和控制；当总容量为 100～300 kvar 时，应采用负荷开关保护和控制；总容量为 300 kvar 以上时，应采用真空断路器或其他断路器保护和控制。

当低压电容器组的总容量不超过 100 kvar 时，可用交流接触器、刀开关、熔断器或刀熔开关保护和控制；当总容量在 100 kvar 以上时，应采用低压断路器保护和控制。

第5章 继 电 保 护

5.1 继电保护原理

5.1.1 继电保护的作用

电力系统在运行中，可能发生一些故障和不正常运行状态。常见的故障是相间短路和接地短路，以及变压器、电动机和电力电容器等发生的匝间或层间局部短路故障。不正常运行状态主要指过负荷、一相断线、一相接地或漏电等。

继电保护装置能在发生故障时，迅速地、有选择性地切断故障设备，防止事故扩大，减轻故障危害，保证供电安全、可靠。

所谓继电保护装置，就是指能对电力系统中电气设备发生故障或不正常状态做出反应，并使断路器跳闸或发出信号的一种装置。其基本任务如下：

(1) 自动地、迅速地、有选择性地将故障设备从电力系统中切断，以保证系统无故障部分能迅速恢复正常运行，并使故障设备免于继续遭受破坏。

(2) 对电气设备的不正常工作状态做出反应，并根据运行维护的条件(如有无经常值班人员)动作于信号，减负荷或跳闸。此时，通常不要求保护迅速动作，而是带有一定的延时，以保证动作的选择性，但在煤矿井下及有爆炸危险的场所，一般均作用于跳闸。

5.1.2 继电保护的基本原理

电力系统发生故障时，通常伴随有电流的增大、电压的降低以及电流电压之间相位角的变化等物理现象，利用这些物理量的变化，就能区分出系统处于何种工作状态，从而实现保护。

通常利用短路时电流增大的特征构成过电流保护；利用电压降低的特征构成低电压保护；利用电压和电流比值的变化构成阻抗保护；利用电压和电流之间相位关系的变化构成方向保护；利用比较被保护设备两端电流的大小和相位的差别构成差动保护等。此外，还可根据电气设备的特点实现对非电量变化作出反应并进行保护。例如，对变压器油箱内故障作出反应并进行瓦斯防护；对电动机绕组温度升高的过负荷作出反应并进行保护等。

上述各类保护装置都是由1个或若干个继电器按照其性能和要求连接在一起而组成的。继电保护装置一般由测量元件、逻辑元件和执行元件三部分组成(图5-1)。测量元件用来反应和转换被保护对象的各种物理参数，经过它综合和变换，送给逻辑元件，与给定值进行比较，并做出逻辑判断。当区别出保护对象有故障时，启动执行元件，发出操作指令，实行跳闸或发出信号，完成保护任务。

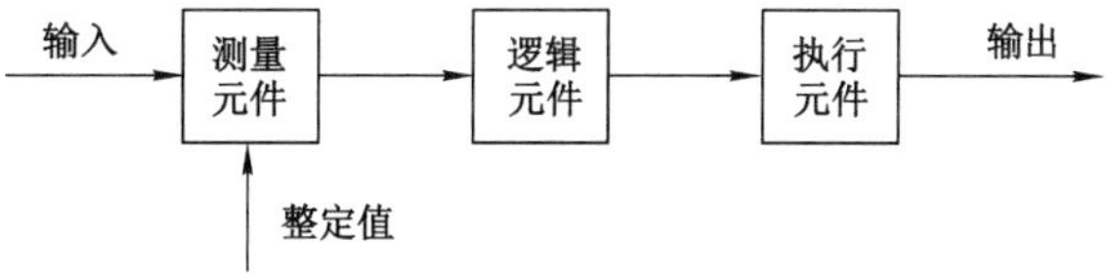

图 5-1 继电保护原理

5.1.3 对继电保护装置的基本要求

为完成继电保护的基本任务，必须满足四项基本要求，即选择性、速动性、灵敏性和可靠性。作用于断路器跳闸的继电保护装置，应同时满足上述四项基本要求，而对作用于信号的继电保护装置，其中一部分要求可以降低。

5.1.3.1 选择性

选择性是指当系统内发生故障时，保护装置仅将故障元件切断，系统中非故障部分仍保持继续运行，使停电范围尽量小的性能。如图 5-2 所示，当 k2 点发生短路时，应由距短路点最近的保护 3 动作，断开断路器 QF3 将故障线路 BC 切断，变电所 A、B 应继续供电。当 k1 点发生短路时，则应由保护 1 和保护 2 动作，分别断开断路器 QF1 和 QF2，将连接于变电所 A 和变电所 B 的这条故障线路切断，系统中所有非故障部分仍继续运行。继电保护的这种动作称为有选择性动作。

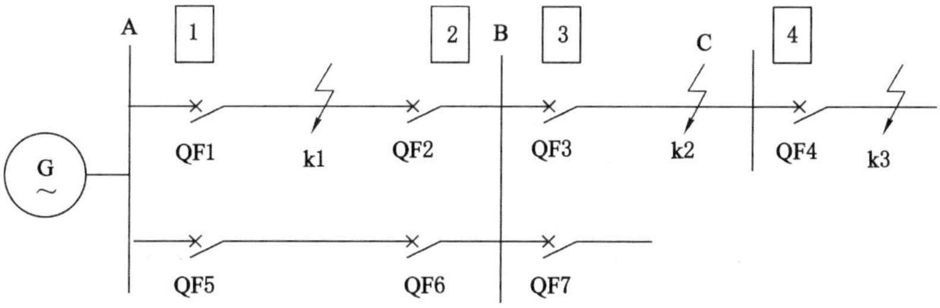

图 5-2 选择性说明

若短路发生在 k3 点，则保护 4 应动作，切断故障线路，假如保护 4 或断路器 QF4 拒动，不能切除故障线路时，则保护 3 应动作，断开断路器 QF3，以切断故障线路。保护装置的这种动作虽然切断了部分非故障元件，但是在保护或断路器拒动的情况下，还是最大限度地缩小了停电范围，所以也认为是有选择性的动作。

继电保护装置的选择性是依靠选择适当的保护装置和正确地选择整定值使各级保护相互配合而实现的。

5.1.3.2 速动性

速动性就是快速切断故障线路。快速切断故障线路可避免和减轻电气设备的损坏，保证电力系统及用电设备运行的稳定性，可减少对用电设备用电的影响。

当发生短路故障时，故障点附近电源母线电压降低，非故障电路中电动机的转矩将下降，如果故障线路切断很快，电动机转速还未降低很多电压就已恢复，电动机就能很快自启动，恢复正常工作。对其他用电设备也一样，电压恢复越快，用电设备恢复正常工作越快。

在有些情况下，快速性和选择性会发生矛盾，这时应在保证选择性的前提下力求保护动作迅速。当故障影响系统稳定时，则需要牺牲部分选择性，以确保系统稳定运行，然后通过其他自动装置(如自动重合闸装置)予以补救。

5.1.3.3 灵敏性

继电保护装置的灵敏性是指对其保护范围内发生故障或不正常运行情况的反应能力。要求在其保护范围内，不论短路点的位置、短路类型以及系统运行方式如何，保护装置都能灵敏反应。

5.1.3.4 可靠性

保护装置的可靠性是指在其保护范围内发生属于它动作的故障时，应可靠动作，不能拒动；当系统中发生的故障不属于它动作的，要禁止动作，不能误动。

保护装置如果不能满足可靠性要求，则保护装置本身就成为扩大事故或造成事故的根源。

为了使保护装置动作可靠，除正确设计保护系统、正确计算继电保护动作定值和选用优质的继电器外，还应对继电保护装置加强维护管理，进行定期校验和试验。

5.1.4 继电保护装置和继电器的分类

5.1.4.1 继电保护装置的分类

(1) 根据保护装置反应物理量的不同分为电流保护装置、电压保护装置、距离保护装置、差动保护装置、高频保护装置和瓦斯保护装置等。

(2) 根据被保护对象的不同分为发电机保护装置、输电线保护装置、母线保护装置、变压器保护装置和电动机保护装置等。

(3) 根据保护的故障类型分为相间故障保护装置、接地故障保护装置、匝间短路故障保护装置和非全相运行保护装置。

(4) 根据保护装置的作用可分为主保护装置和后备保护装置，以及为了改善保护装置的某种性能而专门设置的辅助保护装置等。

5.1.4.2 继电器的分类

继电器是组成继电保护装置的基本元件，当它反应的物理量达到一定数值时，继电器的工作状态就自动发生变化。

继电器按反应的物理量的不同，可分为电量的和非电量的两大类。属于非电量的如下：对瓦斯气体多少和流速的瓦斯作出反应的继电器；对气体压力作出反应的压力继电器；对温度做出反应的热敏继电器；等等。属于电量的通常按继电器的动作原理分为电磁型、感应型、整流型、晶体管型等。

(1) 电磁型继电器。它是按照电磁原理构成的继电器，继电器的主要元件是电磁铁。

(2) 感应型继电器。它是利用电磁铁的磁场与感应导体所产生的磁场两者的相互作用构成的继电器，它比电磁型继电器多一个感应导体。

(3) 整流型继电器。它是一种将反应的电量整流后再进行比较的继电器。

(4) 晶体管型继电器。它是利用晶体管电路构成的继电器。

近年来以计算机为基础的微机型继电器得到广泛应用，而许多感应型继电器已停止生产。

上述几种继电器，按它们对物理量反应的性质可分为电流继电器、电压继电器、功率方向继电器、阻抗继电器和周波继电器等。此外，按继电器的作用又可分为时间继电器、中间继电器和信号继电器等。

5.1.5　电磁型继电器

电磁型继电器是利用电磁力使其可动的机械部分动作，并通过它的触点接通或者断开来实现输出信号的改变。电磁型继电器的形式有螺线管式、吸引衔铁式和转动舌片式等(图 5-3)，通常由铁芯 1、可动 Z 形衔铁 2、线圈 3、触点 4 及反作用弹簧 5 等部分组成。当继电器的线圈接入电流 I_j 时，电磁铁的铁芯中就产生磁通 Φ 和电磁力 F_{dc}。如果电磁力的数值大于弹簧的反作用力，则衔铁被吸引，并带动继电器的触点闭合。

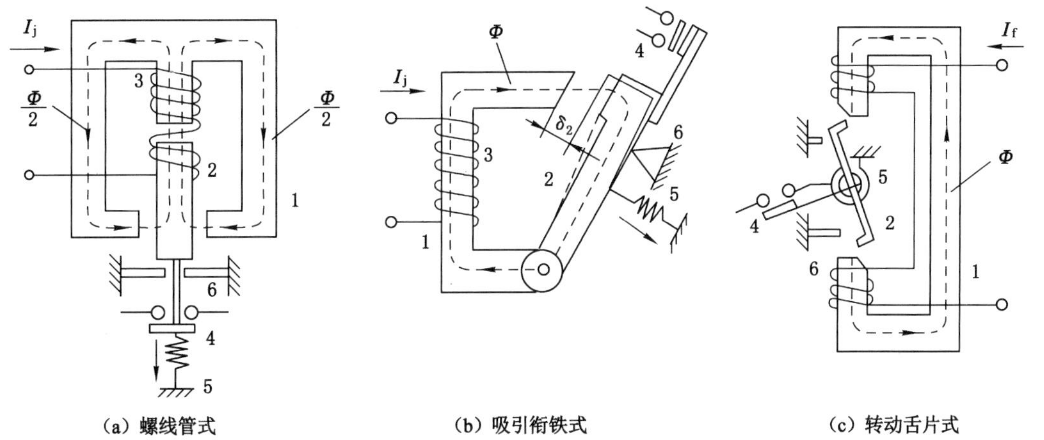

1—铁芯；2—可动 Z 形衔铁；3—线圈；4—触点；5—反作用弹簧；6—止挡。

图 5-3　电磁型继电器原理结构图

电磁力 F_{dc} 与空气隙中磁场强度 B 或磁通 Φ 的二次方成正比，即：

$$F_{dc}=\frac{B^2S}{2\mu_0}=\frac{\Phi^2}{2\mu_0 S}\tag{5-1}$$

由磁路欧姆定律知：

$$\Phi=\frac{WI_j}{R_c}$$

$$F_{dc}=\frac{W^2I_j^2}{2\mu_0 SR_c^2}\tag{5-2}$$

电磁力矩 M_{dc} 等于电磁力 F_{dc} 与转动舌片力臂 L 的乘积，即：

$$M_{dc}=F_{dc}L=\frac{W^2L}{2\mu_0 SR_c^2}I_j^2=KI_j^2\tag{5-3}$$

式中 I_j——继电器线圈中的电流；

W——继电器线圈的匝数；

S——气隙的横截面积；

R_c——磁通中所经过磁通的磁阻，当磁路未饱和时，R_c 为一常数；

L——电磁力的作用力臂；

μ_0——真空磁导率；

K——比例系数，当磁路未饱和时，K 为一常数。

式(5-3)表明，当磁路未饱和时，作用在衔铁上的电磁力矩 M_{dc} 与线圈中电流的二次方成正比。因此，M_{dc} 不随电流的方向而变化，电磁型继电器可以制造成交流或直流继电器。应注意的是，当线圈接入交流时，I_j 是有效值，M_{dc} 是平均值。

当电磁力矩增加到一定值时，可动衔铁被吸引，继电器的触点切换(闭合或断开)，该过程称为继电器动作。

继电器动作时，其电磁力矩 $M_{dc,dz}$ 要克服弹簧的反作用力矩和转动舌片所受的摩擦力矩，即：

$$M_{dc,dz} = M_{dc,t} + M_m \tag{5-4}$$

式中 $M_{dc,t}$——弹簧反作用力矩；

M_m——摩擦力矩。

上式称为继电器动作的临界条件，使继电器动作的最小电流称为继电器的动作电流 I_{dz}。继电器动作后，若电流 I_j 减小，在弹簧力作用下可动衔铁将返回到起始位置。当继电器返回时，反作用弹簧的力矩应能够克服电磁力矩和可动衔铁返回时的摩擦力矩。继电器返回的条件为：

$$M_{t,f} \geqslant M_{dc,f} + M_m = KI_j^2 + M_m \tag{5-5}$$

式中 $M_{t,f}$——弹簧的反作用力矩；

$M_{dc,f}$——继电器返回时的电磁力矩。

能使继电器返回的最大电流称为继电器的返回电流，用符号 I_f 表示。继电器的返回电流与动作电流之比，称为继电器的返回系数，用 K_f 表示，则：

$$K_f = \frac{I_f}{I_{dz}} \tag{5-6}$$

对于反应参数变大的继电器，如过电流继电器，K_f 总是小于 1；而反应参数减小的继电器，如低电压继电器，其返回系数总大于 1，希望返回系数越接近 1 越好。

继电器的动作电流可以根据需要进行调节(整定)，其方法是：

(1) 改变继电器线圈的串、并联方式，来改变线圈的匝数。

(2) 转动调整把手，改变螺旋弹簧的反作用力矩。

由于继电器线圈中存在电感，故线圈中的电流和磁路中磁通的变化都是缓慢的。因此，继电器由线圈通电开始，至获得其动作所需要的电磁力矩需要一定的时间，而且衔铁运动也需要一定的时间。通常把由线圈通电至触点切换完毕所需要的时间称为继电器的动作时间。为了提高保护装置的速动性，应尽量减小继电器的动作时间。但在某些情况下，也利用继电器本身的动作时间获得保护装置动作所需要的延时。

电磁型继电器的种类很多，常用的有电流继电器、电压继电器、时间继电器、中间继电器和信号继电器等。

继电器的触点分为常开和常闭两种。所谓常开触点，指继电器的衔铁未被吸合时，处于断开状态的触点；所谓常闭触点，指继电器的衔铁未被吸合时，处于闭合状态的触点。继电器标准图例及触点画法参见《电力系统继电器、保护及自动化装置电气简图用图形符号》(JB/T 6524—2004)的规定。

5.2　继电保护接线方式

在继电保护中，电流继电器是通过电流互感器间接与一次线路相连，在三相电路中，这种相互连接可以采用不同的连接方式，称为保护装置的接线方式。

5.2.1　电流互感器的极性和电流方向

继电保护装置的实际接线，应确定电流互感器的极性和电流方向。电流互感器的极性通常按减极性原则标注：在一、二次绕组中，同时由同极性端子通入电流时，它们在铁芯中产生的磁通的方向相同。如图 5-4(a)所示，当从绕组的端子 L_1 和 K_1 通入电流时，它们在铁芯中产生的磁通同方向，称为同极性端子，即同名端，并用下标相同的标号进行标注。例如，L_1 和 K_1、L_2 和 K_2 分别为同极性端子。

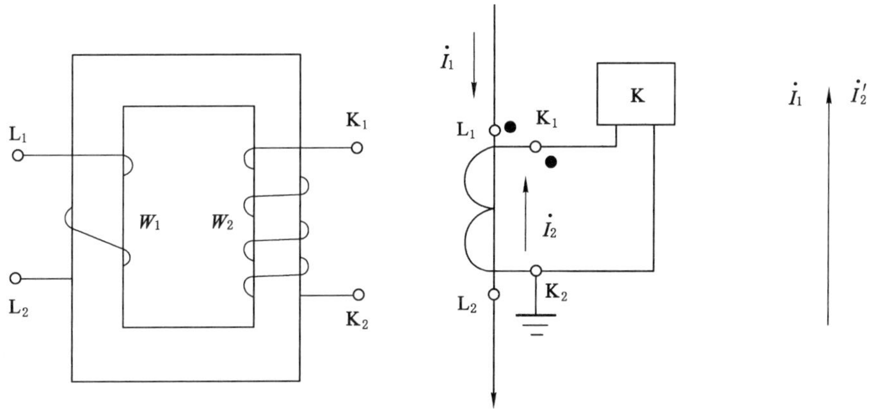

(a) 结构图　(b) 原理图　(c) 矢量图

图 5-4　电流互感器的极性和电流方向

在继电保护中，一般选取一次和二次绕组中电流的正方向相反，如图 5-4(b)所示，选取一次电流 I_1 从 L_1 流向 L_2 为正，而选取二次电流 I_2 从 K_2 流向 K_1 为正。不难看出，此时磁路中的总磁动势为一次绕组和二次绕组磁动势的矢量差。当忽略励磁电流时，有：

$$W_1 \dot{I}_1 - W_2 \dot{I}_2 = 0 \tag{5-7}$$

因此：

$$\dot{I}_1 = \frac{W_2}{W_1} \dot{I}_2 = \dot{I}_2' \tag{5-8}$$

式中　W_1，W_2——电流互感器一次和二次绕组的匝数；

$\dot{I}_1'$——$\dot{I}_2$ 折算到一次侧后的二次电流值。

由式(5-8)可知，$\dot{I}_1=\dot{I}_2'$，两者大小相等，相位相同，故可用一个矢量来表示，如图 5-4(c)所示。

5.2.2 电流保护装置的接线方式

5.2.2.1 三相完全星形接线法

如图 5-5 所示。三个电流互感器与三个电流继电器分别按相连接，互感器与继电器均接成完全星形。因为每相均设有电流互感器，所以这种接线方式能够防护各种相间故障和接地故障。当发生相间故障时，有两个以上的继电器同时动作，因而保护动作的可靠性好。

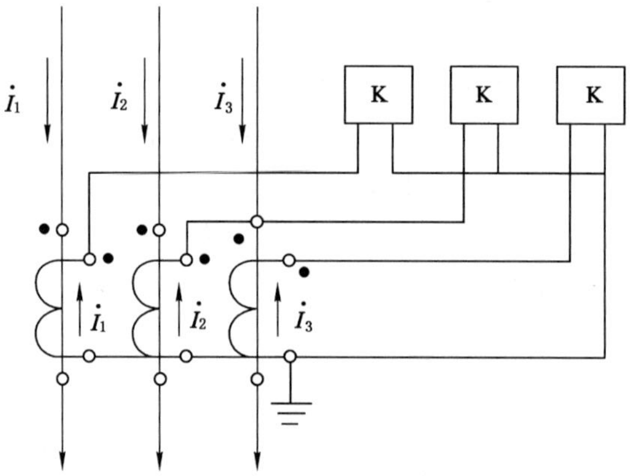

图 5-5 三相三继电器完全星形接线法

在电流保护的整定计算中，还常用到接线系数 K_{jx}，接线系数是指实际流过继电器的电流 I_j 与电流互感器的二次回路电流 I_2 之比，即 $K_{jx}=I_j/I_2$。显然，三相完全星形接线法 $I_j=I_2$，故 $K_{jx}=1$。

三相完全星形接线方式的缺点是：接线比较复杂，设备投资较大，故多用于大型重要元件的保护(如变压器保护等)以及其他方式不能满足要求的电网保护中。

5.2.2.2 两相两继电器不完全星形接线法

如图 5-6 所示，它和上述接线方式的主要区别是 B 相不设电流互感器和继电器，因而不能对 B 相接地故障做出反应。但是，由于接地故障通常采用其他专门的保护方式，两相两继电器不完全星形接线方式简单、经济，因而这种方式被广泛用于各种电网的相间故障保护。

5.2.2.3 两相电流差式接线法

如图 5-7 所示，两相电流差接线将 A、C 两相电流互感器差接起来，只接一个电流继电器。当采用两相电流差接线时，流过继电器的电流为 A、C 两相电流互感器二次电流的矢量差。因此，在正常和三相对称短路的情况下，$K_{jx}=\sqrt{3}$；当 A、C 两相短路时，$K_{jx}=2$；当 A、B 或 B、C 两相短路时，$K_{jx}=1$，如图 5-8 所示。

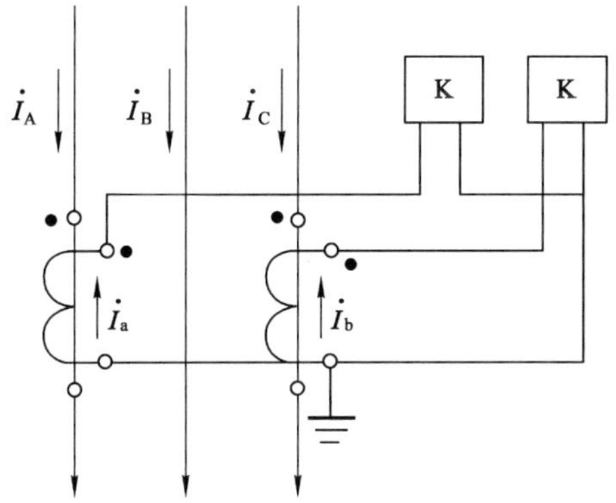

图 5-6　两相两继电器不完全星形接线法

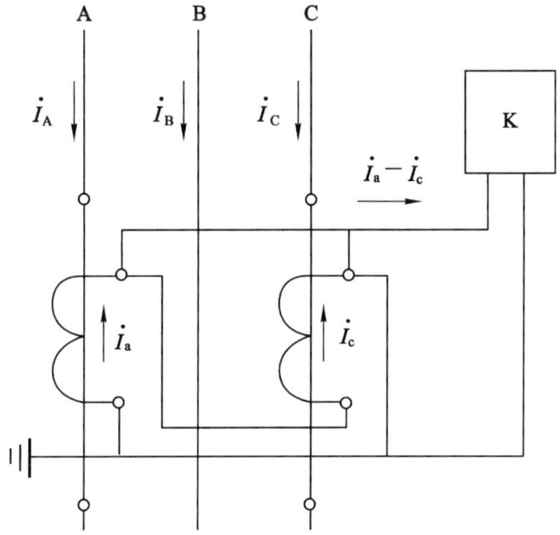

图 5-7　一只继电器的两相电流差式接线法

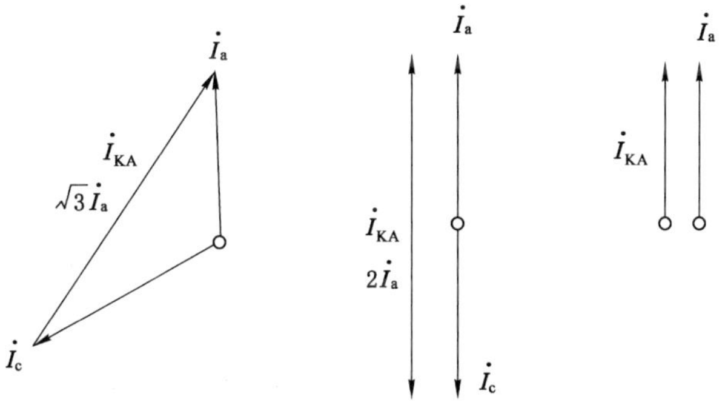

（a）三相短路　　（b）A、C两相短路　　（c）A、B或B、C两相短路

图 5-8　两相电流差式接线法短路矢量图

5.3 电网相间短路保护

5.3.1 定时限过电流保护

过电流保护是反应被保护设备电流值增大且当其超过某一预定值而动作的保护。过电流保护装置中电流继电器的启动电流应大于最大负荷电流，以保证正常时不致启动。当线路远端发生短路时，如图 5-9 中 D_1 点，短路电流将由电源经过线路 L_1、L_2、L_3 流到短路点，当短路电流值大于保护装置动作电流值时，则 3 套保护装置同时起动。但根据保护装置选择性的要求，应该只由距离故障点最近的保护装置 3 动作切断故障线路，而保护装置 1、2 在故障线路切断后应可靠返回，这个要求可以依靠使各保护装置带有不同的延时来满足。在这里我们只要使各个保护装置的动作时限满足 $t_3<t_2<t_1$ 就可以保证 D_1 点短路时只由保护装置 3 动作，使断路器 DL_3 跳闸，切断事故线路 L_3，使非故障线路 L_1、L_2 及变电所的其他用户继续得到供电。

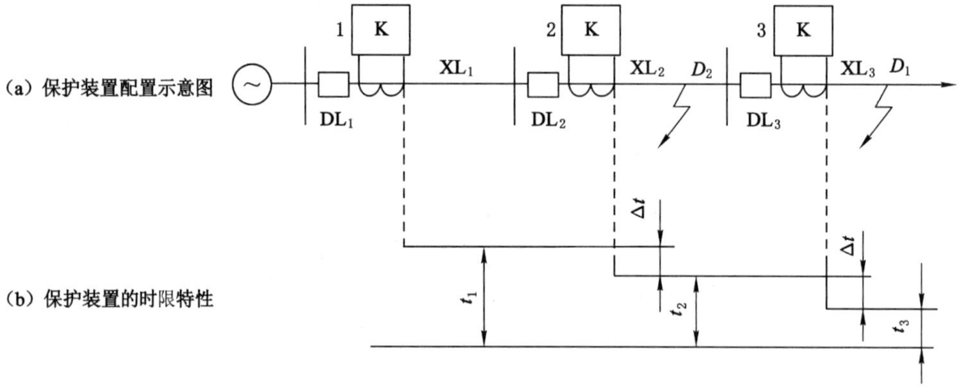

图 5-9　过电流保护装置动作时限配合示意图

由此可见，为了保证单侧电力网中过电流保护装置的选择性，各保护装置的动作时限必须满足以下条件，即：

$$\begin{cases} t_1 > t_2 > t_3 \\ t_2 = t_3 + \Delta t \\ t_1 = t_2 + \Delta t = t_3 + 2\Delta t \end{cases} \tag{5-9}$$

即保护的动作时限由用户逐级增加，越接近电源时限越长。这种选择保护动作时间的方法称为阶梯原则。相邻两保护间的动作时间差 Δt 称为时限阶段，通常取 0.5～0.7 s。由于各保护装置的动作时限是固定的，与短路电流大小无关，又称为定时限过电流保护。

由电磁式继电器构成的定时限过电流保护装置接线如图 5-10 所示。

保护装置的动作过程如下：当线路发生短路故障，电流互感器二次电流大于电流继电器的动作电流时，使相应的过电流继电器 1(KA)启动，它们相并联的常开触点只要有一个闭合，就会使时间继电器 2(KT)动作，达到整定的时限后，时间继电器触点闭合，使中间继

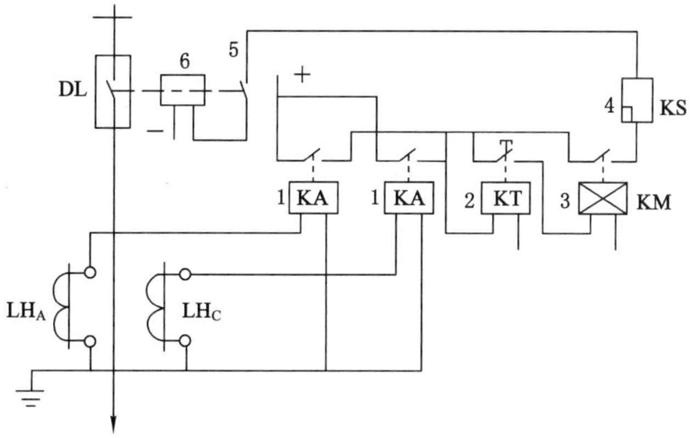

1—过电流继电器；2—时间继电器；3—中间继电器；
4—信号继电器；5—辅助触点；6—跳闸线圈。
图 5-10 定时限过电流保护接线图

电器 3(KM)动作。接通断路器的跳闸线圈 6，使断路器跳闸，切除短路故障部分。信号继电器 4(KS)串联于跳闸回路中，在中间继电器触点接通跳闸线圈的同时，信号继电器动作，指示牌掉下。断路器跳闸时，辅助触点 5 随之断开跳闸回路，以减轻中间继电器触点的工作。

5.3.2 电流速断保护

定时限过电流保护装置是按阶梯原则的时限特性来获得选择性的，从而越靠近电源端处，短路电流越大，而保护动作时限加长。这种情况对于切断靠近电源端的故障线路是不允许的。为了克服这一缺点，可以采用电流速断保护。电流速断保护是以动作电流大于保护范围外短路时的最大短路电流而获得选择性的一种电流保护。如图 5-11 所示，曲线 1 表示最大运行方式下流过保护装置的三相短路电流与保护装置安装处至短路点的距离 L 的关系，曲线 2 表示最小运行方式下流过保护装置的两相短路电流与 L 的关系，直线 3 表示保护装置的动作电流，直线 3 分别与曲线 1 和 2 交于 M 点和 N 点。由图可知，当短路电流值在直线 3 以下，保护装置就不动作；M 点至保护装置安装处的距离 L_{pmin} 为最大运行方式下三相短路时的保护范围；N 点至保护安装处的距离 L_{pmin} 为最小运行方式下两相短路时的保护范围。由此可见，电流速断保护不能保护线路全长，并且随着运行方式的变更和短路类型的不同，其保护范围随之变化。

瞬时电流速断保护装置的灵敏度，通常以保护范围长度占被保护线路全长的百分数表示。在最小运行方式下发生两相短路时，要求能保护线路全长的 15%～20%。

图 5-12 使用了一个延时 3～4 周波的中间继电器 3，其作用有两点：一是扩大触点容量，因为电流继电器触点容量很小，不能直接接通断路器的跳闸回路；二是利用它增加保护装置的固有动作时间，当线路上装有管型避雷器时，避免因管型避雷器放电而引起保护装置的误动作。避雷器放电相当于发生暂时性的接地短路，放电后线路恢复正常，保护装置不应动作。避雷器正常放电约半个周波，但可能延续到 1～1.5 周波，并可能经过很短时间间隔多次动作。因此，如果无附加延时，就可能使速断保护装置误动作。

由于无时限的瞬时电流速断保护装置不能保护线路全长，因而保护范围以外的故障须

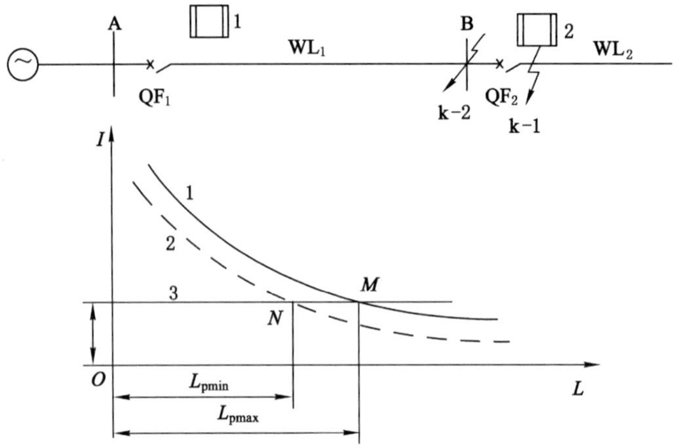

1—最大运行方式三相短路电流变化曲线；2—最小运行方式两相短路电流变化曲线；3—动作电流。

图 5-11　瞬时电流速断保护装置的整定

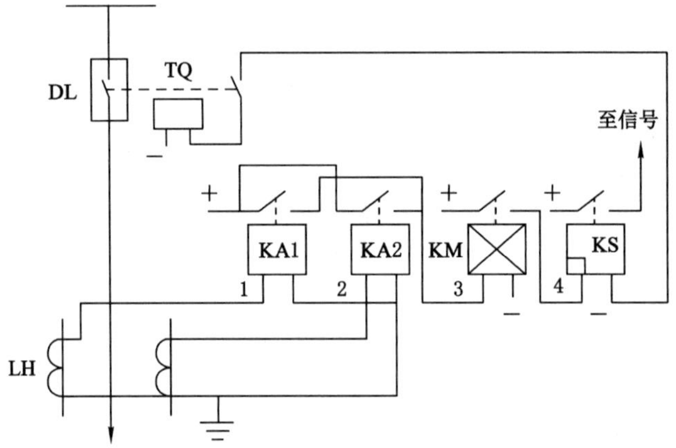

1,2—电流继电器；3—中间继电器；4—信号继电器。

图 5-12　电流速断保护装置不完全星形接线图

由限时电流速断保护装置切除。限时电流速断保护装置应能保证在任何情况下保护本线路的全长，且应限定在尽可能短的时间内动作，以构成较完善的线路保护。

5.4　变压器保护

变压器的故障可分为内部故障和外部故障两种。内部故障是指变压器油箱内发生的故障，包括相间短路、绕组的匝间短路、层间短路和单相接地（带电部分碰壳）短路等；变压器内部故障的短路电流产生的电弧不仅会烧坏绕组的绝缘、烧坏铁芯，而且由于绝缘材料和变压器油因受热分解而产生大量气体可以使变压器油箱爆炸，产生严重后果。外部故障是指引出线绝缘套管相间短路和单相接地等故障。

变压器的不正常运行状态主要有：过电流、温度过高和油面降低等。

根据上述故障种类及异常运行状况，变压器装设的继电保护装置包括下列类型：

① 瓦斯保护装置。瓦斯保护装置用于保护变压器油箱内部故障。轻瓦斯时作用于信号，重瓦斯时作用于跳闸。一般 800 kV·A 及以上的油浸式变压器，400 kV·A 及以上的室内油浸式变压器，均应装瓦斯保护装置。

② 差动保护装置或电流速断保护装置。其作用是保护变压器内部故障和引出线相间短路、接地短路。保护装置动作时能迅速地作用于跳闸，将变压器各侧电路切断。

③ 过电流保护装置。其作用是作为上述保护装置的后备保护装置，它带有一定时限作用于跳闸。

④ 过负荷保护装置。在变压器严重过载时进行保护，一般作用于信号。

⑤ 温度信号。用作监视变压器温升过高和油温过高，作用于信号。

变压器需装设哪些保护装置，要根据变压器容量、形式及重要性按保护规程确定。

5.4.1 瓦斯保护

对于以变压器油作为绝缘和冷却介质的变压器，当发生内部故障时，短路电流所产生的电弧将使绝缘物质和变压器油分解，从而产生大量气体，利用这种气体来实现控制的保护装置叫作瓦斯保护装置。

瓦斯保护装置的主要元件是气体继电器，它安装在变压器油箱和储油柜之间的通道中。气体继电器主要由上油杯、下油杯、永久磁铁、干簧触点、挡板、平衡锤和放气阀组成，如图 5-13 所示。正常运行时，气体继电器里充满了油，由于开口油杯侧所产生的力矩比平衡锤所产生的力矩小，此时开口油杯处于上升位置，触点断开。当变压器内部发生轻微故障时，气体缓慢产生并上升聚集在继电器内，在气体压力作用下油面下降；当由开口杯及附件在空气中的重量加上杯内油的重量所产生的力矩超过平衡锤所产生的力矩时，开口杯沿支点转动；当永久磁铁接近干簧触点，干簧触点闭合，使信号继电器动作或接通报警电路，发出轻故障信号(轻度瓦斯动作信号)；当变压器内部发生严重故障时，变压器内部产生大量气体，油流冲动气体继电器的挡板，下油杯和永久磁铁一起迅速下降，干簧触点迅速闭合，接通变压器中断路器的跳闸回路，断路器掉闸，同时信号继电器动作，并且发出重度瓦斯动作信号。如图 5-14 所示，当变压器发生轻微故障时，瓦斯继电器 KG1-2 触点闭合，发出报警信号；当变压器发生严重故障时，瓦斯继电器 KG3-4 触点闭合，信号继电器 KS 动作，吊牌显示，经中间继电器 KM3-4 触点闭合，跳闸线圈 YT 通电，断路器 QF 跳闸。

5.4.2 纵联差动保护

差动保护装置是反映变压器两侧电流差而动作的保护装置，如图 5-15 所示。在变压器两侧装设电流互感器，将互感器二次侧串联起来构成环路，电流继电器并联在二次侧端子上。这样，流入继电器的电流等于互感器二次电流之差，即 $I_j = I'_2 - I''_2$，适当选择变压器两侧电流互感器的变压比和接线方式，可使正常运行和外部短路时(图中 d_1 点)二次电流 I'_2 和 I''_2 大小相等，相位相同，流入继电器电流为零，保护装置不动作。当保护范围内发生短路时(图中 d_2 点)，对于单侧电源的变压器，$I''_2 = 0$，继电器电流 $I_j = I'_2$，继电器动作，使断路器跳闸，将故障变压器电路切断。

差动保护装置的保护范围是变压器两侧电流互感器安装地点之间的区域。由于它可

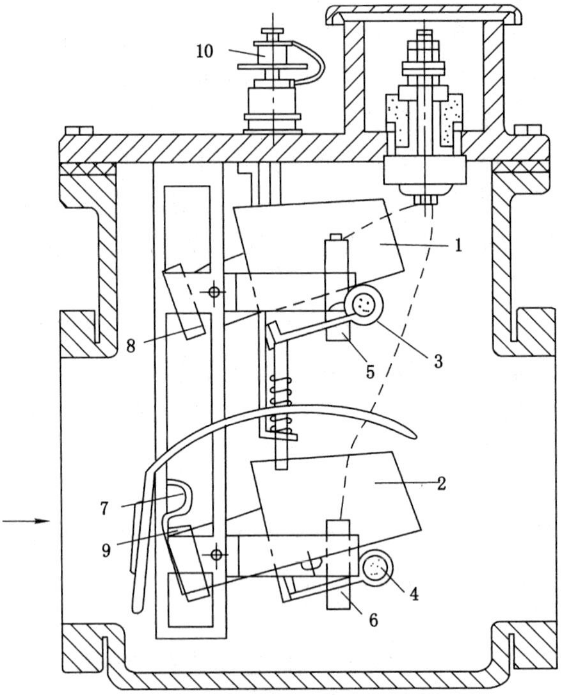

1—上油杯;2—下油杯;3,4—永久磁铁;5,6—干簧触点(固定);7—挡板;8,9—平衡锤;10—放气阀。

图 5-13　气体继电器

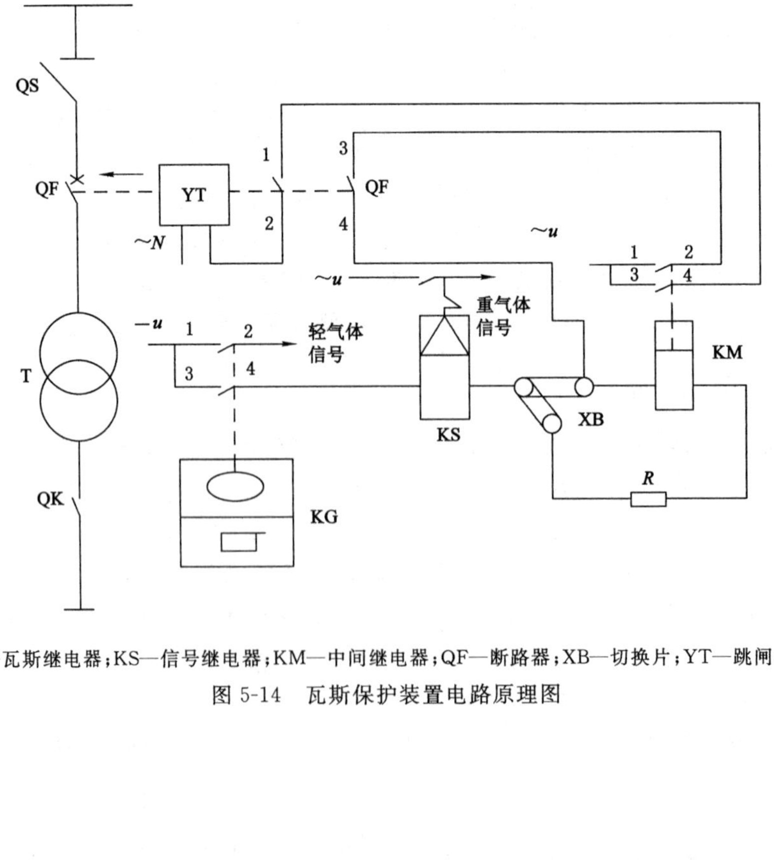

KG—瓦斯继电器;KS—信号继电器;KM—中间继电器;QF—断路器;XB—切换片;YT—跳闸线圈。

图 5-14　瓦斯保护装置电路原理图

以保护变压器内部及两侧套管和引出线上的相间短路，在保护范围外短路时，它是不会动作的，因而不需要与相邻元件的保护装置在整定值和动作时间上进行配合，可以构成无延时的速动保护。

5.4.3 变压器的电流速断保护

瓦斯保护装置不能对变压器外部故障做出反应，尤其是套管故障。因此，对于容量较小的变压器，一般在电源侧装设电流速断保护装置作为电源侧绕组和电源侧套管及引出线故障的主保护，用过电流保护装置保护变压器全部，并作为内部故障的后备保护装置。

如图 5-16 所示，电流互感器装于电源侧。电源侧为中性点直接接地系统时，保护装置采用完全星形接线方式；电源侧为中性点不接地或经消弧电抗器接地的系统时，则采用两相式不完全星形接线。为了避免保护装置范围外部短路时错误地将变压器线路切断，速断保护装置的启动电流应按躲开变压器外部故障(如 d_1 点)的最大短路电流整定。

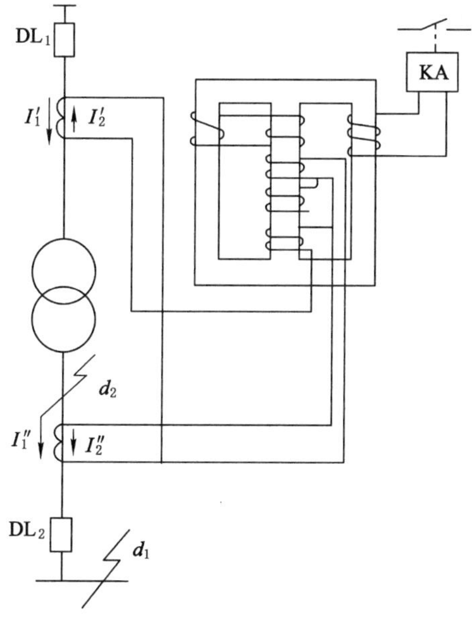

图 5-15 变压器差动保护装置原理

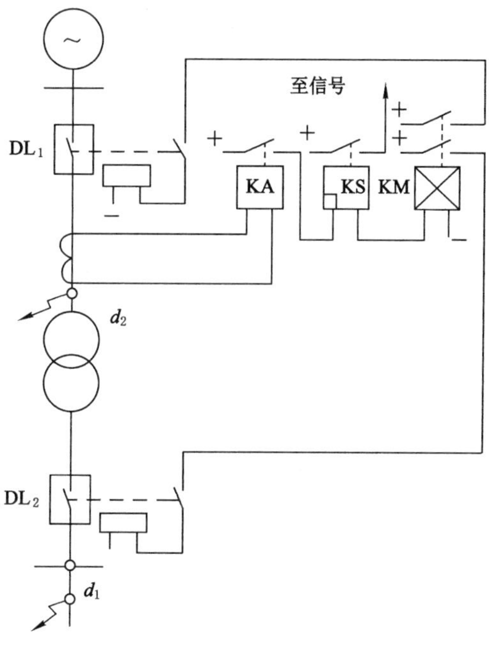

图 5-16 变压器电流速断保护装置原理

5.5 电动机保护

电动机最严重的故障是定子绕组的相间短路，它会导致电动机严重损坏，并引起电网电压下降，影响其他用户正常工作，应尽快切除这种故障。

在 380/220 V 三相四线制中性点直接接地的系统中，电动机可能发生单相接地短路故障，它可用三相过电流保护装置无时限地作用于跳闸。在中性点不接地系统中，当电动机单相接地电容电流大于 5 A 时，应装设单相接地保护装置并作用于跳闸。

电动机的不正常工作状态主要是过负荷。引起过负荷的原因是电动机所带机械负荷过大或机械部分故障，供电网络电压过低及一相断线等。长时间的过负荷运行，会使电动机温升超过允许值，从而造成绝缘老化，甚至烧毁。因此，应根据电动机的重要程度、工作条件及负荷性质等决定是否装设过负荷保护装置。

在实际运行中，从经济观点及运行方便要求，电动机的保护装置应尽量简单、可靠。通常情况下，在低压中、小容量电动机上，广泛采用熔断器及断路器的短路脱扣器作为相间短路保护装置；对于高压大容量电动机，则多采用 GL 型感应式过电流继电器作为相间短路及过负荷保护装置；容量在 2 000 kW 以上及小于 2 000 kW 但具有 6 个引出端子的重要电动机，则应装设纵联差动保护装置。

目前，采用半导体综合保护装置进行电动机的过负荷和短路等故障保护也日益广泛。

5.5.1 电动机过电流及过负荷保护装置

高压电动机及容量在 100 kW 以上的低压电动机，若生产工艺过程不易过负荷时，通常只采用电磁式继电器组成的电流速断保护装置，因为它是供电网络的末端，所以保护装置可不带时限。保护装置的电流互感器接在电动机的引线上，通常用两相式接线，如图 5-17 所示，当灵敏度允许时，应采用两相电流差式接线。

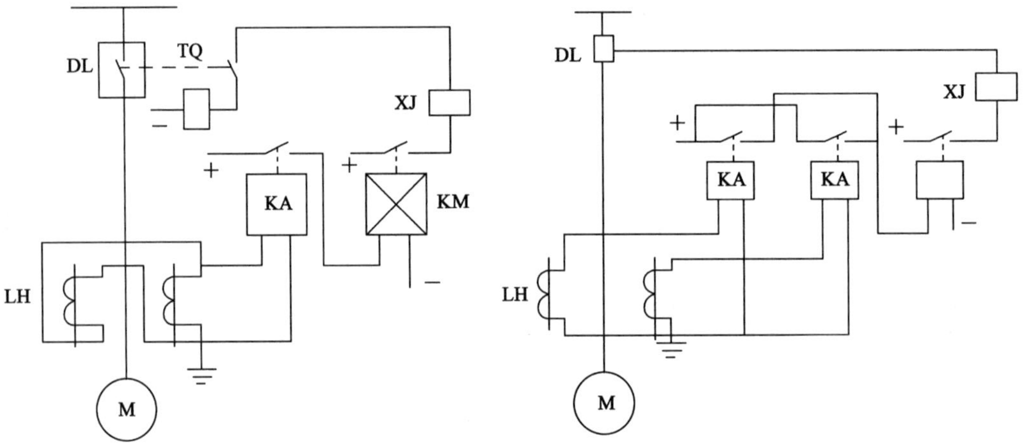

(a) 两相电流差接线　　(b) 不完全星形接线

图 5-17　电动机相间短路保护原理

对于可能过负荷的高压电动机及 100 kW 以上大容量电动机，则广泛采用 GL 型感应式过电流继电器，其反时限部分（所谓反时限，就是保护装置的动作时间与反映到继电器中的短路电流的大小成反比，短路电流越大，动作时间越短，又称为反比延时特性或反延时特性）用作过负荷保护，作用于信号；其速断部分用作短路保护，作用于跳闸。

一般地，电动机都允许有一定的过负荷能力，通过过载的电流越大，允许过载的时间越短。如当 1.2 倍电动机额定电流时允许的通过时间为 70 s，1.5 倍时为 30 s，2 倍时为 20 s。电动机允许过载电流与时间关系和反时限特性如图 5-18 和图 5-19 所示。因此利用反时限电流继电器作为电动机的过负荷保护装置，将其特性曲线调整在电动机的允许过载特性曲线的下面就是比较安全的。在某一电流倍数下时限超过允许值时，保护装置动作，发出信号，由值班人员及时处理，从而达到保护电动机的目的。

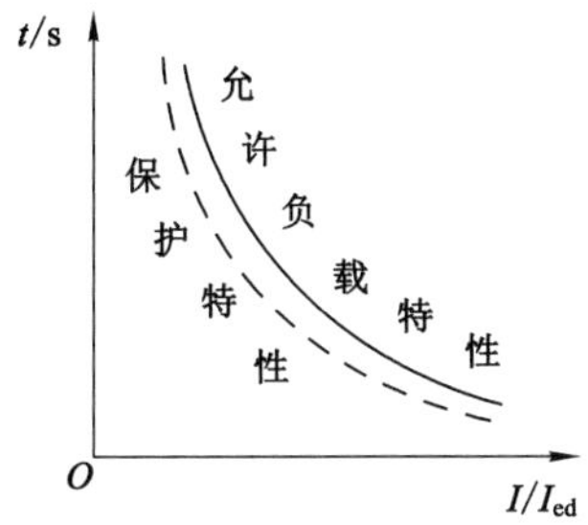

图 5-18 电动机允许过载电流与允许通过时间的关系

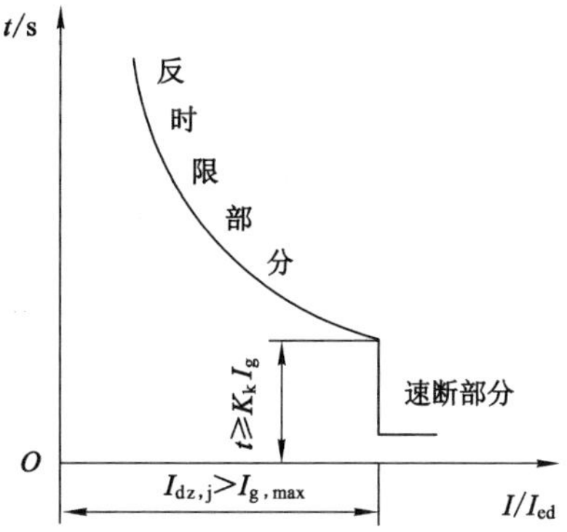

图 5-19 GL 型感应式过电流继电器反时限特性

5.5.2 电动机的低压保护

供电网络电压降低时，网络中所有的异步电动机的转速都要下降，同步电动机则可能丢步。当电压恢复时，由于大量电动机自启动电流很大，以至于网络电压不能迅速恢复，增加自启动时间，甚至使自启动成为不可能。因此，当电压降低到使电动机最大转矩接近负载转矩（电动机的额定转矩）时，应采用低电压保护装置将不需要和不允许自启动的电动机从电网上切断，以保证重要的电动机的自启动或不致颠覆。另外，对根据生产工艺流程不允许自启动的电动机，或者根据安全条件电动机突然自启动对维护人员可能造成危险的也应装设低电压保护装置。

对于低电压保护的动作电压，则按照防止电动机在自启动时由于负载转矩大于启动转矩而使电动机过热的条件及保证重要电动机的自启动来选择。

第6章　电气防护技术

6.1　工作接地

电力系统中的接地可分为两类：工作接地和保护接地。其中，工作接地是为下述目的而进行的接地：保证电力系统在正常及故障条件下具有适当的运行条件；保证电力设备绝缘所要求的工作条件；保证继电保护和自动装置以及过电压保护装置的正常工作。

通常情况下，工作接地都是通过电气设备的中性点来进行的，又称为中性点接地。

电力网的中性点接地方式有不接地（绝缘）、经电阻接地、经电抗接地、经消弧线圈接地和直接接地（有效接地）等。

电力网中性点工作方式是一个涉及供电可靠性、过电压与绝缘配合、继电保护和自动装置的正确动作、通信干扰、系统稳定以及安全生产等多方面的综合性技术问题。

6.1.1　中性点不接地的电力系统

在中性点不接地的电力系统中，由于输电线路与大地之间存在着分布电容，因而各相对地有电容电流通过，其大小决定于线路对地的电压和电容。为了便于讨论问题，假设A、B、C三相系统的电压、负荷和线路参数都是对称的，每相导线的对地电容相等，用集中电容C来表示，并忽略导线相间分布电容。大量研究结果表明，上述假设条件引起的误差尚在允许范围之内。

6.1.1.1　中性点不接地系统的正常运行

中性点不接地电力系统正常运行时的电路图和矢量图如图6-1所示。由于正常运行时三相电压$\dot{U}_A$、$\dot{U}_B$、$\dot{U}_C$是对称的，所以三相导线对接地电容电流$\dot{I}_{C0}$也是对称的，三相电容电流矢量之和为零，地中没有电容电流通过，中性点对地电位为零（$\dot{U}_0$），即中性点与地电位一致。这时，中性点接地与否对各相对地电压没有任何影响。

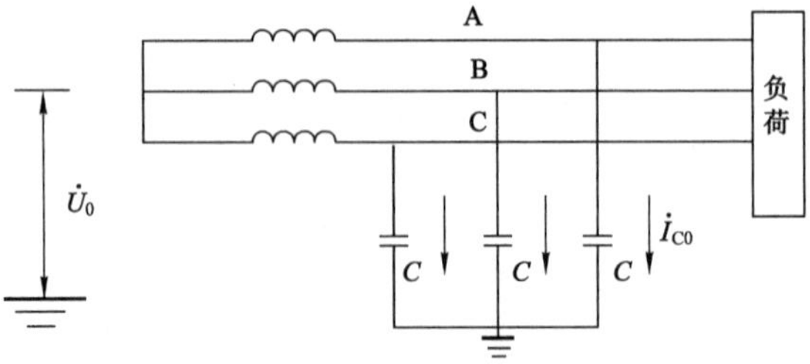

(a) 电路图

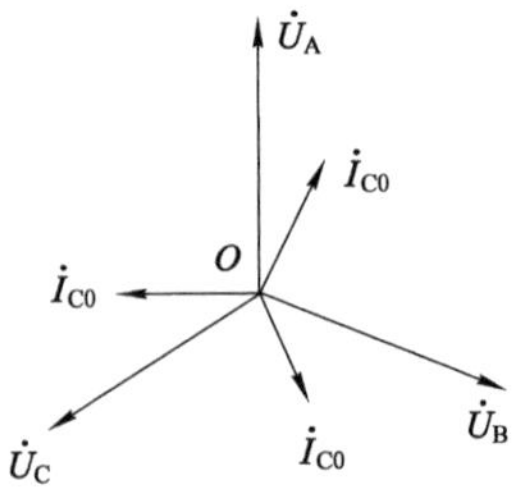

(b) 矢量图

图6-1　中性点不接地系统正常运行

当中性点不接地系统的各相对地电容不相等时，即使在正常运行状态下，中性点的对地电位也不再是零，通常称此情况为中性点位移，即中性点不再是零电位了。这种现象的产生多是由于架空线路排列不对称的缘故。在图 6-2 的中性点位移矢量图中，$\overline{OO'}$即$\dot{U}_0$，是中性点位移(电压)。

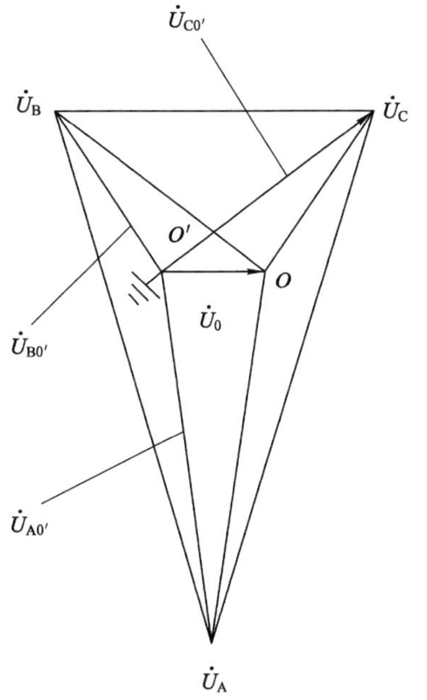

图 6-2　中性点位移的矢量图

6.1.1.2　中性点不接地系统的单相接地故障

图 6-3(a)所示为发生 A 相单相金属性接地故障的电路图，此时 A 相对地电压降为零，而非故障相 B、C 对地电压在相位和数值上均发生变化，即：

$$\begin{cases}\dot{U}'_A = \dot{U}_A + \dot{U}_0 = 0 \\ \dot{U}'_B = \dot{U}_B + \dot{U}_0 = \dot{U}_B + (-\dot{U}_A) = \dot{U}_{BA} \\ \dot{U}'_C = \dot{U}_C + \dot{U}_0 = \dot{U}_C + (-\dot{U}_A) = \dot{U}_{CA} \\ \dot{U}_0 = -\dot{U}_A\end{cases} \tag{6-1}$$

由式(6-1)和图 6-3(b)的矢量图可知，当 A 相发生接地故障时，中性点电压升高为相电压，B 相和 C 相对地电压变为$\dot{U}'_B$和$\dot{U}'_C$，$\dot{U}'_B$和$\dot{U}'_C$的相位差为 60°，其幅值都等于正常运行时的线电压，即升高到相电压的$\sqrt{3}$倍。

如果单相接地故障经过一定的接触电压(又称为渡电阻)接地，而不是金属性接地，那么故障相对地电压将大于零而小于相电压，非故障相对地电压将小于线电压而大于相电压。

由图 6-3(b)还可看出，在系统发生单相接地故障时，三相之间的线电压仍然对称，用户

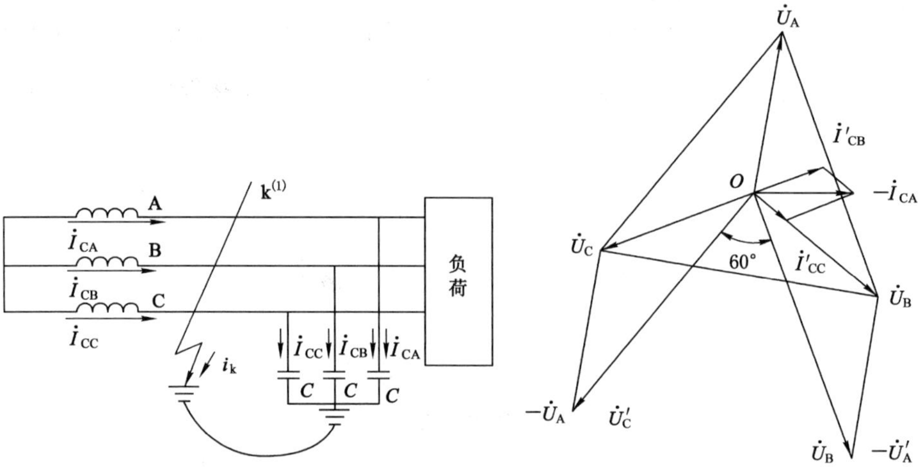

（a）单相接地故障电路图　　（b）矢量图

图 6-3　中性点不接地系统单相接地故障

的三相用电设备仍能照常运行。

中性点不接地系统发生单相接地故障时，在接地点将流过接地故障电流（电容电流）。例如，A 相发生接地故障时，A 相对地电容被短接，B、C 相对电压升高到等于线电压，所以对地电容电流变为：

$$\dot{I}'_{CB}=\frac{\dot{U}'_{B}}{-jX_{C}}=\sqrt{3}\omega C\dot{U}_{B}e^{j60^{\circ}} \tag{6-2}$$

$$\dot{I}'_{CC}=\frac{\dot{U}'_{C}}{-jX_{C}}=\sqrt{3}\omega C\dot{U}_{B} \tag{6-3}$$

接地电流就是上述电容电流的矢量和，即：

$$\dot{I}'_{K}=-(i_{CB}+i_{CC})=-3\omega C\dot{U}_{B}e^{j30^{\circ}} \tag{6-4}$$

其绝对值为：

$$I_{K}=3\omega CU_{Ph}=3I_{C0} \tag{6-5}$$

式中　I_K——单相接地电流，A；

U_{Ph}——电力网的相电压，V；

ω——电源的角频率，rad/s；

C——每相导线的对地电容，F；

I_{C0}——系统正常运行时每相导线的对地电容电流 $I_{C0}=\omega CU_{Ph}$(A)。

由式(6-5)可知，中性点不接地系统发生单相接地时的故障电流等于正常运行时每相导线对地电容电流的 3 倍。由于线路对接地电容电流很难准确计算，因而单相接地电流（电容电流）的经验计算式为：

$$I_{K}=(l_{oh}+35l_{cab})U_{N}/350 \tag{6-6}$$

式中　U_N——电力网的额定线电压，kV；

l_{oh}——同级电力网具有电的直接联系的架空线路总长度，km；

l_{cab}——同级电力网具有电的直接联系的电缆线路总长度，km。

综上所述，在中性点不接地的三相系统中，当发生一相接地故障时：

(1) 故障相电压等于零，中性点电压升高为相电压，非故障相电压升高到相电压的$\sqrt{3}$倍，即等于线电压。因此，在这种系统中，线路及各种电气设备相对地的绝缘水平应根据线电压来设计，绝缘投资所占比重加大。显然，电压等级越高，绝缘投资越大。

(2) 各相间的电压大小和相位仍然不变，三相系统的平衡没有遭到破坏，可以继续运行一段时间，以提高供电可靠性。但是，这种系统不允许长期接地运行，尤其是发电机直接供电的电力系统。因此，非故障相对地电压升高到线电压，一相接地运行时间过长可能会造成两相短路，一般在这种系统中应装设绝缘监视或接地保护装置。当发生单相接地时能及时发出信号，使运行人员迅速采取措施，尽快消除故障。我国有关规程规定，中性点不接地系统发生单相接地故障后，允许继续运行的时间最长不得超过 2 h。

(3) 接地点通过的电流为容性的，其大小等于正常运行时单相对地电容电流的 3 倍。这种电容电流不易熄灭，可能会在接地点产生稳定或间歇性的电弧。研究结果表明，如果接地电流大于 30 A，将形成稳定电弧，成为持续性电弧接地，这将烧毁电气设备和可能引起多相相间短路。如果接地电流大于 5～10 A，而小于 30 A，则有可能形成间歇性电弧，这是由于电力网中电感和电容形成了谐振回路所致。间歇性电弧容易引起弧光接地过电压，其幅值可达(2.5～3)U_{Ph}，将危害整个电网的绝缘安全。如果接地电流在 5 A 以下，当电流经过零值时，电弧就会自然熄灭。在这种系统中，若接地电流大于 5 A，发电机、变压器和电动机都应装设动作于跳闸的接地保护装置。

在我国，3～60 kV 的电力系统通常采用中性点不接地方式。

6.1.2　中性点经消弧线圈接地的电力系统

中性点不接地系统发生单相接地故障时，在短时间内仍可继续供电。但是，若输电线路比较长、接地电流大到使接地电弧不能自行熄灭的程度，则会产生间歇性电弧而引起弧光接地过电压，甚至发展成为多相短路，造成严重故障。为了克服这一缺点，可将电力系统的中性点经消弧线圈接地。

所谓消弧线圈，其实就是具有气隙铁芯的电抗器，安装在变压器或发电机中性点与大地之间，如图 6-4(a)所示。由于装设了消弧线圈，当发生单相接地故障时，接地故障相与消弧线圈构成了另一个回路，接地故障相接地电流中增加了一个感性电流，它和装设消弧线圈前的容性电流方向刚好相反，相互补偿，减少了接地故障点的故障电流，使电弧易于自行熄灭，从而避免了由此引起的各种危害，提高了供电可靠性。从图 6-4(a)可以看出，当 C 相发生接地时，中性点对地电压$\dot{U}_0$变为$-\dot{U}_C$，消弧线圈在$\dot{U}_0$作用下，产生电感电流$\dot{I}_L$(滞后于$\dot{U}_0$90°)，其数值为：

$$I_L = U_C/X_L = U_{Ph}/X_L \tag{6-7}$$

电力系统中性点经消弧线圈接地时，有三种补偿方式：全补偿方式、欠补偿方式和过补偿方式。

若选择消弧线圈的电感时，使得 $I_L = I_C$，则接地电容电流将全部被补偿，接地故障点电流为零，为全补偿方式。采用全补偿方式使接地电流为零似乎很理想，但实际上此时容抗

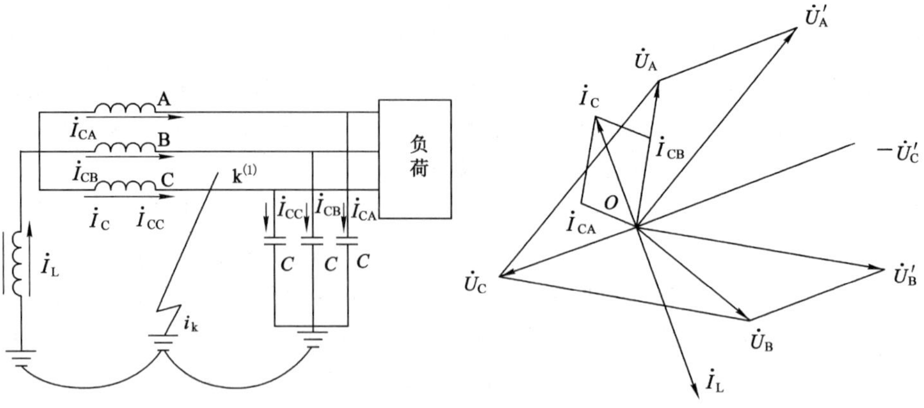

(a) 单相接地故障电路图　　(b) 矢量图

图 6-4　中性点经消弧线圈接地系统的单相接地故障

等于感抗，系统会发生串联谐振，产生很大的谐振电流，并在消弧线圈的阻抗上形成很高的电压降，使中性点的对地电位大为升高，可能会损坏设备的绝缘。因此，这种补偿方式并不好，一般系统都不采用全补偿方式。

若选择消弧线圈的电感时，使得 $I_L < I_C$，则接地故障点有未被补偿的电容电流流过，称为欠补偿方式。采用欠补偿方式时，当电力网运行方式改变而切除部分线路时，整个电力网对电容抗将减少，有可能发展成为全补偿方式，导致电力网发生谐振，危及系统安全运行；另外，欠补偿方式容易引起铁磁谐振过电压等其他问题，所以很少被采用。

若选择消弧线圈时，使得 $I_L > I_C$，则接地故障点有剩余的电感电流流过，称为过补偿方式。在过补偿方式下，即使电力网运行方式改变而切除部分线路，也不会发展成为全补偿方式，致使电力网发生谐振。同时，由于消弧线圈有一定的裕度，今后电力网发展，线路增多、对地电容增加后，原有消弧线圈还可继续使用。因此，实际上大多采用过补偿方式。

选择消弧线圈时，应当考虑电力网的发展规划，其容量估算式为：

$$S_{ar} = 1.35 I_C U_N / \sqrt{3} \tag{6-8}$$

式中　S_{ar}——消弧线圈的容量，kV·A；

I_C——电力网的接地电容电流，A；

U_N——电力网的额定电压，kV。

为了调节补偿度（I_L 与 I_C 的比值），一般的消弧线圈制造成最大补偿电流和最小补偿电流之比为 2∶1 或 2.5∶1，通常在这个范围内装有 5～9 个分接头供调节使用。

按我国有关规程规定，在 3～60 kV 的电力网中，电容电流超过下列数值时，电力系统中性点应装设消弧线圈：3～6 kV 电力网，30 A；10 kV 电力网，20 A；35～60 kV 电力网，10 A。

6.1.3　中性点直接接地的电力系统

图 6-5 所示为中性点直接接地的电力系统。如果该系统发生单相接地故障，则中性点与接地极构成单相接地短路回路，就是单相短路，用 $k^{(1)}$ 表示，线路上将流过很大的单相短

路电流 $\dot{I}_k^{(1)}$，使线路上安装的继电保护装置迅速动作，作用于断路器跳闸，将故障部分断开，从而防止了单相接地故障时产生间歇性电弧过电压的可能。显然，因为中性点直接接地的电力系统发生单相接地故障时是不能继续运行的，所以其供电可靠性不如电力系统中性点不接地和经消弧线圈接地方式。

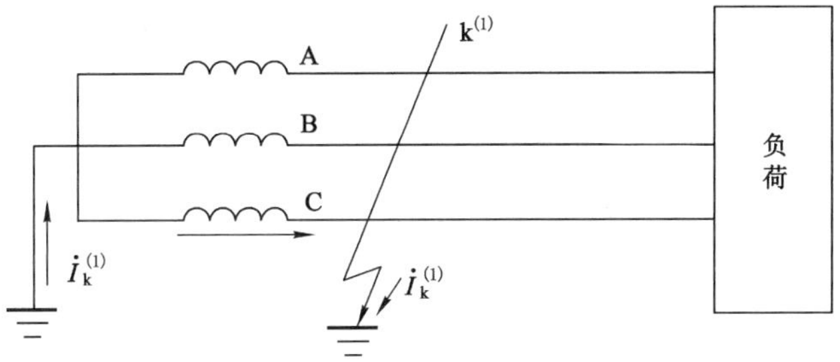

图 6-5　中性点直接接地的电力系统

中性点直接接地的电力系统的主要优点：发生单相故障时，中性点电位仍接近于零，非故障相对接地电压接近于相电压。因此，电气设备的绝缘水平只需按电力网的相电压考虑，从而可以降低工程造价。目前，我国 110 kV 及以上的电力系统基本上采用中性点直接接地方式，而国外 220 kV 及以上的电力系统也都采用这种接地方式。

这种接地方式在发生单相接地故障时，接地相短路电流很大，会造成设备损坏，严重时会使系统失去稳定。为了保证设备安全和系统的稳定运行，必须迅速切除故障线路。电力系统中发生单相接地故障的比重占整个短路故障的 65%以上，当发生单相接地时，可切除故障线路，将中断向用户供电，使供电可靠性降低。为了弥补这个缺陷，在线路上广泛安装三相或单相自动重合闸装置，以尽快恢复供电，提高供电可靠性。另外，当中性点直接接地系统发生单相接地故障时，正常相的电压仍为相电压，对设备绝缘没有影响。

对于 1 kV 以下的低压系统来说，电力网的绝缘水平已不是主要矛盾，系统中性点接地与否，主要从人身安全角度考虑。在 380/220 V 系统中，一般都采用中性点直接接地方式，一旦发生单相接地故障时，可以迅速跳开断路器或烧断熔断丝，将故障部分断开；另外，此时非故障相对地电压基本不升高，不会出现人接触时超过 250 V 的危险电压。如果系统中性点不接地，那么发生单相接地故障时非故障相对地电压将接近于线电压，对人身安全的危害会更大。当然，即使 250 V 左右的接触电压，对人身安全仍是有危险的，应采取措施防止触电。

需要指出的是，中性点直接接地系统发生单相接地故障时，单相短路电流在导线周围产生单相交变电磁场，将对附近的通信线路和信号设施产生电磁干扰。但是，只要采取措施减小单相接地短路电流，或者采取特别的屏蔽措施，都可以减小这种干扰。

6.1.4　中性点电阻接地的电力系统

中性点经电阻接地方式主要用于配网系统中。配网系统中性点接地方式有不接地、经消弧线圈接地和经电阻接地等。关于中性点不接地和经消弧线圈接地方式前面已经叙述过，这里主要叙述中性点经电阻接地方式。

中性点经电阻接地可以直接消除不接地系统的两个严重缺点，既能减少电弧过电压的危害性，又使灵敏而有选择性的接地保护得以实现。同时，由于这种系统的接地电流小于直接接地系统，因而对邻近通信线路的干扰也就较弱。中性点经电阻接地方式包括大电阻和小电阻两种接地形式。

6.1.4.1 大电阻接地

从降低电弧过电压的角度来看，只要接地电阻 R_e 满足 $R_e \leqslant 1/(\omega C)$（$C$ 是系统的每相对地分布电容）就可以了。

电弧接地时，在电弧点燃熄灭过程中，系统积累多余的电荷，使震荡过程加剧，从而产生很高的过电压。若能使这些电荷在从电弧熄灭到重燃前的半个工频周期内通过中性点接地电阻泄漏掉，电弧过电压就能降低。研究表明，当 $R_e \geqslant 10/(3\omega C)$ 时，电弧接地引起的瞬态过程与中性点不接地系统没有多大区别；而当 $R_e \leqslant 1/(\omega C)$ 时，过电压小得多了。这是因为线路对地电容上的积累电荷以时间常数 $\tau = 3R_eC = 3/\omega = 3/(2\pi f)$ 按指数规律经中性点接地电阻 R_e 泄放，在半个工频周期内，线路电容上的累积电荷将由 100%降至 $e^{-\pi/3} = 35\%$，即线路累积电荷约 2/3 已在半个工频周期内泄漏掉了，因而不会再产生很高的振荡过电压。

在规模不大的架空线路系统中采用大电阻接地，接地电流不大，仍未破坏接地电弧自行熄灭的条件。因此，中性点经大电阻接地系统既可以保持不接地系统发生单相接地故障时仍能维持短时供电的优点，又解决了不接地系统存在的电弧接地过电压的问题。

这种中性点经大电阻接地的方式适用于接地故障电流小于 10 A 的系统。

6.1.4.2 小电阻接地

为了保证继电保护的快速选择性要求，就必须降低中性点接地电阻值，以增加单相接地故障的短路电流。但电流越大，中性点接地电阻的功率也越大，设备将很笨重；同时，电流太大，又将有与直接接地方式类似的缺点。根据运行经验，按单相接地故障电流控制在 100～1 000 A 水平选择小电阻接地的电阻值，再低时采用经电抗接地将更有效。而有些国家，选择将单相接地故障电流控制在变压器额定电流水平。

这种中性点经小电阻接地方式既可消除电弧接地过电压，又可避免不接地系统中经常出现的由电磁式电压互感器引起的铁磁谐振现象。当系统规模较大，特别是要求迅速切除故障线路时，可采用这种接地方式。

确定配网系统中性点的接地方式，应从供电可靠性、故障时瞬态电压、瞬态电流对通信线路的干扰、继电保护的影响以及确保人身安全诸方面综合考虑。在配网系统中，当单相接地故障电容电流较大时，一般采用中性点经消弧线圈或经电阻接地。在我国的城市配网系统中，全电缆出线变电站的单相接地故障电容电流超过 30 A 时，采用中性点经电阻接地；全架空线路出线变电站的单相接地故障电流超过 10 A 时，采用中性点经消弧线圈接地。当电缆或架空线混合线路的单相接地故障电容电流超过 10 A 时，可采用中性点经消弧线圈接地，或者采用中性点经电阻接地，应根据具体情况通过技术经济比较确定。

中性点经电阻接地方式，对供电可靠性有影响，但影响不大，其供电可靠性仍可得到保证。现在城市配网系统逐步形成手拉手、环网供电网络，一些重要用户由两路或多路电源供电，对用户的供电可靠性不再是依靠允许系统带着单相接地故障坚持运行 2 h 来保证，而是靠加强电网结构、调度控制和配网自动化来保证。

6.1.5　中性点接地方式的比较与选择

常用中性点接地方式的比较见表 6-1。

表 6-1　中性点接地方式的比较

接地方式	不接地	经消弧线圈接地	直接接地	经电阻接地
接地电流	小，为对地电容电流，一般只允许在 10 A 以下	最小，等于残流	最大，可能达到系统三相短路电流或更大	中等，基本由中性点电阻值决定，本表只讨论接地电流为 100～1 000 A 的情况
单相接地时健全相电压	大，等于线电压	大，等于线电压	最小，小于 80%残电压	一般处于 80%～100%线电压之间
避雷器工作条件	非有效接地系统用	非有效接地系统用	有效接地系统用	非有效接地系统用，但避雷器选用条件可以放宽
变压器等设备的绝缘水平	最高，全绝缘	高，与不接地系统同	最低，变压器可采用分级绝缘	低于不接地系统用，当采用不接地系统的绝缘水平时寿命延长
向双重接地故障发展的可能性	最大	中	最小	小
接地故障的继电保护	普通接地继电器不适应，需要专门技术，不够可靠	需专门技术，通常只动作于信号	简单可靠	简单可靠
断路器工作条件	切断容量由三相短路电流决定	切断容量由三相短路电流决定，动作次数少	单相接地电流有时比三相短路电流大，动作次数多	切断容量由三相短路电流决定，动作次数多
接地故障时供电中断情况	在能够自然熄弧的情况下供电不被中断	自然熄弧，但永久性故障时仍需跳闸	立即跳闸，但通过重合闸弥补此缺陷	立即跳闸，但通过重合闸弥补此缺陷
地网和接地设施费用	最少	地网费用少，但接地设施价格较高	无接地设备，但地网建设费用大	中

对于不同电压等级的电力系统中性点接地方式的选择，可以归纳如下：

① 220 kV 及以上电压等级的电力网，采用中性点直接接地方式。

② 110～154 kV 电力网，我国原有的 154 kV 电力网是经消弧线圈接地的，而 110 kV 电力网则大部分采用直接接地方式，小部分采用经消弧线圈接地方式。

③ 20～60 kV 电力网，从提高供电可靠性出发采用中性点不接地或经消弧线圈接地方式。当单相接地电容电流大于 10 A 时，可采用经消弧线圈接地方式。

④ 3～10 kV 电力网，考虑供电可靠性与故障后果，一般采用中性点不接地方式；当单相接地电容电流大于 30 A 时，可采用经消弧线圈接地或经电阻接地的方式。

⑤ 1 000 V 以下的低压配电网，即 380/220 V 三相四线制电力网，从保证安全出发，均采用中性点直接接地方式，这样可以防止一相接地时出现超过 250 V 的危险对地电压。在特殊场所，如有爆炸危险场所或煤矿井下，也有采用中性点不接地方式的，这时一相或中性点应有击穿熔断器，以防止高压窜入低压所引起的危险。

⑥ 发电机中性点一般均采用中性点不接地或经消弧线圈接地的运行方式。这时，为了保证在发生单相接地故障时能坚持 2 h 带故障运行，也为了防止故障电流烧坏定子铁芯，应将单相接地电流限制在 5 A 以下，也可考虑采用等效于高值电阻的二次绕组接有小电阻的变压器接地方式。但对没有直配线的特大容量机组来说，为降低作用在发电机绝缘上的电压，也可考虑采用中性点直接接地或经小电阻接地的运行方式。

6.2 电网安全性分析

6.2.1 电网的分类

电网分类可以采用不同的方式。

按供电系统的电压可分为超高压电网（500 kV 以上）、高压电网（220 kV、110 kV、35 kV、10 kV、6 kV 等）和 1 000 V 及以下的低压电网（0.4 kV 等）。

按供电电源的相数可分为单相电网、两相电网和三相电网。单相电网是采用一条相线和一条中性线供给照明及小型设备用电的电网；两相电网是采用两条相线供给电焊机等设备用电的电网；三相电网是采用三条相线供给一般电动机等设备用电的电网。

按供电电流的性质可分为直流电网和交流电网。电力输送的主要方式是交流送电，但在一些特殊的场合，如较长线路的海底电缆送电和电动机车等要采用直流送电。

按电网的中性点运行方式，电网可分为中性点接地电网和不接地电网。电网的中性点系指所有发电机及变压器三相绕组的中性点。

6.2.2 不接地电网的安全性分析

图 6-6 所示为三相三线制不接地电网。Z_1、Z_2、Z_3 分别表示各相对地绝缘阻抗，绝缘阻抗由各相对地绝缘电阻和导线对地分布电容并联组成，绝缘一般是兆欧级的。在特殊情况下，绝缘电阻可能下降为 2～5 kΩ。电缆的分布电容可取 0.05 μF/km；架空线的分布电容约为 0.005 μF/km。

6.2.2.1 正常运行触电危险性分析

在低压不接地电网中，单相触电时流过人体的电流通过电网各相对地绝缘阻抗形成回路，如图 6-7 所示。

如果各相对地绝缘阻抗对称，即 $Z_1 = Z_2 = Z_3 = Z$，则可计算出人体承受的电压和流过人体的电流，根据对称性可知 $U_0 = 0$。图 6-8 所示为等效电路。等效电路中的电动势应为网络二端开路，即没有人触电时该相的对地电压，因为对称，所以该电压为相电压。等效电

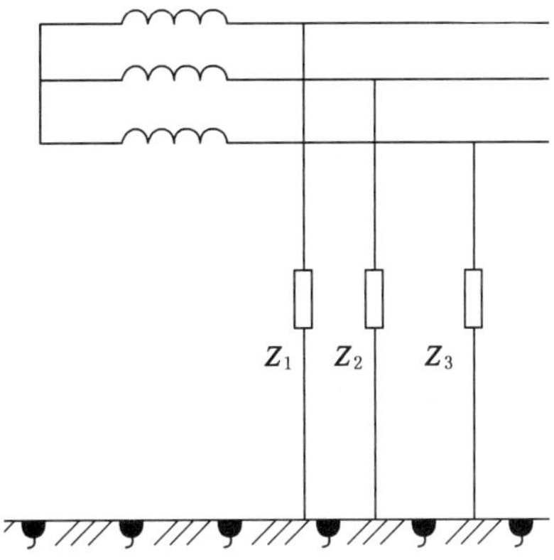

图 6-6　不接地电网

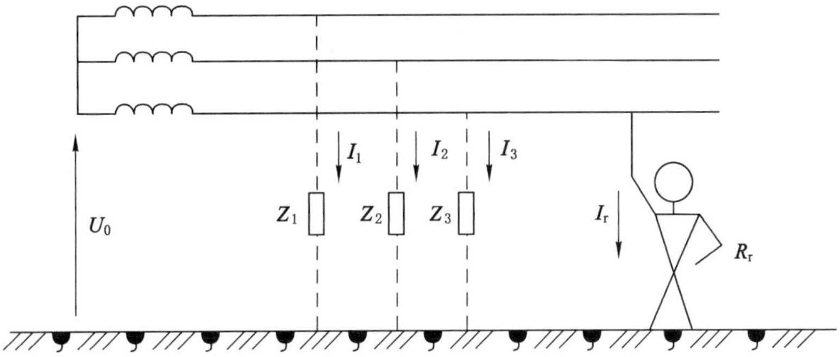

图 6-7　不接地电网人体单相触电

路中的内阻抗为网络内电压源短路后的等效阻抗，即三相阻抗的并联 $Z/3$。根据等效电路，按下式求得人体承受的电压和流过人体的电流：

$$U_r = \frac{R_r}{|R_r + Z/3|}U = \frac{3R_r}{|3R_r + Z|}U \tag{6-9}$$

$$I_r = \frac{U}{|R_r + Z/3|} = \frac{3}{|3R_r + Z|}U \tag{6-10}$$

式中　U——相电压；

U_r，I_r——人体电压和人体电流；

R_r——人体电阻；

Z——各相对地的绝缘(复数)阻抗。

由于绝缘阻抗 Z 一般为兆欧级，因而 I_r 很小，不超过数十毫安。因此，不接地电网正常运行时，人体单相触电危险性较小。

6.2.2.2　电网故障运行时触电危险性分析

不接地电网在正常运行的情况下，中性点的对地电压近似为零。然而，当电网有一相接地时，中性点的对地电压将发生变化。如图 6-9 所示，设电网的相电压为 U、各相对地绝缘阻抗为 Z、电网 L_3 相接地、接地电阻 R_d，则接地电流为：

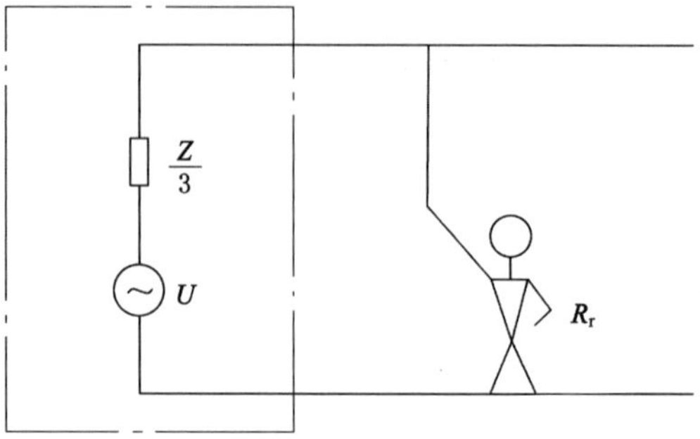

图 6-8　等效电路

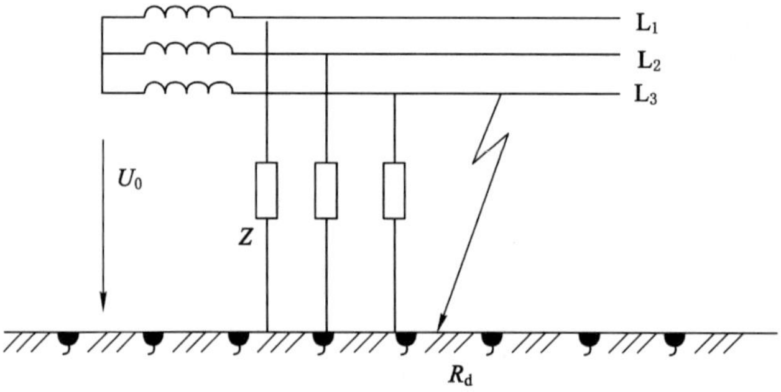

图 6-9　不接地电网的一相故障接地

$$I_d = \frac{3U}{|3R_d + Z|} \tag{6-11}$$

接地相对地电压为：

$$U_3 = \frac{3UR_d}{|3R_d + Z|} \tag{6-12}$$

中性点对地电压为：

$$U_0 = U - U_3 = \left|\frac{Z}{3R_d + Z}\right| U \tag{6-13}$$

一般地，接地电阻为几十至几百欧姆，即 $R_d \leqslant Z$。这样，当不接地电网发生一相接地故障时，接地相的对地电压很小；而中性点的对地电压将接近电源的相电压，同时未接地相的电压由于 U_0 很小，未接地的两相对地电压将上升至线电压。

当不接地电网发生一相故障接地时，人体如果在接地相触电（人体电阻为 R_r），则通过人体的电流为：

$$I_r = \frac{3U\dfrac{R_dR_r}{R_d + R_r}}{\left|3 \times \dfrac{R_dR_r}{R_d + R_r} + Z\right|} \times \frac{1}{R_r} \tag{6-14}$$

当不接地电网发生一相故障接地时，人体与未接地相接触时触电的危险性是比较大的。另外，不接地电网相接地时，通常允许持续较长时间，此期间最为危险。

6.2.2.3　不接地电网的应用

对于中性点不接地系统，就单相触电而言，绝缘良好时，人体接触单根相线时危险较小；当发生一相接地时，其他两相的对地电压可达 380 V。从这个角度考虑，对于那些触电危险性较大、过电压问题不突出以及线路简明的场合，如果电网对地分布电容不大且能保证高水平的对地绝缘，则宜采用不接地电网。当然，电网运行方式的选择还决定于一些其他因素。低压不接地电网一般用于采矿和石油化工等部门。

在不接地电网中，为了减少一相故障接地的危险性，应对电网对地绝缘状态进行监视，并尽早找出故障点，排除故障。此外，在不接地电网中，还要考虑对高压窜入低压的防护。

低压电网的绝缘监视，采用三只相同的电压表按图 6-10 所示接线。电网对地绝缘正常时，各电压表读数均为相电压；当发生一相接地时，该相电压表读数急剧降低，另外两相则显著升高。即使系统没有接地，而是某相对地绝缘显著恶化时，三只电压表也会给出不同的读数，引起工作人员的注意。

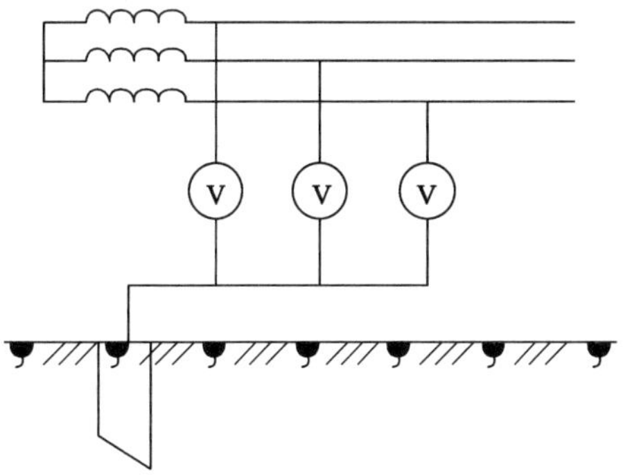

图 6-10　低压电网的绝缘监视

高压电网绝缘监视接线如图 6-11 所示。监视仪表通过电压互感器同相线连接。互感器有两组低压线圈，一相接成星形，供绝缘监视的电压表用；一相接成开口三角形，开口处接信号继电器。正常情况下，三相平衡，三只电压表读数相同，三角形开口处电压为零，信号继电器不动作；当一根接地或一、二线绝缘明显恶化时，三只电压表出现不同读数，同时三角形开口处出现电压，信号继电器动作，发出信号。

当高压电因导线折断或绝缘损坏而窜入低压系统时，整个低压系统的对地电压升高到高压系统的对地电压，而且这种故障可能在较长时间内存在。为了减轻高压窜入低压的危险，在不接地低压电网中，把低压电网的中性点经击穿熔断器进行接地，并接上 2 只电压表对击穿熔断器进行监视，如图 6-12 所示。正常情况下，击穿熔断器处在绝缘状态，系统不接地时，2 只电压表读数各为相电压的 50%。当高压窜入低压时，击穿熔断器中的空气隙被击穿，故障电流经接地装置流入大地，这个电流即高压系统的接地短路电流，它将使高压系统过电流保护装置动作，切断故障。同时，电压表 V_1 读数降至零，电压表 V_2 读数上升至相电压，使系统的运行状况得到监视。为了不降低系统运行的可靠性，电压表应当采用高内阻式。

6.2.3　接地电网的安全性分析

图 6-13 所示为三相四线制接地电网。这种电网可以提供两种工作电压——线电压和相电压，不仅能给三相动力负载供电，还能给照明负载供电。R_0 为变压器中性点工作接地电阻，$R_0 \leqslant 4\ \Omega$，变压器中性点通过工作接地电阻与大地连接，减轻了电网一相接地和高压窜入低压的危险。

6.2.3.1　电网正常运行触电危险性分析

在接地电网中，如有人单相触电（图 6-14），通过人体的电流 I_r 决定于人体电阻 R_r、地

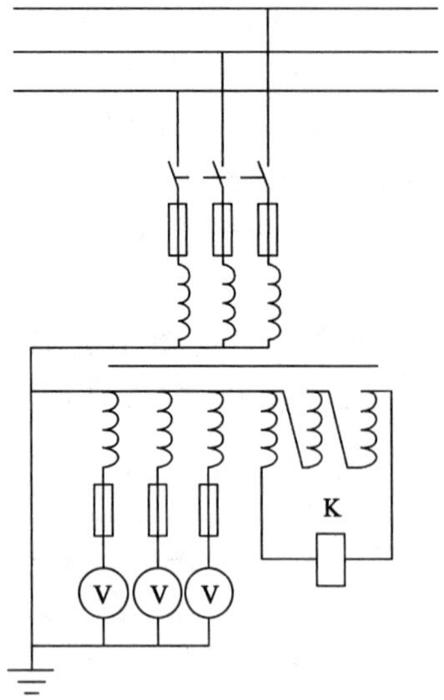

图 6-11　高压电网的绝缘监视

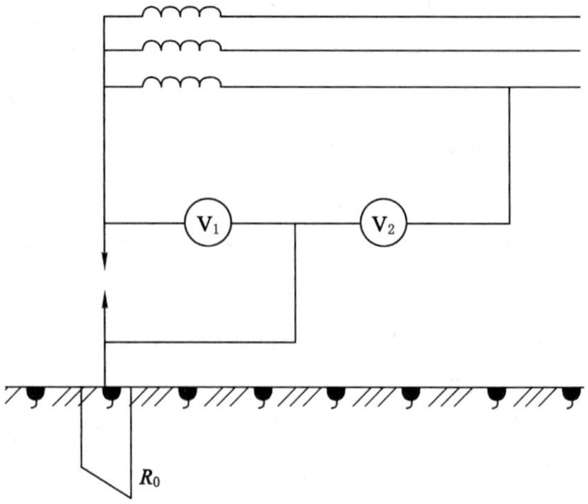

图 6-12　高压窜低压防护及监视

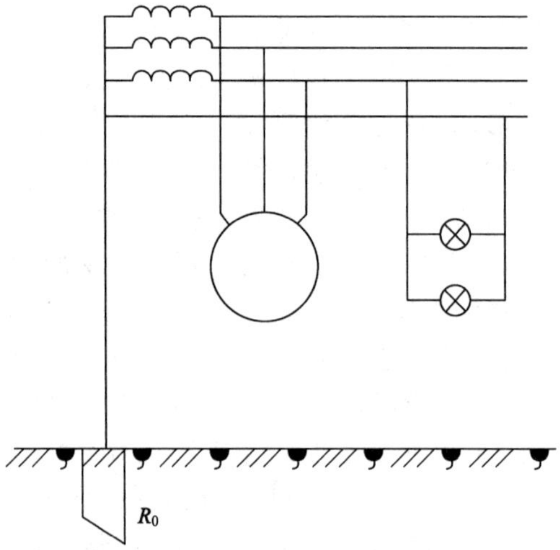

图 6-13　接地电网

面电阻 R_d 和工作接地电阻 R_0，则：

$$I_r = \frac{U}{R_r + R_d + R_0} \tag{6-15}$$

如果人站立在潮湿的或者导电性的地面上，即 $R_d=0$，且 $R_0 \leqslant R_r$，则：

$$I_r = \frac{U}{R_r} \tag{6-16}$$

这时，人体实际处于全部相电压之下，是非常危险的。然而，当有高压窜入低压，或有感应过电压、谐振过电压发生时，电网的工作接地能稳定系统的电位，限制系统对地电压不超过某一范围，减轻过电压的危险。如图 6-15 所示，当高压窜入低压时，低压零线对地电压为：

$$U_0 = I_{gd}R_0 \tag{6-17}$$

式中　I_{gd}——高压系统单相接地电流。

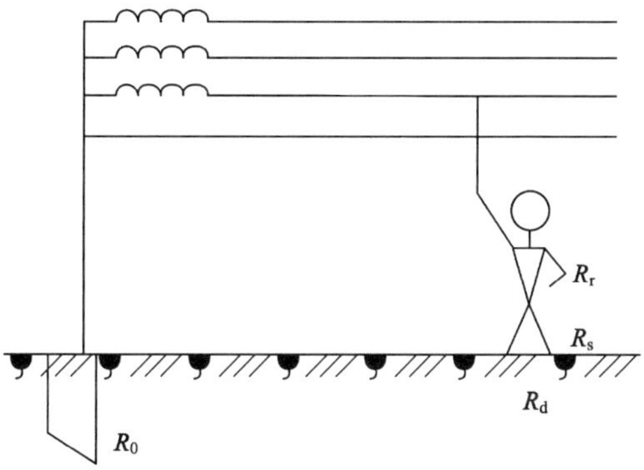

图 6-14　接地电网中单相触电

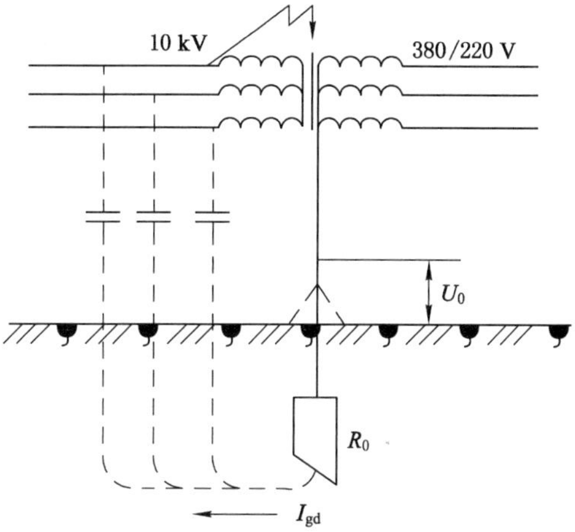

图 6-15　中性点接地时高压窜入低压

在这种情况下，规定 $U_0=120$ V，要求工作接地电阻为 $R_0 \leqslant \frac{120}{I_{gd}}$。

对于不接地的高压电网，单相接地电流通常不超过 30 A，$R_0 \leqslant 4$ Ω 是能满足要求的。同时，由于有工作接地电阻的存在，接地电网容易受到外系统的干扰和影响。当不同电网的工作接地相距很近时，某一电网中性点电位的漂移将会对周围接地体产生影响，因而引起与这些接地体相连的其他电网中性点电位的漂移。另外，地下的杂散电流也会对接地电网产生干扰或影响。

6.2.3.2　电网故障运行触电危险性分析

如图 6-16 所示，当接地电网一相接地时，另两相对地电压不会升高至线电压。这时，接地电流 I_d 取决于相线接地处电阻 R_{dx} 和电网工作接地电阻 R_0，则：

$$I_d = \frac{U}{R_0 + R_{dx}} \tag{6-18}$$

接地点(接地相)和中性点的对地电压分别为：

$$U_{dx} = I_d R_{dx} = \frac{R_{dx}}{R_0 + R_{dx}} U \tag{6-19}$$

减小 R_0 可以限制 U_0 在某一范围之内。这时，未接地的另外两相对地电压为：

$$U_s = \sqrt{U_0^2 + U^2 - 2U_0 U \cdot \cos 120^\circ} = \sqrt{U_0^2 + U^2 + U_0 U} \tag{6-20}$$

这个电压介于相电压和线电压之间。与不接地电网相比，接地电网在发生一相接地故障时，工作接地电阻能够抑制对地电压的升高。通常规定 $R_0 \leqslant 4$ Ω，则当 $R_{dx} \geqslant 15$ Ω 时，可保证 $U_s < 250$ V、$U_0 < 50$ V。在高土壤电阻率地区，降低中性点工作接地电阻比较困难，但相线故障接地处的电阻往往也较大，故允许把 R_0 提高到不超过 10 Ω。

380/220 V 三相四线制接地电网发生一相接地故障时，接地相和零线的对地电压均小于相电压，未接地相的对地电压可控制在 250 V 以下。因此，接地电网在一相接地时触电

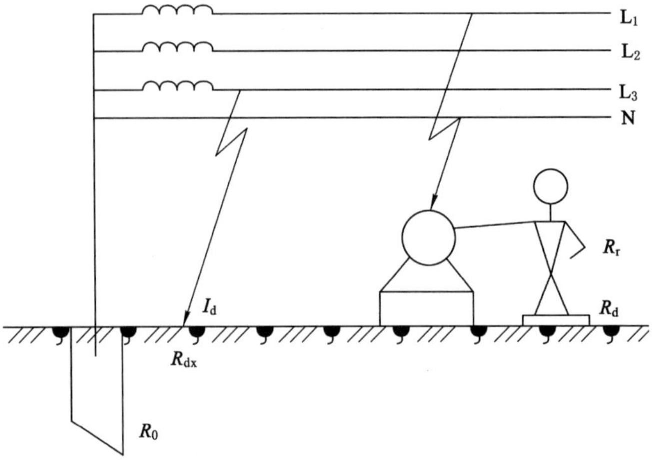

图 6-16　接地电网一相接地

的危险性较不接地电网小。

6.2.3.3　接地电网的应用

接地电网在正常时不如不接地电网安全。绝缘损坏时，触电电压略高于 220 V，而且熔断器可能不起作用。

就技术要求而言，由于接地电网可提供两种工作电压——线电压和相电压，因而得到了广泛的应用。这时，由于所采用的变压器数量少、导线截面积小等原因，使电气设备的总价格大大降低。就单相触电而言，正常运行时，中性点不接地电网较安全；而一相故障接地时，则中性点接地电网较安全。因此，从安全角度考虑，对于那些难以保证线路对地绝缘强度（如环境相对湿度大、周围有腐蚀性介质、线路过长或分支线过多等）的场合，以及对于那些不能及时发现和排除绝缘故障状态的场合和对地电容较大、电容电流足以危及人身安全的场合，均应采用中性点接地电网。例如，大型企业的电网、城市和农村的电网、电站用电电网等都应采用接地电网。另外，在电网分支线较多的场合，如机械加工车间，也应采用接地电网。

6.3　保护接地

6.3.1　接地装置

接地装置由埋入地下的金属接地体（如钢管、扁钢等）和连接用的接地线组成。

6.3.1.1　接地电流和接地电阻

经接地点流入地下的电流称为接地电流。接地电流是经接地体向土壤流散的。电流在土壤中的分布如图 6-17 所示。

电流自接地体向大地流散的过程中所遇到的全部电阻叫作接地体的流散电阻。接地电阻是接地体的流散电阻与接地线的电阻之和。接地线的电阻一般很小，可以忽略不计。

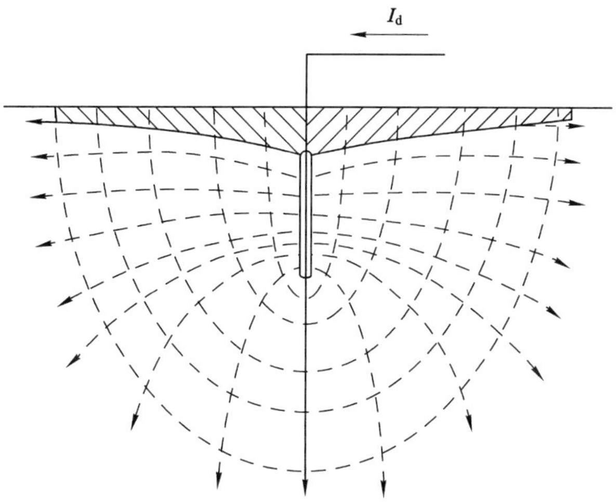

图 6-17　接地电流流散图

因此，流散电阻就是接地电阻。

6.3.1.2　对地电压曲线

电流通过接地体向大地做半球形流散。因为球面积与半径的平方成正比，所以半球形的面积随着远离接地体而迅速增大，与半球形面积对应的土壤电阻随着远离接地体而迅速减小，至离开接地体 20 m 处，半球形面积已达 2 500 m^2，土壤电阻已小到可以忽略不计。可以认为，在离接地体 20 m 以外，电流不再产生电压降了，电压已降为零。

用曲线来表示接地体及其周围各点的对地电压，即对地电压曲线。显然，随着离开接地体，土壤电阻逐渐减缓，曲线的陡度逐渐减小，如图 6-18 所示。当设备漏电电流 I_d 自接地体向大地流散时，对地电压曲线呈双曲线形状，至离开接地体 20 m 处，对地电压接近于零。计算接触电压时，人所站立的位置按人体离开设备 0.8 m 考虑。在图 6-18 中，乙紧靠接地体位置，承受的跨步电压最大；甲离开了接地体，承受的跨步电压要小一些。

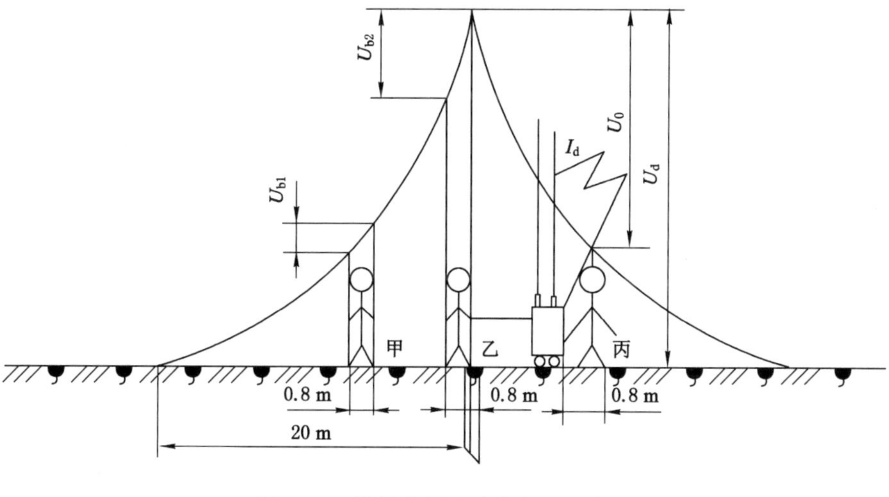

图 6-18　接触电压和跨步电压示意图

接地装置可利用直接埋在地中或水中的自然接地体。例如，地下金属管道(不包括可燃或可爆炸物质的管道);金属井管、与大地有可靠连接的建筑物的金属结构;水工构筑物及其类似的构筑物的金属管、桩。

交流电气设备的接地线还可利用以下接地体接地:建筑物的金属结构(梁、柱等)及设计规定的混凝土结构内部的钢筋。生产用的起重机的轨道、走廊、平台、电梯竖井、起重机与升降机的构架、运输胶带的钢梁和电除尘器的构架等金属结构;配线的钢管。

不得利用蛇皮管、管道保温层的金属外皮或金属网、低压照明网络的导线铅皮以及电缆金属护层作接地线。

接地体顶面埋设深度应符合设计规定。当无规定时，不宜小于 0.6 m。角钢、钢管、铜棒、铜管等接地体应垂直配置。除接地体外，接地体引出线的垂直部分和接地装置连接(焊接)部位外侧 100 mm 范围内应做防腐处理;在做防腐处理前，表面必须除锈并去掉焊接处残留的焊药。接地线应采取防止发生机械损伤和化学腐蚀的措施。在与公路、铁路或管道等交叉及其他可能使接地线遭受损伤处，均应用管子或角钢等加以保护。接地线在穿过墙壁、楼板和地坪处，应加装钢管或其他坚固的保护套，有化学腐蚀的部位还应采取防腐措施。热镀锌钢材焊接时将破坏热镀锌防腐，应在焊痕周围 100 mm 内做防腐处理。

接地干线应在不同的两点及以上与接地网相连接。每个电气装置的接地应以单独的接地线与接地汇流排或接地干线相连接，严禁在一个接地线中串接几个需要接地的电气装置。重要设备和设备构架应有两根与主地网不同地点连接的接地引下线，且每根接地引下线均应符合热稳定及机械强度的要求。连接引线应便于定期进行检查测试。

接地体(线)的连接应采用焊接，焊接必须牢固无虚焊。接至电气设备上的接地线，应用镀锌螺栓连接;有色金属接地线不能采用焊接时，可用螺栓连接、压接、热焊剂(放热焊接)连接。接地装置的所有连接必须可靠。

6.3.2 保护接地原理

在中性点不接地系统中，将一切正常情况下不带电而在绝缘损坏时可能带电的金属部分(如各种电气设备的金属外壳以及配电装置的金属构架等)接地以保证工作人员触及时的安全称之为保护接地。

保护接地用来防护由下列原因造成的触电事故:在电气设备绝缘损坏之后触及到设备的金属结构和外壳;在电气绝缘损坏之处，或者在载流部分发生接地故障处附近，人的两脚受到的“跨步电压”的危害。

如图 6-19 所示，在不接地的低压系统中，当一相碰壳时，接地电流 I_d 通过人体和电网对地绝缘阻抗形成回路。假如各相对地绝缘阻抗相等，则漏电设备对地电压为:

$$U_d = \frac{3UR_r}{|3R_r + Z|} \tag{6-21}$$

式中 U——电网相电压;

R_r——人体电阻;

Z——电网每相对地绝缘阻抗。

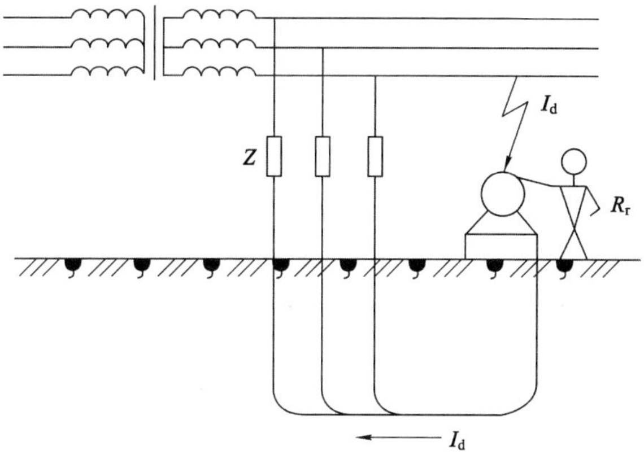

图 6-19　不接地的危险性示意图

电网对地绝缘阻抗 Z 由电网对地分布电容和对地绝缘电阻组成，并可看作两者的并联。一般情况下，绝缘电阻大于分布电容的容抗，如果把绝缘电阻看成是无限大，则对地电压为：

$$U_d = \frac{3UR_r}{|3R_r - jX_c|} = \frac{3UR_r}{\sqrt{9R_r^2 + \frac{1}{\omega^2 C^2}}} \tag{6-22}$$

式中　C——每相对地分布电容；

X_c——每相对地容抗，即 $X_c = \frac{1}{\omega C}$；

ω——电源角频率，$\omega = 2\pi f$。

当电网对地绝缘正常时，漏电时设备对地电压很低；但当电网绝缘性能显著下降或电网分布很广时，对地电压可能上升到危险程度。当采用如图 6-20 所示的保护接地后，漏电设备对地电压主要取决于保护接地电阻 R_b 的大小。由于 R_b 和 R_r 并联，因而可以近似地认为对地电压为：

$$U_d = \frac{3UR_b}{|3R_b + Z|} \tag{6-23}$$

又因为 $R_b \ll |Z|$，所以设备对地电压大大降低。只要适当控制 R_b 的大小，即可以限制漏电设备对地电压在安全范围以内。

例如，对于长度数千米的 380 V 电缆电网，如果人体电阻为 1 500 Ω，当发生漏电且人体触及设备时，人体承受的电压约为 98 V，通过人体的电流约为 65 mA，这对人是很危险的。在这种情况下，如果加上保护接地，且接地电阻 $R_b = 4\ \Omega$，则人体承受的电压降低为 0.3 V，通过人体的电流约为 0.2 mA。

在不接地（对地绝缘）电网中，单相接地电流的大小主要取决于电网的特征，如电压的高低、范围的大小、敷设的方式等。一般情况下，由线路对地分布电容决定的电抗都比较大，而绝缘电阻还要大得多，数值以兆欧姆计，计算时可看作无限大。因此，单相接地电流一般都很小，这就有可能采用保护接地把漏电设备对地电压限制在安全电压以下。

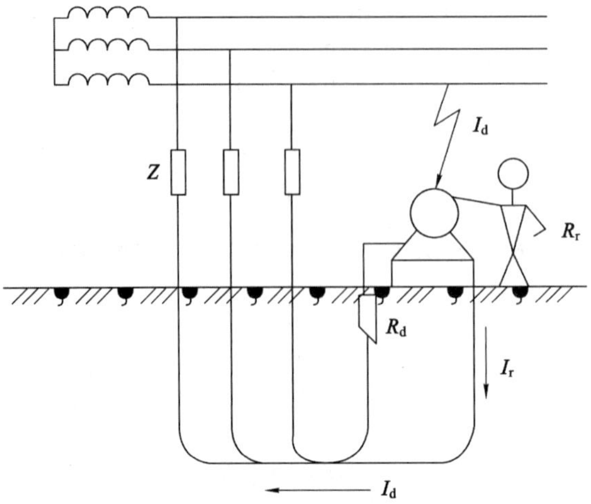

图 6-20　保护接地原理图

6.3.3　保护接地的应用范围

保护接地适用于各种不接地电网。在这类电网中，凡由于绝缘破坏或其他原因而可能呈现危险对地电压的金属部分，除另有规定外，均应接地，把设备上的故障电压限制在安全范围内。具体范围包括：

(1) 电动机、变压器、电器、携带式或移动式用电器具等的金属底座和外壳。

(2) 电气设备的传动装置。

(3) 屋内外配电装置的金属或钢筋混凝土构架以及靠近带电部分的金属遮栏和金属门。

(4) 配电、控制、保护用的屏(柜、箱)及操作台等的金属框架和底座。

(5) 交、直流电力电缆的金属接头盒、终端头和膨胀器的金属外壳和可触及的电缆金属护层和穿线的钢管。穿线的钢管之间或钢管和电气设备之间有金属软管过渡的，应保证金属软管段接地畅通。

(6) 电缆桥架、支架和井架。

(7) 装有避雷线的电力线路杆塔。

(8) 装在配电线路杆上的电力设备。

(9) 在非沥青地面的居民区内，不接地、消弧线圈接地和高电阻接地系统中无避雷线的架空电力线路的金属杆塔和钢筋混凝土杆塔。

(10) 承载电气设备的构架和金属外壳。

(11) 发电机中性点柜外壳、发电机出线柜、封闭母线的外壳及其他裸露的金属部分。

(12) 气体绝缘全封闭组合电器(GIS)的外壳接地端子和箱式变电站的金属箱体。

(13) 电热设备的金属外壳。

(14) 铠装控制电缆的金属护层。

(15) 互感器的二次绕组。

6.4　保护接零

6.4.1　保护接零的原理和应用范围

在中性点直接接地的系统中，如果用电设备上不采取任何安全措施，则设备漏电时触及设备的人体将承受 220 V 的相电压，这是很危险的。但是在这样的配电系统中，单纯采取保护接地是不能保证人员安全的。如图 6-21 所示，如果电动机仅有保护接地装置，当某相发生碰壳短路时，人体处在与保护接地装置并联的状态。如图 6-22 所示，U 为电网相电压，R_d、R_0 和 R_r 分别为保护接地装置的接地电阻、变压器中性点接地电阻和人体电阻。这时，人体承受的电压为：

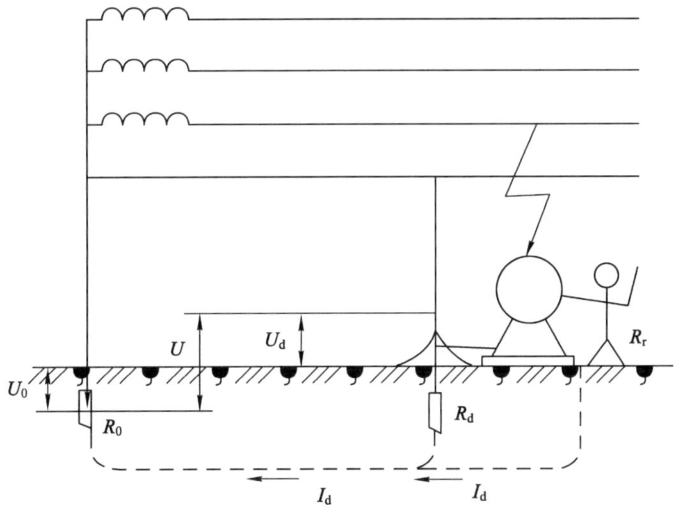

图 6-21　接地电网采用保护接地的危险

$$U_r = \frac{R_d R_r}{R_0 R_d + R_0 R_r + R_d R_r} U \tag{6-24}$$

一般情况下，式(6-24)可简化为：

$$U_r \approx \frac{R_d}{R_0 + R_d} U \tag{6-25}$$

通常情况下，低压配电系统的相电压为 220 V，而 R_0 和 R_d 一般不超过 4 Ω。如果都按 4 Ω 考虑，则 $U_r \approx 110$ V。这个电压对人体仍然是很危险的。也就是说，在接地系统中，单纯采取保护接地虽然比不采取任何安全措施时要好些，但并没有彻底解决人员安全问题。

为此，我们采取保护接零的措施以保证人员安全。如图 6-23 所示，当某相带电部分碰连设备外壳时，通过设备外壳形成该相线对零线的单相短路，短路电流 I_d 能促使线路上的保护装置(如熔断器 FU)迅速动作，从而使故障部分断开电源，消除触电危险。

保护接零适用于低压中性点直接接地、电压 380/220 V 的三相四线制电网。在这种电网中，凡由于绝缘破坏或其他原因可能呈现危险电压的金属部分，除另有规定外，均应接

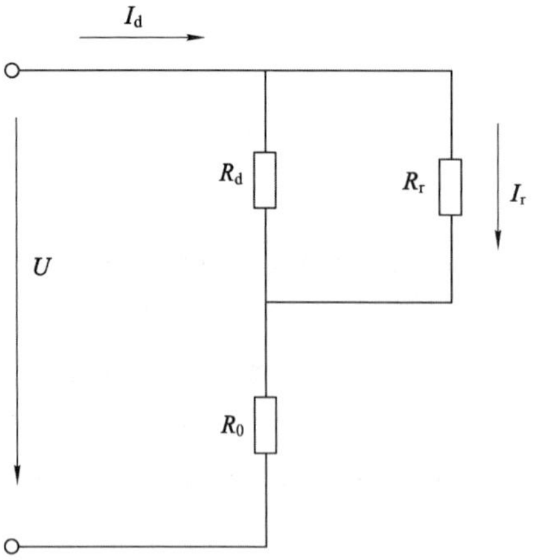

图 6-22　采取保护接地的简化电路图

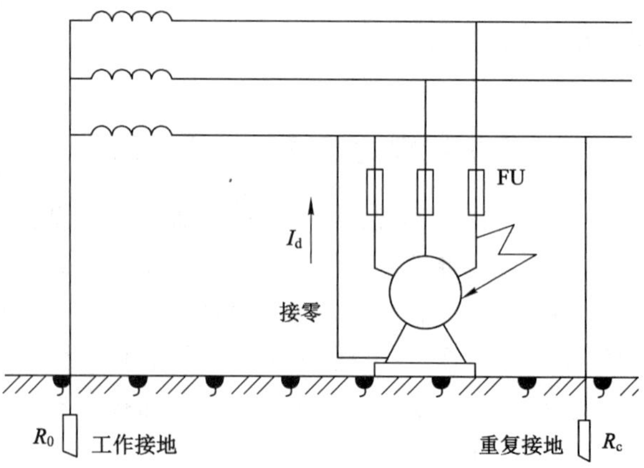

图 6-23　保护接零原理

零。应接零的设备或部位与本章保护接地所列的项目大致相同。

特别需要注意的是，由同一台变压器供电的采取保护接零的系统中，所有电气设备都必须同零线连接起来，构成一个零线网。如果有个别设备离开零线网，而且采取保护接地措施，则情况是相当严重的。

如图 6-24 所示，M 设备采取了接地措施，但未接零。当 M 设备发生碰壳时，电流通过 R_d 和 R_0 形成回路，电流不会太大，线路可能不能断开，故障长时间存在。这时，除了接触该设备的人有触电危险外，由于零线对地电压升高，因而得到下式：

$$U_0 = \frac{R_0}{R_d + R_0}U \tag{6-26}$$

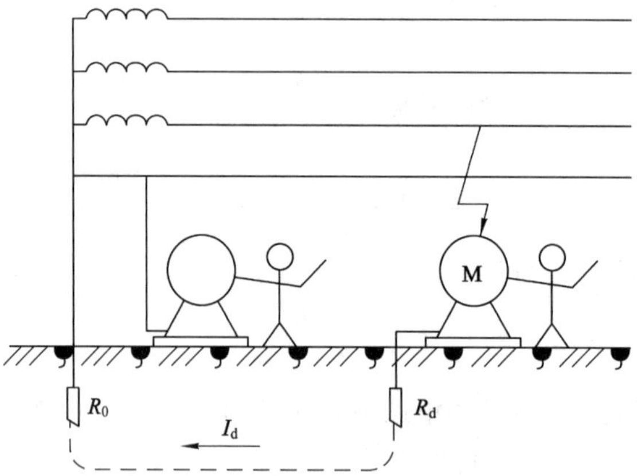

图 6-24　接地和接零混用的危险

所有与接零设备接触的人都有触电危险。因此，除非另外采取了切实可靠的安全措施，否则这种情况是不允许的。

如果再把 M 设备的外壳同电网的零线连接起来，则 R_d 成为零线上的重复接地，对安全是有利的。

在同一车间内，如果电气设备分别由运行方式不同的两台变压器供电，则可根据具体情况，在各系统的电气设备上分别采取接零保护或接地保护，且接地装置可以共用。

6.4.2　重复接地

将零线上一处或多处通过接地装置与大地再次连接，称为重复接地。图 6-23 中的 R_e 即重复接地。重复接地在降低漏电设备对地电压、减轻零线断线的危险性、缩短故障时间、改善防雷性能等方面起着重要作用。

6.4.2.1　降低漏电设备对地电压

如图 6-25 所示，当发生碰壳短路时，线路保护装置将迅速动作，切断电源。但从发生碰壳短路起，到保护装置动作完毕止的短时间内，设备外壳是带电的，其对地电压即短路电流在零线部分产生的电压降为：

$$U_d = U_l = I_{dl} Z_l = \frac{Z_l}{Z_x + Z_l} U \tag{6-27}$$

式中　I_{dl}——单相短路电流；

Z_l——零线阻抗；

Z_x——相线阻抗；

U——电网相电压。

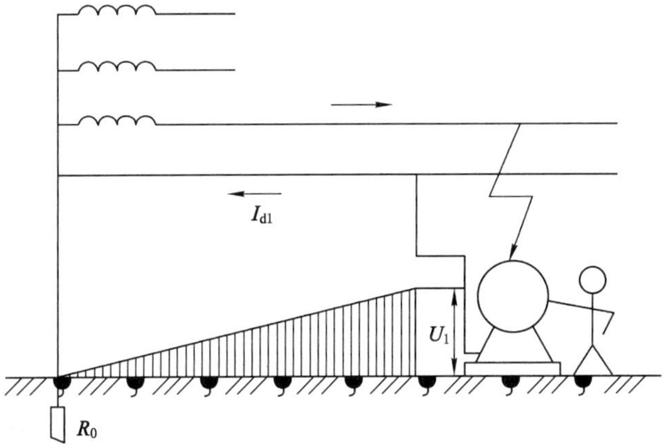

图 6-25　无重复接地的保护接零

零线阻抗越大，设备对地电压越高。一般情况下，这个电压对人是危险的。

应当指出的是，企图用降低零线阻抗的办法来获得设备上的安全电压是不现实的。例如，如果要求设备对地电压 U_d=50 V，则在 380/220 V 系统中，零线阻抗必须小于相线阻抗的 30%，或者说零线导电能力必须大于相线导电能力的 3.4 倍。这当然是很不经济的，也是不现实的。

一般情况下，零线导电能力不应低于相线导电能力的 50%，即相当于零线阻抗不应高于相线阻抗的 2 倍。这时，如果发生碰壳短路，设备对地电压约为：

$$U_d = \frac{Z_l}{Z_x + Z_l} U = \frac{2Z_l}{Z_x + 2Z_l} U = \frac{2}{3} \times 220 \text{ V} \approx 147 \text{ V}$$

由此可见，单纯接零还是有触电危险的。

在上述情况下，如图 6-26 那样加上重复接地，则设备对地电压可以降低，触电危险可以减轻。图 6-26 中，R_c 是重复接地装置的接地电阻。这时，由于有了 R_c，而零线对地电压重复分布。接零设备的对地电压即接地电流 I_d 通过接地电阻 R_c 的电压降为：

$$U_d = U_c = I_d R_c = \frac{R_c}{R_c + R_0} U_1 \tag{6-28}$$

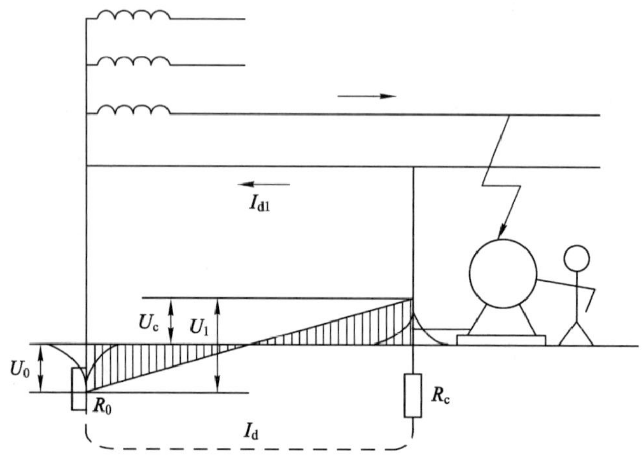

图 6-26　有重复接地的保护接零

显然，这时设备对地电压只占零线电压降的一部分。假定零线电压仍然为 147 V(实际上，由于有了 R_c 和 R_0 与零线并联，因而零线电压还应该低一些)，并假定 $R_c = 10\ \Omega$、$R_0 = 4\ \Omega$，可求得设备对地电压为：

$$U_d = \frac{10}{10+4} \times 147\ \text{V} = 105\ \text{V}$$

这个电压虽然对人还是危险，但危险性相对较小。

6.4.2.2　减轻零线断线的危险性

如图 6-27 所示，当零线断裂、断线处后面某一设备碰壳时，事故电流通过触及设备的人体和工作接地构成回路。因为人体电阻比工作接地电阻 R_0 大得多，所以在断线处以后的部分，人体几乎承受全部相电压。

如图 6-28 所示，在零线上有重复接地，情况就不一样了。这时，碰壳电流主要通过重复接地电阻 R_c 和工作接地电阻 R_0 构成回路。在断线处以后的部分，接零设备对地电压为 $U_c = I_d R_c$，在断线处以前的部分，接零设备对地电压为 $U_0 = I_d R_0$，U_c 与 U_0 之和为电网相电压。因为 U_c 和 U_0 都小于相电压，所以危险程度限低了一些。

在保护接零系统中，当零线断线时，即使没有设备发生碰壳短路，而是出现三相负荷不平衡，零线上也可能出现危险的对地电压。在这种情况下，重复接地也有减轻或消除危险的作用。如图 6-29 所示，在两相停止用电，一相保持用电的情况下，电流将通过该相负荷、人体和工作接地形成回路。因为人体电阻较大，所以大部分电压降在人体上，触电危险性很大。如果零线上或设备上有了重复接地(图 6-30)，则人体承受的电压(设备对地电压)即

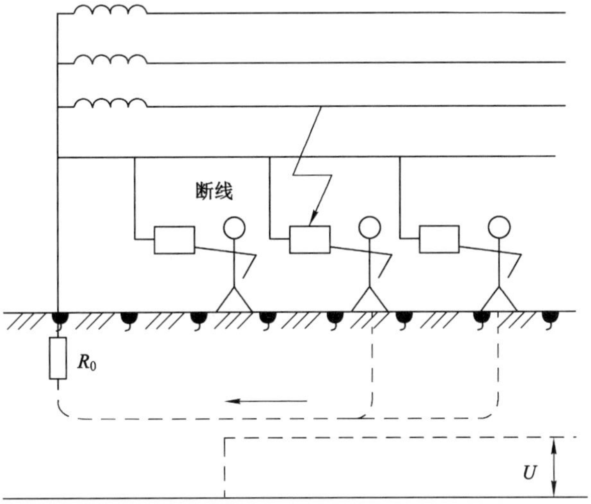

图 6-27　无重复接地时零线断线

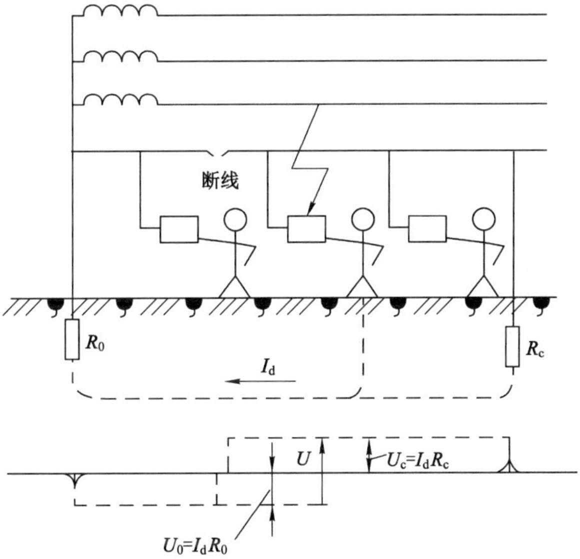

图 6-28　零线上有重复接地

为重复接地电阻 R_c 上的电压降。一般来说，R_c 与负荷电阻和工作接地电阻相比不会太大，其上电压降也只占电网相电压的一部分，从而降低或消除触电的危险性。

6.4.2.3　缩短故障持续时间

因为重复接地和工作接地构成零线的并联分支，所以当发生短路时，能增加短路电流，加速线路保护装置的动作，缩短事故持续时间。线路越长，效果越显著。

6.4.2.4　改善防雷性能

架空线路零线上的重复接地，对雷电流有分流作用，有利于限制雷电过电压，改善防雷

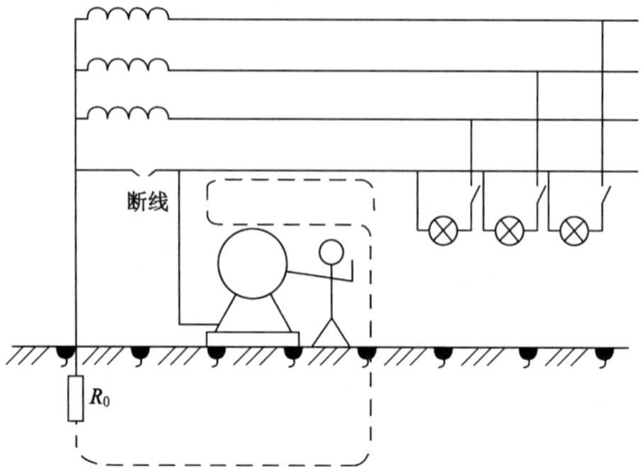

图 6-29　无重复接地三相负荷不平衡零线断线

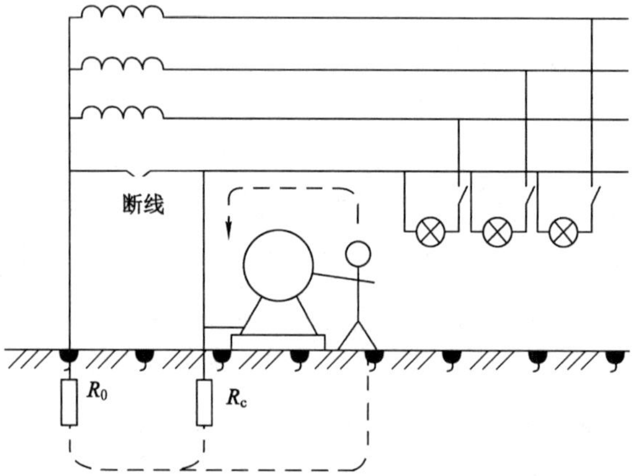

图 6-30　有重复接地三相负荷不平衡零线断线

性能。

重复接地可以从零线上直接接地，也可以从接零设备外壳接地。户外架空线路宜采取集中重复接地。车间内部宜采取环形重复接地。

6.4.3　保护接地与保护接零的区别

(1) 保护原理不同

保护接地是限制设备漏电后的对地电压，使之不超过安全范围；保护接零是借助零线路使设备形成短路，促使线路上的保护装置动作，以切断故障设备的电源。

(2) 适用范围不同

保护接地既适用于一般不接地的高压电网，也适用于采取了其他安全措施（如装设漏电保护器）的低压电网；保护接零只适用于中性点直接接地的低压电网。

(3) 线路结构不同

如果采取保护接地措施，电网中可以无工作零线，只设保护接地线；如果采取保护接零措施，则必须设工作零线，利用工作零线作接零保护。保护零线不应接开关、熔断器，当在工作零线上装设熔断器等时，还必须另装保护接地线或接零线。

6.5　双重绝缘和加强绝缘

6.5.1　双重绝缘和加强绝缘的结构

典型的双重绝缘和加强绝缘的结构如图6-31所示。

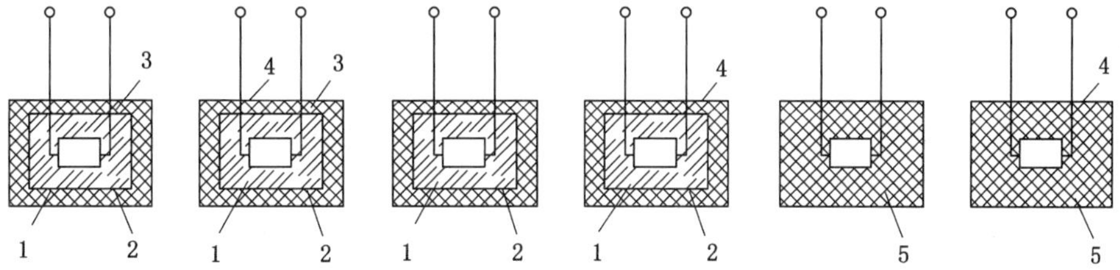

1—工作绝缘；2—保护绝缘；3—不可触及的金属件；4—可触及的金属件；5—加强绝缘。

图6-31　双重绝缘和加强绝缘

（1）绝缘的分类

① 工作绝缘：又称为基本绝缘或功能绝缘，是保证电气设备正常工作和防止触电的基本绝缘，位于带电体与不可触及金属件之间。

② 保护绝缘：又称为附加绝缘，是在工作绝缘因机械破损或击穿等失效的情况下，可防止触电的独立绝缘，位于不可触及金属件与可触及金属件之间。

③ 双重绝缘：是兼有工作绝缘和附加绝缘的绝缘。

④ 加强绝缘：基本绝缘经改进后，在绝缘强度和机械性能上具备了与双重绝缘同等防触电能力的单一绝缘，在构成上可以包含一层或多层绝缘材料。

（2）Ⅱ类设备

具有双重绝缘和加强绝缘的设备属于Ⅱ类设备。按外壳特征分为以下三类：

① 第一类：全部绝缘外壳的Ⅱ类设备。此类设备的外壳上除了铭牌、螺钉、铆钉等小金属外，其他金属件都在连续无间断的封闭绝缘外壳内，外壳成为加强绝缘的补充或全部。

② 第二类：全部金属外壳的Ⅱ类设备。此类设备有一个金属材料制成的无间断的封闭外壳。其外壳与带电体之间应尽量采用双重绝缘；无法采用双重绝缘的部件可采用加强绝缘。

③ 第三类：兼有绝缘外壳和金属外壳两种特征的Ⅱ类设备。

6.5.2　双重绝缘和加强绝缘的安全条件

由于具有双重绝缘或加强绝缘，Ⅱ类设备无须再采取接地、接零等安全措施，因而对双重绝缘和加强绝缘的设备可靠性要求较高。双重绝缘和加强绝缘的设备应满足以下安全条件。

（1）绝缘电阻和电气强度

绝缘电阻在直流电压为500 V的条件下测试，工作绝缘的绝缘电阻不得低于2 MΩ，保护绝缘的绝缘电阻不得低于5 MΩ，加强绝缘的绝缘电阻不得低于7 MΩ。

交流耐压试验的试验电压：工作绝缘为1 250 V，保护绝缘为2 500 V，加强绝缘为3 750 V。对于有可能产生谐振电压者，试验电压应比2倍谐振电压高出1 000 V。耐压持续时间为1 min，试验中不得发生闪络或击穿。

直流泄漏电流试验的试验电压：对于额定电压不超过250 V的Ⅱ类设备，应为其额定电压上限值或峰值的1.06倍；于施加电压5 s后读数，泄漏电流允许值为0.25 mA。

(2) 外壳防护和机械强度

Ⅱ类设备应能保证在正常工作以及在打开门盖和拆除可拆卸部件时，人体不会触及仅由工作绝缘与带电体隔离的金属部件。其外壳上不得有易于触及到上述金属部件的孔洞。

若利用绝缘外护物实现加强绝缘，则要求外护物必须用钥匙或工具才能开启，其上不得有金属件穿过，并有足够的绝缘水平和机械强度。

Ⅱ类设备应在明显位置标上作为Ⅱ类设备技术信息一部分的“回”字形标志。例如，标在额定值标牌上。

(3) 电源线连接

Ⅱ类设备的电源连接线应符合加强绝缘要求，电源插头上不得有起导电作用以外的金属件，电源连接线与外壳之间至少应有两层单独的绝缘层。

电源线的固定件应使用绝缘材料，如使用金属材料，应加以与保护绝缘同等级的绝缘。

对电源线截面积的要求见表6-2。

表6-2 电源连接线截面积

额定电流 I_N/A	电源线截面积/mm²	额定电流 I_N/A	电源线截面积/mm²
$I_N \leqslant 10$	0.75	$25 < I_N \leqslant 32$	4
$10 < I_N \leqslant 13.5$	1	$32 < I_N \leqslant 40$	6
$13.5 < I_N \leqslant 16$	1.5	$40 < I_N \leqslant 63$	10
$16 < I_N \leqslant 25$	2.5		

当额定电流在3 A以下、长度在2 m以下时，允许截面积为0.5 mm²。此外，电源连接线还应经受基于电源连接线拉力试验标准的拉力试验而不损坏。一般场所使用的手持电动工具应优先选用Ⅱ类设备。在潮湿场所或金属构架上工作时，除选用安全电压的工具之外，也应尽量选用Ⅱ类工具。

6.5.3 不导电环境

利用不导电的材料制成地板、墙壁等，使人员所处的场所成为一个对地绝缘水平较高的环境，这种场所称为不导电环境或非导电场所。不导电环境应符合如下安全要求：

(1) 地板和墙壁对地的电阻：500 V及以下者不应小于50 kΩ；500 V以上者不应小于100 kΩ。

(2) 保持间距或设置设备屏障，使得在电气设备工作绝缘失效的情况下，人体也不可能同时触及不同电位的导体。

(3) 为了维持不导电的特征，场所内不得设置保护零线或保护地线，并应有防止场所内高电位引出场所外和场所外低电位引入场所内的措施。

(4) 场所的不导电性能应具有永久性特征，不应因受潮或设备的变动等原因使安全水平降低。

6.6　剩余电流动作保护

剩余电流动作保护又称为漏电保护，是利用剩余电流动作保护装置来防止电气事故的一种安全技术措施。剩余电流动作保护装置简称 RCD(residual current operated protective device)。所谓剩余电流(residual current)，是指流过剩余电流动作保护装置主回路电流瞬时值的矢量和(用有效值表示)。剩余电流动作保护装置是一种低压安全保护电器，主要用于防止人身被电击，防止因接地故障引起的火灾。

剩余电流动作保护装置的主要功能是提供间接接触电击保护，而额定漏电动作电流不大于 30 mA 的剩余电流动作保护装置，在其他保护措施失效时，也可作为直接接触电击的补充保护，但不能作为基本的保护措施。

实践证明，剩余电流动作保护装置和其他电气安全技术措施配合使用，在防止电气事故方面具有显著的作用。

6.6.1　剩余电流动作保护装置的工作原理

图 6-32 所示为三相四线制供电系统的剩余电流动作保护电气原理图。通过下图对剩余电流动作保护装置的原理进行说明。图中，TA 为零序电流互感器；QF 为主开关；TL 为主开关 QF 的分励脱扣器线圈。

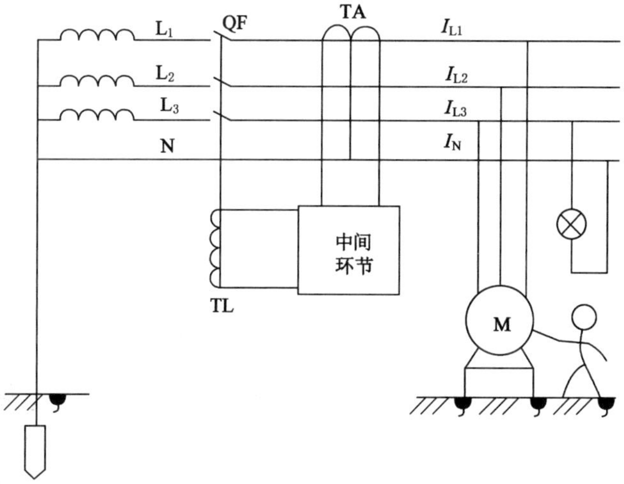

图 6-32　剩余电流动作保护装置的电气原理图

在被保护电路工作正常，没有发生漏电或触电的情况下，由基尔霍夫定律可知，通过 TA 一次电流的矢量和等于零。这使得 TA 铁芯中磁通的矢量和也为零，TA 二次侧不产生感应电动势。剩余电流动作保护装置不动作，系统保持正常供电。

当被保护电路发生漏电或有人触电时，由于漏电电流的存在，通过 TA 一次侧各相负荷电流的矢量和不再等于零，即产生了剩余电流。这就导致了 TA 铁芯中磁通的矢量和也不再为零，即在铁芯中出现了交变磁通。在此交变磁通作用下，TA 二次线圈就有感应电动势产生。此漏电信号经中间环节进行处理和比较，当达到预定值时，使主开关分励脱扣器线圈 TL 通电，驱动主开关 QF 自动跳闸，迅速切断被保护电路的供电电源，从而实现保护。

6.6.2 剩余电流保护装置

6.6.2.1 电磁式剩余电流保护装置

如图 6-33 所示，这种保护以极化电磁铁 YA 作为中间机构，其中电磁铁由于有永久磁铁而具有极性。在正常情况下，永久磁铁的吸力克服弹簧的拉力使衔铁保持在闭合位置。三相电源线穿过环形的零序电流互感器 TA，构成互感器的一次侧，与极化电磁铁连接的线圈构成互感器的二次侧。当设备正常运行时，互感器一次三相电流与其铁芯中产生的磁场互相抵消，互感器二次侧不产生感应电动势，电磁铁不动作。当设备发生漏电时，出现零序电流，互感器二次侧产生感应电动势，电磁铁线圈中有电流通过，并产生交变磁通，这个磁通与永久磁铁的磁通叠加，产生去磁作用，使吸力减小，衔铁被反作用弹簧拉开，脱钩机构 Y 动作，断开电源。SB、R_A 构成检查支路，SB 是检查按钮，R_A 是限流电阻。

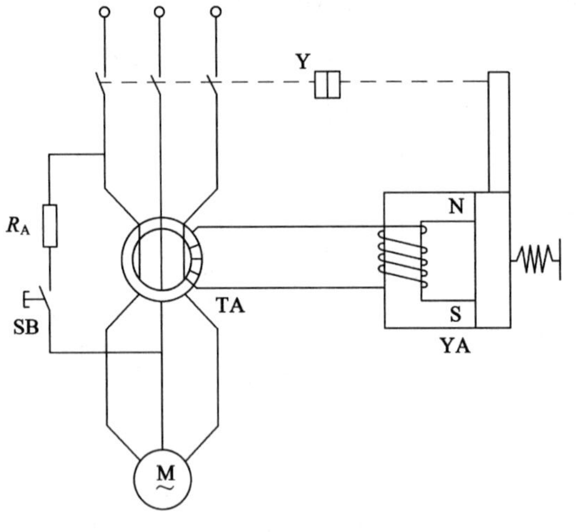

图 6-33 电磁脱扣型剩余电流保护装置的原理

极化电磁铁的磁路是常闭磁路。与工作时有明显空气隙的开式磁路相比，这种磁路的磁阻小很多。因此，其驱动功率很小，灵敏度很高。同时，在磁路中增加一直流偏磁，可以调整铁芯材料的工作点，使之在磁导率较高的部位工作，这也有利于提高电磁铁的灵敏度。

电磁式剩余电流保护装置也可以不采用机械脱扣的方式。这时，极化电磁铁的衔铁应带动电气触点，并通过中间继电器控制电源开关。其工作原理如图 6-34 所示。零序电流互感器 TA 的二次侧接向继电器的线圈。继电器的常开触点串联在中间继电器 KM_2 的线圈电路中。中间继电器的常闭触点串联在开关设备的脱扣线圈 YA 的电路中。当设备漏电时，继电器动作，并通过中间继电器和开关设备断电。

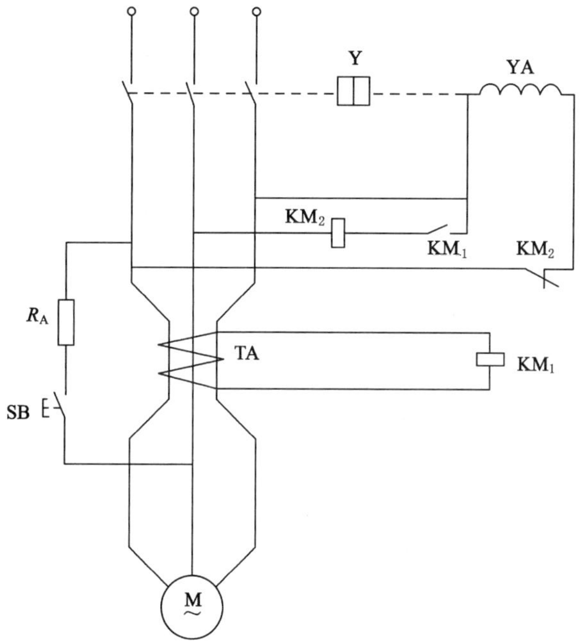

图 6-34　灵敏继电器型剩余电流保护装置工作原理

6.6.2.2　电子式剩余电流保护装置

在检测元件与执行元件之间增设电子放大环节，即构成电子式剩余电流保护装置。如图 6-35 所示，其电流互感器有两个线圈，L_1 是原线圈，2～4 匝；L_2 是二次线圈，约 200 匝；放大器由晶体三极管 V_1 和 V_2 等元件组成；晶体二极管 V_3 和 V_4 起过电压保护作用；继电器是执行元件。这种剩余电流保护装置的动作电流可达到 30 mA 以下。

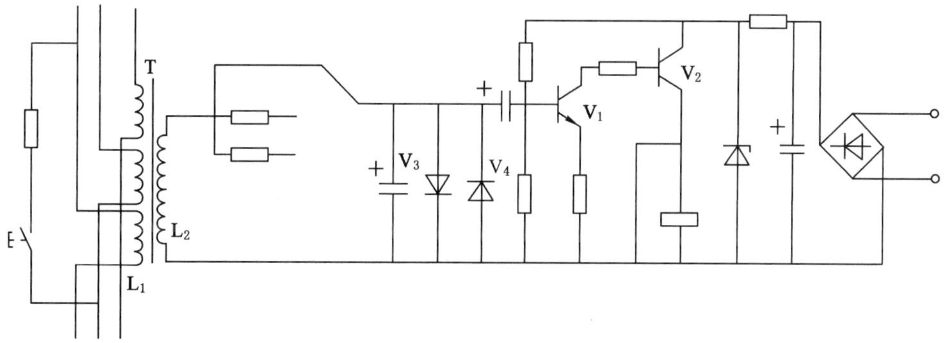

图 6-35　晶体放大型剩余电流保护装置线路图

电子式剩余电流保护装置的主要特点：灵敏度很高，动作电流可以设计到 5 mA；整定误差小,动作准确;容易取得动作延时,动作时间容易调节,便于实现分段保护。由于电子元件承受冲击能力较弱,放大器与零序电流互感器之间宜装设相电压保护环节;当主电路缺相时,电子式剩余电流保护装置可能因失去电源而丧失保护性能。为此,可以采用图 6-36 所示的三相整流的电子式剩余电流保护装置或其他专门形式的剩余电流保护装置。

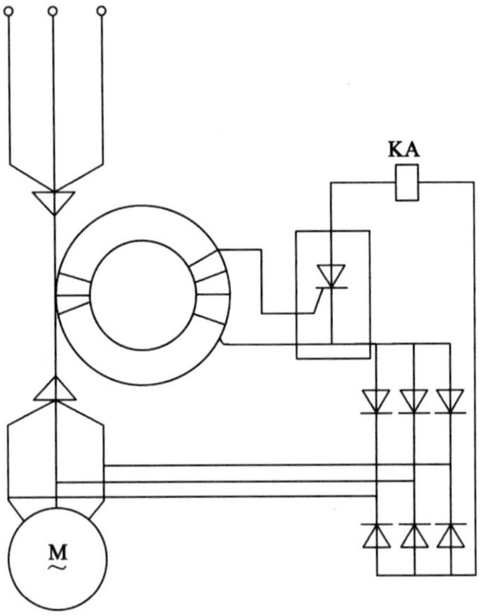

图 6-36　三相整流电子式漏电保护装置

6.6.3　剩余电流保护装置应用

6.6.3.1　参数的选择

(1) 额定剩余动作电流($I_{\triangle n}$)

这是制造厂对剩余电流动作保护装置规定的剩余动作电流值。在该电流值时,剩余电流动作保护装置应在规定的条件下动作。该值反映了剩余电流动作保护装置的灵敏度。

我国标准规定的额定漏电动作电流值为 0.006 A、0.01 A、0.03 A、0.05 A、0.1 A、0.3 A、0.5 A、1 A、3 A、5 A、10 A、20 A 和 30 A,共 13 个等级。其中,0.03 A 及其以下者属高灵敏度,主要用于防止各种人身触电事故;0.03 A 以上至 1 A 者属中灵敏度,用于防止触电事故和漏电火灾;1 A 以上者属低灵敏度,用于防止漏电火灾和监视一相接地事故。

(2) 额定剩余不动作电流($I_{\triangle no}$)

这是制造厂对剩余电流动作保护装置规定的剩余不动作电流值。在该电流值时,剩余电流动作保护装置应在规定的条件下不动作。为了防止误动作,剩余电流动作保护装置的额定剩余不动作电流不得低于额定剩余动作电流的 1/2。

(3) 分断时间

这是指从突然施加剩余动作电流的瞬间起,到所有极电弧熄灭瞬间,即被保护电路完全被切断为止所经过的时间。剩余电流动作保护装置根据分断时间的不同,分为一般型和延时型两种。延时型剩余电流动作保护装置被人为地设置了延时,以适应分级保护的需要，主要用于分级保护的首端，仅适用于$I_{\triangle n}>0.03$ A的间接接触电击防护。延时型剩余电流动作保护装置的延时时间优选值为0.2 s、0.4 s、0.8 s、1 s、1.5 s和2 s。分级保护时，延时型剩余电流动作保护装置延时时间的级差为0.2 s。

(4) 额定频率

额定频率的优先值应为50 Hz、60 Hz。

(5) 额定电压(U_n)

额定电压为230 V或400 V

(6) 额定电流(I_n)

额定电流分别为6 A、10 A、16 A、20 A、25 A、32 A、40 A、50 A、63 A、80 A、100 A、125 A、160 A、200 A、250 A、315 A、400 A、500 A、630 A、700 A和800 A。

6.6.3.2　对直接接触电击事故的防护

在直接接触电击事故的防护中，剩余电流保护装置只作为直接接触电击事故基本防护措施的补充保护措施(不包括对相与相、相与N线间形成的直接接触电击事故的保护)。用于直接接触电击事故防护时，应选用一般型(无延时)的剩余电流保护装置。其额定剩余动作电流不超过30 mA。

6.6.3.3　对间接接触电击事故的防护

间接接触电击事故防护的主要措施是采用自动切断电源的保护方式，以防止由于电气设备绝缘损坏发生接地故障时，电气设备的外露可接近导体持续带有危险电压而产生电击事故或电气设备损坏事故。当电路发生绝缘损坏造成接地故障，其故障电流值小于过电流保护装置的动作电流值时，应安装剩余电流保护装置。

当剩余电流保护装置用于间接接触电击事故防护时，应正确地与电网的系统接地形式相配合。

对TN系统，采用剩余电流保护装置的TN-C系统，应根据电击防护措施的具体情况，将电气设备外露可接近导体独立接地，形成局部TT系统。将TN-C系统改造为TN-C-S、TN-S系统或局部TT系统后，才可安装和使用剩余电流保护装置。在TN-C-S系统中，剩余电流保护装置只允许使用在N线与PE线分开部分。

TT系统的电气线路或电气设备必须装设剩余电流保护装置作为防电击事故的保护措施。

6.6.3.4　对电气火灾的防护

为防止电气设备或线路因绝缘损坏形成接地故障引起的电气火灾，应装设当接地故障电流超过预定值时能发出报警信号或自动切断电源的剩余电流保护装置。为防止电气火灾发生而安装剩余电流动作电气火灾监控系统时，应对建筑物内防火区域做出合理的分布设计，确定适当的控制保护范围。为防止电气火灾发生而安装的剩余电流动作电气火灾监控系统，其剩余动作电流的预定值和预定动作时间应满足分级保护的动作特性相配合的要求。

6.6.3.5　分级保护

低压供用电系统中为了缩小发生人身电击事故和接地故障切断电源时引起的停电范

围，剩余电流保护装置应采用分级保护。根据用电负荷和线路具体情况的需要，分级保护方式的选择一般可分为两级或三级保护。各级剩余电流保护装置的动作电流值与动作时间应协调配合，实现具有动作选择性的分级保护。剩余电流保护装置的分级保护应以末端保护为基础。住宅和末端用电设备必须安装剩余电流保护装置。末端保护上一级保护的保护范围应根据负荷分布的具体情况确定。为防止配电线路发生接地故障导致人身电击事故，可根据线路的具体情况采用分级保护。配电线路电源端的剩余电流保护装置的动作特性应与线路末端保护协调配合。企事业单位的建筑物和住宅应采用分级保护，电源端的剩余电流保护装置应满足防接地故障引起电气火灾的要求。

6.6.4 剩余电流保护装置安装

剩余电流保护装置安装应符合有关标准的要求。安装应充分考虑供电方式、供电电压、系统接地形式及保护方式。剩余电流保护装置的形式、额定电压、额定电流、短路分断能力、额定剩余动作电流、分断时间应满足被保护线路和电气设备的要求，在不同的系统接地形式中应正确接线。采用不带过电流保护功能，且需辅助电源的剩余电流保护装置时，与其配合的过电流保护元件(熔断器)应安装在剩余电流保护装置的负荷侧。应当根据用电场所的特征和安全要求选用适当结构和适当灵敏度的剩余电流保护装置。在安装过程中应注意以下几点。

(1) 零线上的重复接地

当前，广泛采用的三相四线制接地电网中，动力和照明是由同一台变压器供电的。三相负荷由三条相线供电；单相负荷由一条火线和一条零线供电。如图 6-37 所示，如果单相负荷，则会产生不平衡的零序电流；如果没有重复接地(图中的 R_c)，由于$\dot{I}_1$、$\dot{I}_2$、$\dot{I}_3$、$\dot{I}_0$都穿过零序电流互感器的铁芯，且$\dot{I}_1+\dot{I}_2+\dot{I}_3+\dot{I}_0=0$，那么互感器二次侧不产生动作信号，保护装置不动作；如果有了重复接地，则另有一部分零序电流$\dot{I}_\triangle$经 R_c 和 R_0 构成回路，以致$\dot{I}_1+\dot{I}_2+\dot{I}_3+\dot{I}_0=\dot{I}_\triangle\neq0$。这种情况虽然是正常的，而且$\dot{I}_\triangle$也很可能很小，但是$\dot{I}_\triangle$的出现足以引起保护装置误动作。因此，安装电源总的漏电保护时，中性线上不得装设重复接地。

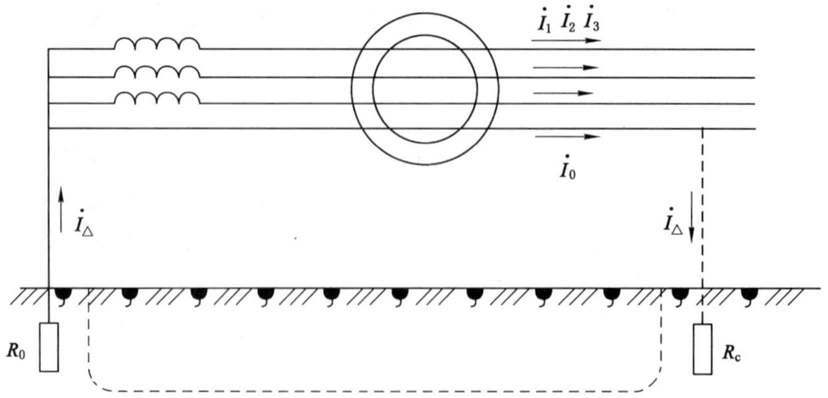

图 6-37 电流总保护图

（2）分支线的零线

当分支线装设了剩余电流保护装置时，各分支线的零线应互相分开。当任一分支线有不平衡负荷时，不平衡电流不是全部沿该分支线零线返回，而是有部分不平衡电流沿其他分支线零线返回。如图 6-38 所示，由于$\dot{I}_{11}+\dot{I}_{21}+\dot{I}_{31}=\dot{I}_{01}+\dot{I}_{02}$，以致两分支线上的剩余电流保护装置同时动作。

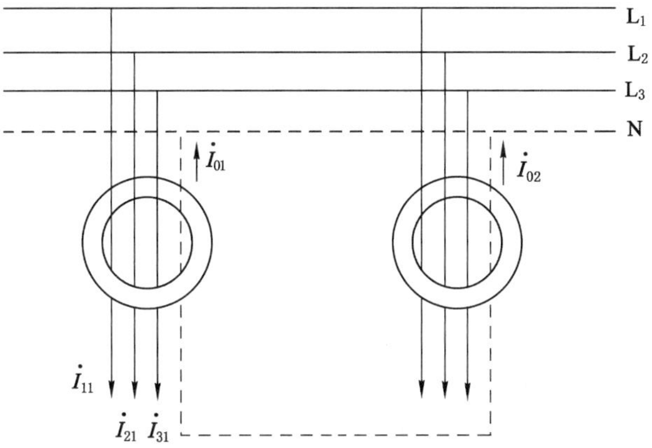

图 6-38　分支线部分的零线

单相设备的零线与三相设备的零线也应分开。如图 6-39 所示，即使三相设备总是平衡的，由于单相设备从相线返回的电流分成$\dot{I}_{01}$和$\dot{I}_{02}$，使得$\dot{I}_{21}+\dot{I}_{01}\neq0$以及$\dot{I}_{12}+\dot{I}_{22}+\dot{I}_{32}+\dot{I}_{02}\neq0$，因而两者也都可能误动作。

（3）单相设备正确接线

以照明灯为例，在图 6-40 中，除 1、2 为正确接线外，3、4 的工作电流分别通过互感器 TA_1 和 TA_2，将造成它们的误动作；5 的工作电流既通过 TA_1，又通过 TA_2，将造成它们的误动作。

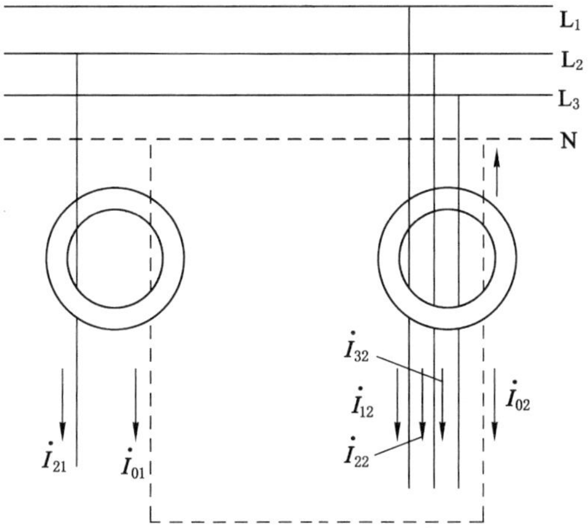

图 6-39　三相设备与单相设备的零线

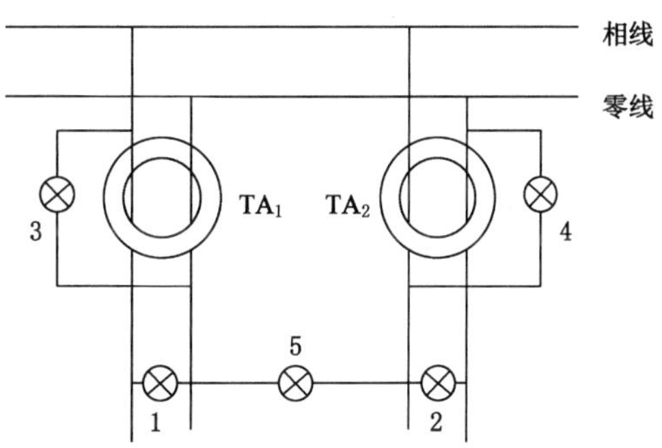

图 6-40　单相设备接线

6.6.4.4　并联变压器的工作接地

当两台变压器并联运行且装设中性点式剩余电流保护装置时，剩余电流保护装置必须装在公共的工作接地线上，使不平衡电流全部通过互感器，以免降低灵敏度，甚至拒动作。

6.6.4.5　必须安装剩余电流保护装置的设备和场所

（1）末端保护

① 属于Ⅰ类的移动式电气设备及手持式电动工具。

② 生产用的电气设备。

③ 施工工地的电气机械设备。

④ 安装在户外的电气装置。

⑤ 临时用电的电气设备。

⑥ 机关、学校、宾馆、饭店、企事业单位和住宅等除壁挂式空调电源插座外的其他电源插座或插座回路。

⑦ 游泳池、喷水池、浴池的电气设备。

⑧ 安装在水中的供电线路和设备。

⑨ 医院中可能直接接触人体的电气医用设备。

⑩ 其他需要安装剩余电流保护装置的场所。

（2）线路保护

低压配电线路根据具体情况采用二级或三级保护时，在总电源端、分支线首端或线路末端（农村集中安装的电能表箱、农业生产设备的电源配电箱）安装剩余电流保护装置。

6.7　电气隔离

6.7.1　电气隔离的原理

电气隔离是通过采用 1∶1（即一、二次侧电压相等）的隔离变压器来实现的，如图 6-41 所示。电气隔离的保护原理是在隔离变压器二次侧构成一个不接地的电网，从而阻断了变压器二次侧工作的人员单相触电时电击电流的通路。

电气隔离的回路必须符合以下条件：

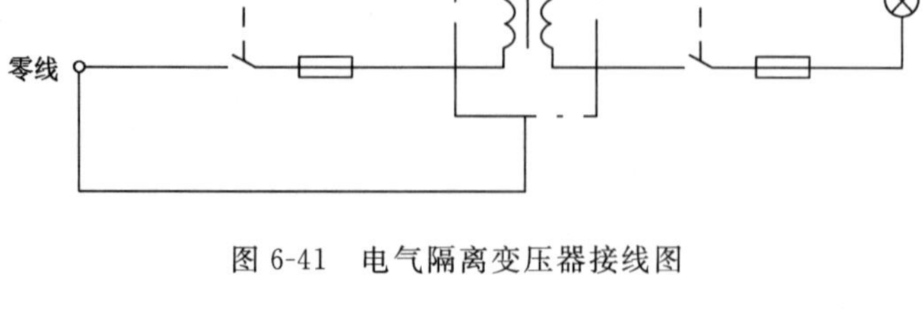

图 6-41　电气隔离变压器接线图

(1) 变电器一次、二次绕组间有加强绝缘

如图 6-42 所示，由于变压器的一次侧零线是接地的，如果变压器的一次、二次绕组之间有金属性连接，当有人在二次侧单相触电时就有可能通过一次、二次绕组的连接处，经一次侧的接地电阻构成回路。因此，电源变压器的一次、二次绕组不得有金属性连接，并应具有加强绝缘的结构。

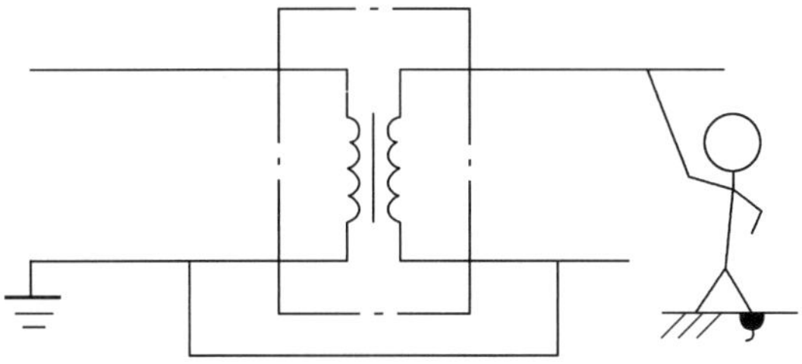

图 6-42　隔离变压器一次、二次绕组连接危险

(2) 二次侧保持独立

为保证安全，隔离回路不得与其他回路及大地有任何连接。凡采用电气隔离作为安全措施的，还必须有防止二次回路故障接地和串联其他回路的措施。因为一旦二次侧发生接地故障，这种措施将完全失去安全作用。对于二次回路较长者，还应装设绝缘监测装置。

(3) 二次侧线路要求

当二次侧线路电压过高或线路过长时，都会降低回路的对地绝缘水平，增大故障接地的危险。因此，必须限制电源电压和二次侧线路的长度。按照规定，电源电压 $U \leqslant 500$ V，线路长度 $L \leqslant 200$ m；或者电压与线路长度的乘积 $UL \leqslant 10^5$ V·m。

(4) 等电位连接

图 6-43 中的虚线是等电位连接线。如果没有等电位连接线，当隔离回路中两台距离较近的设备发生不同相线的碰壳故障时，这两台设备外壳将带有不同的对地电压。如果有人同时触及这两台设备，则接触电压为线电压，触电危险性极大。因此，如果隔离回路带有多台用电设备(器具)，则各设备(器具)的金属外壳应采取等电位连接措施。这时，所用插座应带有供等电位连接的专用插孔。

6.7.2 隔离变压器

隔离变压器指输入绕组与输出绕组彼此绝缘和隔离的小容量变压器。其中，二次侧供给安全电压的叫作安全隔离变压器。隔离变压器是实施安全电压、电气隔离等防护方式的基本元件。

6.7.2.1 主要技术参数

单相隔离变压器的额定容量不应超过 25 kV·A，三相的不应超过 40 kV·A。

一般用途的单相安全隔离变压器的额定容量不应超过 10 kV·A，三相的不应超过 16 kV·A。电铃用变压器的额定容量不应超过 100 V·A。玩具用变压器的额定容量不应超过 200 V·A。

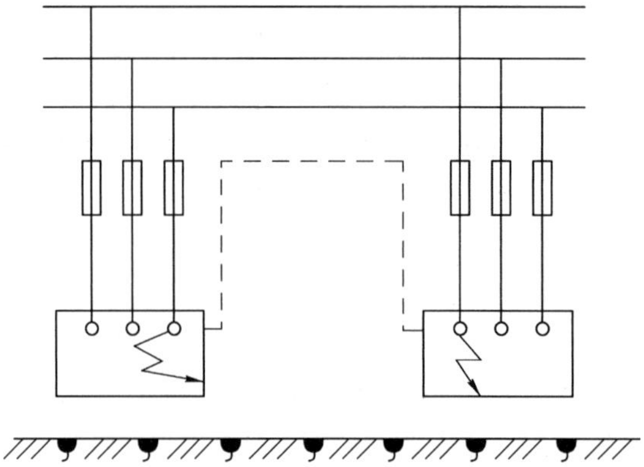

图 6-43 电器隔离措施的等电位连接

隔离变压器的空载输出电压：交流不应超过 1 000 V；脉动直流不应超过 $1\ 000\sqrt{2}$ V。

一般用途的安全隔离变压器的空载输出电压：交流不应超过 50 V；脉动直流不应超过 $50\sqrt{2}$ V。电铃用变压器的交流、脉动直流空载输出电压分别不应超过 24 V 和 $24\sqrt{2}$ V。玩具用变压器的交流、脉动直流空载输出电压分别不应超过 33 V 和 $33\sqrt{2}$ V。

负载时，变压器的输出电压不应降低太多。一般情况下，电压降低不应超过额定值的 5%～15%；装有整流元件的变压器，允许多降低 5%；对安全隔离变压器，电压降低可以再大一些。

隔离变压器的发热应符合规定。当环境温度为 35 ℃，正常使用时的金属材料握持部分的升温不得超过 20 ℃，其他材料的温升不得超过 40 ℃；对于不被持续握持的外壳，分别不得超过 25 ℃和 50 ℃。接线端子的温升不得超过 35 ℃。内部及外部导线橡胶的温升不得超过 30 ℃，聚氯乙烯绝缘的不得超过 40 ℃等。

隔离变压器应按规定进行耐压试验，其各部绝缘电阻应满足表 6-3 的要求。

表 6-3 隔离变压器各部绝缘电阻要求

部位	绝缘电阻/MΩ	部位	绝缘电阻/MΩ
带电部分与壳体之间的基本绝缘	2	输出回路与输出回路之间	2
带电部分与壳体之间的加强绝缘	7	Ⅱ类变压器的带电部分与金属物件之间	2
输入回路与输出回路之间	5	Ⅱ类变压器的金属物件与壳体之间	5
输入回路与输入回路之间	2	绝缘壳体上的内、外金属物件之间	2

6.7.2.2 安全机构

为了防止触电，隔离变压器的外壳一般不应打开，其外壳结构应能防止偶然触及带电部分的可能性。变压器的输出绕组除有专门规定外，不得与壳体相连，以保持对地绝缘。触电防护部件应保持牢固，并有足够的机械强度。变压器的柄、操作杆、按钮等应由绝缘材料制成，或者有附加绝缘加以覆盖。轴、柄、操作杆、按钮等均不应带电。输入绕组与输出绕组互相隔离，其结构应保证不出现金属性连接的可能性。隔离变压器应具有耐热、防潮、防水及抗震的结构，不应用易燃材料作为结构材料。

可移动式变压器应采用抗短路式变压器或保险式变压器。抗短路式变压器是当发生过载或短路时，温升不超过规定限值且过载或短路排除后，能恢复原有功能的变压器。保险式变压器是非正常使用后，虽失去原有功能，但不对使用者和周围环境造成危害的变压器。

变压器的过电流保护装置应有足够的容量，一般不采用自动复位装置。

变压器的输入导线和输出导线应有各自的通道。固定式变压器的输入电路中不得采用插接件。可移动式变压器(带插销者除外)应带有 2～4 m 的电源线。电源线截面可参考表 6-4 选择。导线进、出变压器处应有护套。

表 6-4　隔离变压器电源线截面选择

额定电流 I/A	标称截面/mm^2	额定电流 I/A	标称截面/mm^2
$I \leqslant 6$	0.75	$25 < I \leqslant 32$	4
$6 < I \leqslant 10$	1	$32 < I \leqslant 40$	6
$10 < I \leqslant 16$	1.5	$40 < I \leqslant 63$	10
$16 < I \leqslant 25$	2.5		

Ⅰ类变压器可能触及的金属部分须与接地(零)端子连接，其电源线中应有一条专用的标有绿-黄相间颜色的保护线。各条应与接地(零)端子连接。Ⅱ类变压器不采取接地(零)措施，没有接地(零)端子。

第7章 矿山电气安全

矿山企业在国民经济建设中起着重要作用，是电能的重要用户。随着生产的迅速发展，机械化和自动化水平不断提高，矿山企业对供电的要求也就更加严格。从安全的角度来讲，矿山生产是井下作业，工作面不断移动，生产场所空间狭小，空气潮湿，顶板有压力，井下有涌水以及瓦斯和煤尘。特别是采掘工作面，电气设备移动频繁，负荷变化大，大型采掘设备直接启动时强大的电流冲击着电网，生产中还存在着各种自然灾害，而这些灾害的预防、预报和排除直接或间接地取决于矿山供电的正常与否。由此可见，矿山供电工作不仅直接影响矿山企业的高效生产，而且关系着矿井和工作人员的人身安全。因此，矿山对供电工作提出了严格的供电安全要求。一方面，要防止人身触电的发生；另一方面，要防止由于电气设备的损坏和故障引起的电气火灾及瓦斯、煤尘爆炸事故。

7.1 矿山常见供电系统供电模式

矿山常见供电系统可分为地面供电系统和井下供电系统。地面供电系统包括地面变电所和高、低压配电网。井下供电系统包括井下中央变电所、采区变电所、工作面配电点或移动变电站和高低压电缆网。

7.1.1 矿山地面供电系统

地面变电所有两回路电源进线，任一回路因故障停止供电时，另一回路应仍能担负矿井的全部负荷，以保证可靠供电。进线电压一般为 35 kV 和 6 kV(10 kV)，大型矿井也有 110 kV 的。变电所内一般设主变压器两台，一台停止运行时，另一台必须保证安全生产的用电负荷。在高压绕阻侧采用桥式接线方式，低压绕阻侧采用单母线分段，以保证提升机、主扇、井下中央变电所等重要负荷的供电。地面高压配电电压为 6 kV，低压为 380/220 V。在大型矿井和选矿厂，正在发展高压 10 kV 和低压 660 V 供电。在工业广场内的高低压配电网，一般采用电缆。远离工业广场的用户，如通风机房，采用架空线供电。

另外，地面变电所必须按规定配备相应的安全绝缘用具和安全设施。

7.1.1.1 必须配备的安全绝缘用具

各种安全绝缘用具必须根据不同的电压等级配备，且经过试验合格后才能使用。通常有如下几种：

① 绝缘靴、绝缘手套和绝缘台(垫)。

② 与本变电所电压等级相符的高、低压验电器。

③ 绝缘拉杆。

④ 放电棒及相当数量的接地棒。接地棒若超过两副以上时应编号。

7.1.1.2　必须配备的安全设施

(1) 具有足够数量的消防器材

① 每个动力变压器室或消弧线圈室、电抗器室、电容器室应配备干粉灭火器1～2只。

② 高压配电室一般可按馈电开关柜数的10%～20%配备干粉灭火器，但至少不少于2只，且配电室长度超过10 m时，应在两端分别设置；小于10 m时可在一端设置。

③ 除以上地点外，在总值班室或其附近还应有4～6只备用的干粉灭火器。

④ 应配备撒沙器具，且存有干燥黄沙的砂箱或沙袋。存沙量在0.5 m^3 左右，若用沙袋每只存沙量为1～2 kg。设置地点可参考灭火器的设置，但应不少于2处。

(2) 有可靠的通信设备

变(配)电所与集团公司电力调度室以及上一级变电所应有专用录音电话，若该变电所还兼作井口变电所，则还应与主通风机房、井下中央变电所有直通电话，与矿山生产调度室有直通录音电话。

(3) 有相当数量的各类标志牌

各变(配)电所内及与之相连接的输配电线路，要经常进行各种电气检修、试验等工作，为保证这些工作能安全顺利地进行，必须配备各类标志牌。标志牌的具体要求见表7-1。

表7-1　变(配)电所常用标志牌的规格要求

名称	内容	使用范围或悬挂位置	基本式样		
			尺寸/(mm×mm)	底板颜色	字样
警告牌	禁止合闸，有人工作	停电后一经合闸即可送电到施工设备的断路器或刀闸的操作把手上	250×150	白底	红色仿宋体字
	止步，高压危险	1. 在施工地点或正常运行的设备上，防止人员接近带电设备的防护遮拦上； 2. 在高压试验的作业区和有带电设备而禁止通行的过道上	250×155	白底	黑色仿宋体字，有红色电力符号
配电盘标志牌和责任牌	配出线路(用户)名称、配电盘编号、断路器额定电流、CT比、维修负责人	各配电盘操作机构上方	120×50	白底	红色仿宋体字
35 kV以上主变压器标志牌	变压器运行编号、容量、变压器油号、电压调节开关运行位置	变压器外壳，靠近铭牌处	250×125	白底	红色仿宋体字
35 kV以上断路器	断路器运行编号、CT运行变比	断路器内靠近铭牌处	250×125	白底	红色仿宋体字

表 7-1(续)

名称	内容	使用范围或悬挂位置	基本式样		
			尺寸/(mm×mm)	底板颜色	字样
对牌送电命令牌	可送电(牌子上要有编号)	适用于不执行电气工作票的情况,作为工作结束和可送电的凭证,挂在停电检修的馈出柜上	220×80	黄底	红字

(4) 有防止小动物进入的设施

① 新建的变(配)电室在投运前必须对电缆沟口及其他孔、洞进行封堵处理,防止小动物窜入。通向变电所外部开启的窗及自然通风、机械通风孔洞,也包括架空线路、电缆进出口线路的穿墙透孔和保护管都应用金属网或建筑材料封闭。

② 变(配)电室门窗应采用非燃材料,保持完好,关闭严密,门应向外开启,并加设防鼠板。

③ 因施工需要在变(配)电室墙开孔、洞和进行开关柜试验、检修作业时,要及时采取防小动物进入的临时措施,施工结束所开孔、洞应及时封堵。

④ 高压电气设备的间隔、护网、门应保持完好。

7.1.2 矿山井下供电系统

凡是进入矿井井筒(包括平硐)的供电设备及供电电缆所组成的供电网路,均属井下供电系统。井下供电系统一般由下井电缆,井下各水平的中央变(配)电所、分区变电所(配电点)、采区变电所、防爆移动变电站、采区配电点,以及用于相互供配电用的各类电缆等组成。

井下中央变电所由两回路或更多高压电缆供电,并引自地面变电所的不同母线段。任一回路停止供电时,其余回路能担负全部负荷。馈电电缆一般沿副井井筒敷设,使用钢丝铠装不滴流电缆。中央变电所一般设在井底车场附近靠水泵房的硐室内,经高压配电箱,用橡套电缆向井下水泵房、变流站、采区变电所供电,并经降压变压器供应车场附近的低压动力及照明。井下多水平开采时,需在每一水平设一中央变电所。

采区变电所一般设在靠近采区的上山或石门运输巷(见矿山井巷)中。变电所硐室内设有高压防爆配电箱、变压器和低压馈电开关,向采区各低压负荷供电。

在回采工作面附近,负荷比较集中,一般设工作面配电点,以便于操作、移动并少用橡套电缆,从采区变电所到配电点一般采用低压橡套电缆,经总的馈电开关和各自的防爆磁力启动器用橡套电缆分头向各负荷供电。对装备容量大的采掘工作面,可借助移动变电站将 6 kV 高压直接深入负荷中心,缩短低压供电距离,改善供电电压质量。移动变电站放在工作面附近的平巷里,它由高压开关、干式变压器和低压馈电开关组成,可借助轨道或单轨吊车沿平巷移动。高压侧用屏蔽电缆、高压电缆连接器和进线连接,移动时拆装方便。高低压的屏蔽电缆都配有漏电保护装置,确保供电安全。

按变压器中性点接法不同,井下供电分为以下几种:

(1) 中性点直接接地系统

单相接地故障电流大，容易引起火灾、瓦斯爆炸和人身触电危险，煤矿中不宜采用。

(2) 中性点经阻抗接地系统

可将单相接地电流限制在适当值内，英国、美国、加拿大、澳大利亚等国采用。

(3) 中性点绝缘不接地系统

发生单相接地或人身触电时，电流自电源经接地点或人身流入大地，再经其他两相的对地绝缘电阻和分布电容回到电源。分布电容较小和绝缘电阻较高时，接地电流小，安全性较好。但容易产生单相接地过电压，导致严重的相间短路，故须采用适当的漏电保护，及时切除单相接地事故。

7.1.3　矿山电力用户的分类和供电电压等级

7.1.3.1　矿山电力用户分类和供电要求

在矿山企业中，各种电力负荷对供电可靠性的要求是不同的。为了能在技术经济合理的前提下满足不同负荷对供电可能性的要求，把电力负荷分为三类。

(1) 一类用户

凡因突然停电造成人身伤亡事故或重要设备损坏，给企业造成重大经济损失者，均是一类用户。如矿山主通风机、井下主排水泵、副井提升机等，这类用户采用来自不同电源母线的两个回路进行供电，无论是电力网在正常或事故时，均应保证对它的供电。

(2) 二类用户

凡因突然停电造成较大减产和较大经济损失者。例如，矿山集中提煤设备、地面空气压缩机、采区变电所等，对这类用户一般采用双回路供电或环形线路供电。

(3) 三类用户

这类用户突然停电时对生产没有直接影响。例如，矿山井口机修厂及公用事业用电设备等。对三类负荷供电一般采用单回路供电方式，不考虑备用电源，根据需要各负荷还可用一条输电线路。

对电力负荷分类是为了便于合理地供电。在供电系统运行中，确保一类负荷的供电不间断，保证二类负荷的用电，而对三类负荷则更多地考虑供电的经济性。因此，当电力系统因故障必须拉闸限电时，首先停三类负荷，必要时再停二类负荷，但必须保证一类负荷的用电。

7.1.3.2　矿井供电电压等级

我国习惯上以 1 kV 为划分界限。尤其是近年来在矿山采用 660 V 作为低压配电电压以后，煤矿井下电网与地面三相四线制电网不同，其电压等级有特殊的规定。凡工频交流对地电压大于 1 000 V 者称为高压，凡工频交流对地电压为 1 000 V 及以下者称为低压。《煤矿安全规程》(2022)规定：目前，矿山井下采用交流电电压等级有交流 35 kV、10 kV、6 kV、3 kV、1 140 V、660 V、380 V、127 V、36 V 和直流 550 V (660 V)、250 V (275 V)。

35 kV——矿井地面变电所变电电压。

10 kV 或 6 kV——井下高压配电电压和高压电动机的额定电压。

3 kV 或 1 140 V——综合机械化采煤工作面电气设备的额定电压。

660 V——井下低压电网的配电电压。

380 V——地面和小型矿井井下低压电网的配电电压。

220 V——地面和井下新鲜风流大巷的照明电压。

127 V——照明、手持式电气设备、电话、信号装置的最高额定电压。

36 V——井下设备控制回路的电压。

直流 550 V (660 V)、250 V (275 V)——直流架线电机车常用额定电压。

7.2 矿山供电安全的基本要求和措施

7.2.1 矿山供电安全的基本要求

7.2.1.1 供电的可靠性

对矿山企业的重要负荷,如主要排水、通风与提升设备等,一旦中断供电,可能发生矿井淹没、有毒有害气体积聚,甚至坠罐等事故。若对采掘、运输、压气及照明等设备供电中断,会造成不同程度的经济损失和人身事故。另外,煤矿井下的空气中含有瓦斯、一氧化碳等有害气体,并且有水不断涌出,突然停电会使排水和通风设备停止运转,可能造成矿井透水、工作人员窒息死亡和引起瓦斯、煤尘爆炸事故,危及矿井和人身安全。因此,要严格按照前面所讲的一、二、三级用电负荷的供电要求供电。一级负荷应由两个电源供电,且两个电源间允许无联系和有联系。当两个电源有联系时,应同时符合下列规定。

当发生任何一种故障时,两个电源的任何部分应不致同时受到损坏;当发生任何一种故障且保护装置动作正常时,应有一回路电源不中断供电;当发生任何一种故障且主保护装置失灵,以致两电源均中断供电后,应能在有人值班的处所完成各种必要的操作,迅速恢复一个电源的供电;二级负荷宜由两回路电源供电,无一级负荷的小型矿山工程,可由专用的一回路电源供电;采用两回及两回以上供电线路时,当任一回线路停止运行时,其余回路的供电能力应能担负煤矿矿井的全部用电负荷,露天矿和其他矿山工程的供电能力应能承担一级和二级用电负荷。

7.2.1.2 供电的安全性

煤矿安全供电的三大任务是防爆、防火、防触电,必须按照《煤矿安全规程》(2022)的有关规定进行供电,满足矿山生产的特殊环境,确保安全生产。电能有它的特殊性,使用中稍有疏忽,就会导致人身触电、电火灾等事故的发生。矿山主要是地下作业,工作环境和地面有很大的差别,特别是存在有爆炸危险的瓦斯和煤尘,不仅发生人身触电和电火灾的可能性比地面大,而且会导致瓦斯、煤尘爆炸严重后果。因此,矿山供电必须保证安全,严格遵守《煤矿安全规程》(2022)的有关规定。

7.2.1.3 供电的质量

供电的质量主要是衡量供电的电压和频率是否在额定值和允许偏差范围内,因为用电设备的确在额定值下运行性能最好。这主要是指供电频率和供电电压偏离额定值的幅度不超过允许的范围。否则,电气设备的运行情况将会显著恶化,甚至损坏电气设备。我国相关规范规定,一般电力设备使用的交流供电标准频率为 50 Hz,偏差控制在±0.2 Hz～±0.5 Hz。电压幅度变化不超过±5%。

7.2.1.4　供电的能力

这不仅要求电力系统或发电厂能供给矿山充足的电量，而且要求矿井供电系统的各项供电设施，具有足够的供电能力。

7.2.1.5　供电的经济性

在以上四项基本要求的基础上，尽量做到建设成本和使用成本最低，尽量降低企业变电所与电网的基本建设投资，尽可能降低设备、材料及有色金属的消耗量，尽量降低供电系统的电能损耗及维护费用。

7.2.2　矿山供电安全的基本措施

（1）绝缘和屏护

所谓绝缘，就是用绝缘物质和材料将带电体包裹并封闭起来，以隔离带电体或不同电位的导体，使电流按一定的通路流通。良好的绝缘是保证电气线路和电气设备正常运行的必要条件，也是防止电气事故的重要措施。通常情况下，在电工技术上将电阻系数在 10^9～10^{22} Ω·cm 的物质所构成的材料称为绝缘材料。一般要求绝缘材料具有以下性能：

① 良好的介电性能、较高的绝缘电阻和耐压强度。

② 不发生漏电、爬电或击穿等事故。

③ 耐热性能好，在长期受热状态下性能无显著变化。

④ 良好的导热、耐潮和防霉性能。

⑤ 较高的机械强度，便于工艺加工。

为了防止人体接近或触及带电体，用遮栏、护罩、护盖等将带电体隔离开来，即屏护。用金属材料制成的屏护装置要与带电体良好绝缘并接地或接零。

（2）安全距离

为了防止意外的人和车辆等接近带电体及防止电气的短路和放电，规定带电体与别的设备和设施之间、带电体相互之间必须保持一定的安全距离（简称间距）。在露天矿场内，高压输电线架设高度与各种机械设备的最大高度之间不得小于 2 m，低压输电线不得小于 1 m。最小安全距离见表 7-2。

表 7-2　最小安全距离

工率交流电压/kV	D_{min}/m	直流电压/kV	D_{min}/m
≤10	0.7	±50	1.5
20,35	1.00	±500	6.8
63,110	1.50	±660	9.0
220	3.00	±800	10.1
330	4.00		
500	5.00		
750	8.00		

(3) 载流量

载流量是指导线或设备的导电部分通过电流的数量。假如通过的电流数量超过了安全载流量，就会导致严重发热，以致损坏绝缘、损伤设备(电线)，甚至可能引起火灾。因此，在选用和装设线路和设备时必须使正常工作时的最大电流不超过安全载流量。比如，铜线的额定最大电流：2.5 mm^2 铜电源线的安全载流量为 28 A，4 mm^2 铜电源线的安全载流量为 35 A ，6 mm^2 铜电源线的安全载流量为 48 A，10 mm^2 铜电源线的安全载流量为 65 A，16 mm^2 铜电源线的安全载流量为 91 A，25 mm^2 铜电源线的安全载流量为 120 A。如果是铝线，线径要取铜线的 1.5～2 倍。如果铜线电流小于 28 A，按 10 A/mm^2 来取。如果铜线电流大于 120 A，按 5 A/mm^2 来取。

(4) 安全标志

安全标志分为禁止标志、警告标志、指令标志、提示标志四类。禁止标志的含义是不准或制止人们的某种行动；警告标志的含义是提醒人们注意可能发生的危险，警告用的一般是警告牌，如“有人工作、禁止送电”等。指令标志的含义是必须遵守的意思；提示标志的含义是示意目标的方向。

(5) 接地措施

矿山供电系统的电源变压器中性点采用何种接地方式，对于电气保护方案的选择和电网的安全运行关系极大。低压供电系统一般有两种供电方式：一种是将配电变压器的中性点通过金属接地体与大地相接，称中性点直接接地方式(图 7-1)；另一种是中性点与大地绝缘，称中性点不接地方式(图 7-2)。这两种接地方式各有短长，适合于不同的使用场所，并要有相应的电气保护装置才能保证电网的安全运行。

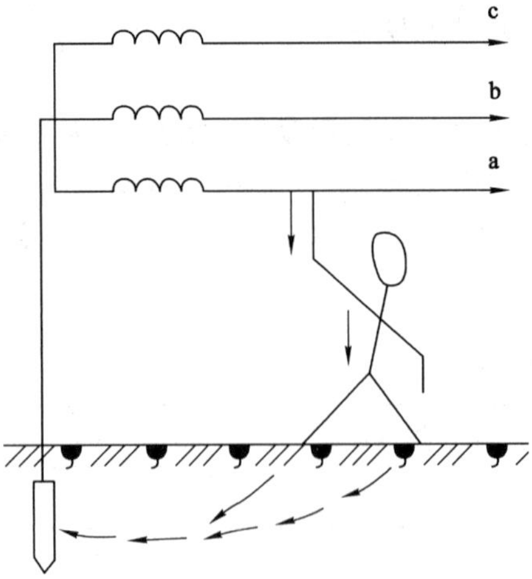

图 7-1 中性接地触电

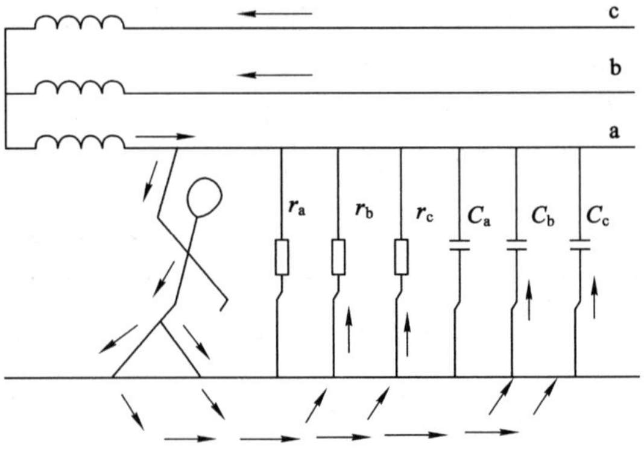

图 7-2 中性点不接地触电

① 当人触及电网一相时，中性点接地系统危险性较大，中性点不接地系统只要保持较高的对地绝缘电阻和限制过大的电容电流，对人体触电的危险就小得多。

② 当电网一相接地时，中性点接地系统即单相短路，短路点将产生很大的电弧，短路电流在大地流通时，易引起电雷管爆炸事故。中性点不接地系统接地电流较小，相对较安全。

③ 以架空线路为主，比较分散的低压电网，要维护很高的绝缘电阻是很困难的，尤其是雨雪天。当线路绝缘降低到一定程度后就会失去中性点不接地的优点。由于矿山井下环境恶劣，对安全用电要求特别高，因而井下配电变压器以及金属露天矿山的采场内不得采用中性点直接接地的供电系统。地面低压供电系统以及露天矿采场外地面的低压电气设备的供电系统，一般都是采用中性点直接接地的系统。

④ IT 系统。如图 7-3 所示，这种系统主要用于 10 kV 及 35 kV 的高压系统和矿山、井下的某些低压供电系统，电力系统的带电部分与大地间无直接连接（经电阻接地），而受电设备的外露导电部分则通过保护线直接接地。

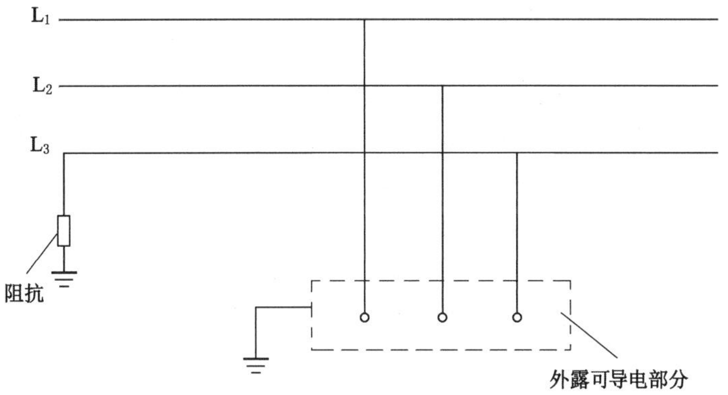

图 7-3　IT 系统结构示意图

IT 供电系统中，第一个字母 I 表示电源侧没有工作接地或经过高阻抗接地，第二个字母 T 表示负载侧电气设备进行接地保护。IT 方式供电系统在供电距离不是很长时，供电的可靠性高、安全性好。一般用于不允许停电的场所，或者是要求严格地连续供电的地方，如医院的手术室、地下矿井等处。地下矿井内供电条件比较差，电缆易受潮。运用 IT 方式供电系统，即使电源中性点不接地，一旦设备漏电，单相对地漏电流仍小，不会破坏电源电压的平衡，所以比电源中性点接地的系统还安全。但是，如果用在供电距离很长时，那么供电线路对大地的分布电容就不能忽视了。在负载发生短路故障或漏电使设备外壳带电时，漏电电流经大地形成架路，保护设备不一定动作，只有在供电距离不太长时才比较安全。

许多小矿山，井上、井下共用一台变压器。为了能满足安全规程的要求，要采用中性点不接地的方式，并要保持网路的绝缘性能。为了避免和减轻高压窜入低压的危险，要将中性点通过击穿保险器同大地可靠地连接起来，或者在三相线路上装设避雷器。

(6) 矿井应有两回路电源线路

当任一回路发生故障停止供电时，另一回路应能担负矿井全部负荷。年产 60 000 t 以下的矿井采用单回路供电时，必须有备用电源，备用电源的容量必须满足通风、排水、提升等的要求。矿井的两回路电源线路上都不得分接任何负荷。正常情况下，矿井电源应采用分列运行方式，当一回路运行时，另一回路必须带电备用，以保证供电的连续性。10 kV 及其以下的矿井架空电源线路不得共杆架设。矿井电源线路上严禁装设负荷定量器。

(7) 对井下各水平中央变(配)电所、主排水泵房和下山开采的采区排水泵房供电的线路，不得少于两回路。当任一回路停止供电时，其余回路应能担负全部负荷。主要通风机、提升人员的立井绞车、抽放瓦斯泵等主要设备房，应各有两回路直接由变（配）电所馈出的供电线路。受条件限制时，其中一回路可引入同种设备的配电装置。上述供电线路应来自各自的变压器和母线段，线路上不应分接任何负荷。上述设备的控制回路和辅助设备，必须有与主要设备同等可靠的备用电源。

(8) 井下低压配电系统同时存在两种或两种以上电压时，低压电气设备上应明显地标出其电压额定值。严禁井下配电变压器中性点直接接地。严禁由地面中性点直接接地的变压器或发电机直接向井下供电。

(9) 经由地面架空线路引入井下供电线路（包括电机车架线），必须在入井处装设避雷装置。由地面直接入井的轨道，露天架空引入（出）的管路，必须在井口附近将金属体进行不少于两处的良好的集中接地。通信线路必须在入井处装设熔断器和避雷装置。

(10) 矿井必须备有井上、井下配电系统图，井下电气设备布置示意图和电力、电话、信号、电机车等线路平面敷设示意图，并随着情况变化定期填绘。图中应注明以下各项：

① 电动机、变压器、配电设备、信号装置、通信装置等装设地点。

② 每一设备的型号、容量、电压、电流种类及其他技术性能。

③ 馈出线的短路、过负荷保护的整定值，熔断器熔体的额定电流值以及被保护干线和支线最远点两相短路电流值。

④ 线路电缆的用途、型号、电压、截面和长度。

⑤ 保护接地装置的安设地点。

(11) 电气设备不应超过额定值运行。井下防爆电气设备变更额定值使用和进行技术改造时，必须经国家授权的矿用产品质量监督检验部门检验合格后，方可投入运行。

(12) 防爆电气设备入井前，应检查其“产品合格证”“防爆合格证”“矿山矿用产品安全标志”及安全性能，检查合格并签发合格证后，方准入井。

(13) 矿山供电施工中的安全技术措施

① 在施工现场必须有一名班队长现场指挥，起吊设备前，仔细检查顶板及受力部位的牢固情况，确认起吊工具必须完好、起吊锚杆必须牢固可靠，方可进行施工。在起吊过程中，施工人员严禁站立在起吊设备下方向范围内。

② 回收的电气设备及配件，必须列出回收明细，否则不得回收。回收电缆时，严禁用钢锯锯电缆，电缆装矿车时必须进行盘置码放。装花车时，两端必须用破皮带进行防护。回收的电气设备装矿车时，严禁倒置、倾斜。回收设备入库时，应轻抬轻放，将设备归类码放整齐。

③ 搬运电气设备时，要步调一致。轻抬轻放，严禁损坏设备。装车的设备必须捆牢扎实，严禁超高、偏载。

④ 拆除的螺栓螺母、密封圈、挡板等小件物品，必须放在专用袋子内，防止丢失。

7.2.3 矿山供电安全的防雷措施

7.2.3.1 雷云的形成和雷电发展

雷电是大气中自然放电现象，称为闪电。它的形状分为线状、带状、片状和球状。按空间位置可分为雷云之间和雷云对大地之间两类。前者发生在高空，对人类危害较小；后者为发生在雷云对大地间的落地雷，尤其是负极性落地雷，对人体和设备危害最大，是造成矿山变电所雷击事故的主要来源。雷电与雷云的存在分不开，在天气闷热时，热空气上升到高空遇到冷空气，水蒸气凝结成水滴，在重力作用下向下运动，与继续上升的热空气发生碰撞出现水滴分离形成微细水滴，这些水滴随风吹聚形成带负电的雷云，雷云是产生雷电放电的前提。负极性的落地雷的发展可分为以下三个阶段。

(1) 先导放电阶段

当天空中有带负电电荷的雷云时，由于感应作用，因而地面和地面物体都带上正电荷。雷云中某处电荷较多，使该处附近电场强度增大，当增大到一定值时，就使空气绝缘被破坏，开始出现游离，形成先导放电通路。方向从雷云向大地逐级发展(放电速度约每秒数十公里)，当向下发展到一定高度时，地面物体可能产生向上的先导，从而影响下行先导的发展方向和雷击点的方位。

(2) 主放电阶段

下行先导的极高电位和上行先导的感应电荷与大地距离较小，在电场强度足够大时，就使剩余的空气隙被击穿，游离出来的电子很快流入大地，大量地面电荷迅速冲向雷云，就会产生很强的光亮和巨大的雷声。主放电电流极大，大多数雷电流瞬间幅值约数十千安，少数可达数百千安。剧变的雷电流产生过渡过程，形成雷电冲击波，使雷击点周围的磁场出现很大的变化。虽然主放电时间只有几十微秒，但是破坏作用极大，造成人畜伤亡、建筑物和设备损坏及引起火灾。

(3) 余辉放电阶段

主放电后，雷云中的剩余电荷按通路持续流入大地，形成余辉放电，放电电流随时间的延长而快速减小，只需几毫秒放电就结束了。在存在多个雷云中心时，还会出现重复放电，只是放电电流小多了。

7.2.3.2　雷电活动规律

人们在长期实践中总结出雷电活动的规律。放电时间一般 50～100 μs，冲击电流可高达几万到几十万安培，冲击感应电压可高达万伏，释放能量大，瞬间能使局部空气温度升高至数千度以上，冲击压力大，空气的压强可高达几十个大气压。

水面和水陆交界地区以及特别湿潮的地带、土壤电阻率较小的地方、土壤电阻率不连续的地点、地势较高和旷野地区、高耸突出的建筑物、内部有大量金属设备的厂房、建筑物屋面的突出部位、各种金属突出物如电视机天线、高压输电线路转角等都是雷电敏感地带，雷电活动频繁。雷电活动时间大多在下午 1～9 时，雷暴的高峰月为七八月份。

7.2.3.3　供电系统应对雷击的技术措施

矿山变电所遭受雷击事故的类型分为三类：一是输电线路受雷击时沿线路向变电所入侵的雷电波；二是雷击输电线路附近地面的感应雷；三是雷直击变电所内线路和设备的直击雷。雷电波与感应雷的陡度大、幅值高，危害严重，不采用防雷措施就使变电所的电器设备绝缘击穿。据统计，我国 110～220 kV 的变电所因雷电波引起的事故率约 0.5 次/(百所・年)，直配电机的损坏率约 1.25 次/(百所・年)。

对付雷电的对策主要是采用泄放、堵截、疏导。采取的手段主要是接地、绝缘、均压、屏蔽。为了防止地面雷电波及井下引起瓦斯、煤尘以及火灾等灾害，必须遵守下列规定。

(1) 经由地面架空线路引入井下的供电线路(包括电机车架线)，必须在入井处装设避雷装置。装设的避雷器其接地电阻不得大于5 Ω。

(2) 由地面直接入井的轨道、管路、铠装电缆的金属外皮，都必须在井口附近将金属体进行不少于两处的可靠接地，接地极的电阻不得大于5 Ω，两接地极的距离应大于20 m。

(3) 通信线路必须在入井处装设熔断器和避雷装置。避雷器的接地极电阻不得大于1 Ω。

(4) 提升用的钢丝绳提升机、罐笼用的钢丝绳罐道，都必须在井口附近将绞车提升机和钢绳进行可靠接地，其接地电阻不得大于4 Ω。

(5) 为了防止避雷针(线)起接收雷电天线的作用，井口不应设针式避雷器，最好采用阀型避雷器或其他方式的避雷措施。

(6) 加强矿井通风管理和洒水降尘，防止瓦斯和煤尘积聚。

(7) 废弃井巷或采空区封闭前，应将巷道中或封闭区域中所有金属导体拆除，排除造成传入雷电的通道和产生火花的线路。

(8) 矿山变电所对直击雷的防护措施。变电所防范雷电波和感应雷是防雷的首要任务，对直击雷要采取合理的防雷措施，对高压输电线路要用耐雷水平和雷击跳闸率来衡量防雷性能优劣，确保矿山变电所安全正常运行。变电所防护直击雷的有效措施就是在变电所安装避雷装置。避雷装置由接闪器、引下线和接地装置三部分组成。接闪器采用避雷针、带、线和网。引下线要保证接闪器与大地间有良好连接，接地装置的电阻应不大于10 Ω。

在避雷针高于被保护设备时，它的保护范围包括变电所厂房及室外所有设备。避雷针就像一把伞，只要将被保护设备置于伞盖的范围内，它就能将雷电吸引到自身上，就能把极大的雷电流通过引下线引入地下的接地装置，尽快散逸到大地并与异种电荷中和，可以保护设备雷击概率小于0.1%。要防止它们之间造成反击事故。在采用滚球法计算时，避雷针保护范围缩小，可在建筑物上安装避雷带(网)。

(9) 矿山变电所对雷电波的防护措施。变电所内的主变电压器最重要，应重点保护。变配电站的防雷措施主要有设避雷针，高压侧装设阀型避雷器或保护间隙，当低压侧中性点不接地时，也应装设阀型避雷器或保护间隙。利用变电所母线安装阀型避雷器，把它接在主变压器旁边。在雷电波入侵到主变压器时产生全反射，使它们身上的电压升高，雷电波电压曲线与阀型避雷器较平坦的伏秒特性相交，使避雷器动作。对有正常防雷的110～220 kV变电所，流过避雷器的雷电流不大于5 kA，在主变压器冲击耐压大于避雷器冲击放电电压时，主变压器得到可靠保护。要选择好安装避雷器的位置，它与主变压器及其他设备的距离都应小于最大允许电气距离。一组不满足要求时可再增一组。

(10) 输电线路防护雷电波措施。35～110 kV无避雷线的输电线路，当进线段遭雷击时，雷电波的幅值和陡度会超过变电所设备的耐压值。在接近变电所1～2 km的进线段处安装避雷线就能降低雷电波的陡度，限制流过变电所阀型避雷器中的雷电流不大于5 kA。使进线段内出现雷电波的概率大为减小，即使出现也只能在进线段外。对重雷区及雨季经常合闸的情况，还应该在进线段保护的首端各安装一组管型避雷器。架空线路防雷措施可以采用设避雷线，提高线路自身的绝缘水平，用三角形顶线做保护线，安装自重合熔断器等措施。

(11) 各种变压器防护雷电波措施介绍如下。

① 三相绕组变压器只须在低压绕组某相出口处加装一只避雷器。

② 自耦变压器可在高压、中压侧与断路器之间各安装一组避雷器。

③ 35 kV 变压器中性不用保护，110 kV 变压器中性接避雷器。

④ 3～10 kV 配电变压器采用阀型避雷器，对多雷区还要在低压侧安装一组氧化锌避雷器。

7.2.4　矿用小型发电机的电气安全措施

7.2.4.1　操作前的电气安全技术

(1) 发电机使用前操作人员应熟悉掌握所操作发电机的结构、性能、工作原理等技术特征。使用前操作人员必须认真阅读机组使用说明，严格按照说明书的操作程序进行。

(2) 保持机组干净整洁，详细检查机组各紧固部位有否松动，是否处在正常状态。检查一切防护装置和安全附件是否处于完好状态。

(3) 开机前清理机组附近一切障碍，先试听设备有无障碍或异常声响，严格检查各仪表、开关以及其他附属装置是否齐全、灵敏、可靠。

7.2.4.2　使用发电机的电气安全措施

(1) 发电机环境必须放在顶板完好，巷道无偏帮、无积水的巷道一侧，严禁放在巷道中间，避免影响运输及行人。附近 20 m 范围内无易燃、易爆物品，对工作区域施工前必须洒水防尘。作业现场必须备有 2 台合格的灭火器，灭火器材应放置在进风侧。

(2) 现场负责人必须佩戴多功能气体检测仪，随时检测施工地点及附近空气中有毒有害气体浓度变化情况，发现超标，立即停止作业，停止发电机运行，并撤出人员，采取措施，进行处理。

(3) 正常运转期间，值班人员要加强注意发电机运行完好情况，发现异常，立即停机。

(4) 发电机必须由专人负责管理、维修，维修人员和操作人员在设备运转时，不得进行发电机的维修与保养。

第8章 化工电气安全

8.1 化工电气防火防爆

8.1.1 电气火灾和爆炸的原因

电气火灾和爆炸是由电气引燃源引起的火灾和爆炸。电气装置在运行中产生的危险温度、电火花和电弧是电气引燃源主要形式。在爆炸性气体、爆炸性粉尘环境及火灾危险环境、电气线路、开关、熔断器、照明器具等均可能引起火灾和爆炸。

8.1.1.1 危险温度

危险温度是由电气设备或电气线路过热造成的。当温度达到可燃物的引燃温度时，就可能引燃火灾、电气设备和电气线路。产生危险温度的具体原因如下：

(1) 短路

短路是指不同电位的导体部分之间(包括导电部分)对地之间的低阻性短接。发生短路时，线路中电流增大为正常时的数倍乃至数十倍。由于载体导体来不及散热，温度急剧上升，除对电气线路和电气设备产生危害外，还形成危险温度。

(2) 过载

设计裕量不够或非法接用电气设备太多均可能造成严重过载。

(3) 漏电

电气设备或线路发生漏电时，因其电流一般较小，不能促使线路上的熔断器的熔丝动作。一般情况下，当漏电电流沿线路比较均匀地分布、发热量分散时，火灾危险性不大；当漏电电流集中在某一点时，可能引起比较严重的局部发热，引燃火灾。

(4) 接触不良

电气线路或电气装置中的电路连接部件是系统中的薄弱环节，是产生危险温度的主要部件之一。电气接头连接不牢、焊接不良或接头处夹有杂物，都会增加接触电阻而导致接头过热。对于铜、铝接头，由于铜和铝的理化性能不同，接触状态会逐渐恶化，导致接头过热。

(5) 铁芯过热

对于电动机、变压器、接触器等带有铁芯的电气设备，如果铁芯短路或线圈电压过高，由于涡流损耗和磁滞耗损增加，使铁损增大，因而造成铁芯过热并产生危险温度。

(6) 散热不良

电气设备在运行时必须确保具有一定的散热或通风措施。如果这些措施失效，如通风道堵塞等，则会导致电气设备和线路过热。

(7) 机械故障

由交流异步电动机拖动的设备，如果转动部分被卡死或轴承损坏，造成堵转或负载转矩过大，都会因电流显著增大而导致电动机过热。

(8) 电压异常

相对于额定值，电压过高或电压过低均属电压异常。电压过高时，除铁芯发热增加外，对于恒阻抗设备，还会使电流增大而发热；电压过低时，除可能造成电动机堵转、电磁铁衔铁吸合不上，使线圈电流大大增加而发热外，对于恒功率设备，还会使电流增大而发热。

(9) 电热器具和照明器具

其正常情况下的工作温度就可能造成危险温度，如电炉电阻丝工作温度为800 ℃，电熨斗为500～600 ℃，白炽灯灯丝为2 000～3 000 ℃，100 W白炽灯泡表面为170～200 ℃。

(10) 电磁辐射能量

在连续发射或脉冲发射的射频(9 kHz～60 GHz)源的作用下，可燃物质吸收辐射能量可能形成危险温度。

8.1.1.2　电火花和电弧

电火花和电弧温度高达数千摄氏度，极易引起火灾或爆炸。产生电火花或电弧的具体原因如下：

(1) 工作电火花及电弧

工作电火花及电弧是指电气设备正常工作或正常操作下产生的电火花。例如，刀开关、断路器、接触器接通和断开线路时会产生电火花；直流电动机的电刷与换向器的滑动接触处也会产生电火花。切断感性电路时，断口处火花能量较大。当该火花能量超过周围爆炸性混合物的最小引燃能量时，即可能引起爆炸。

(2) 事故电火花及电弧

事故电火花及电弧包括线路或设备发生故障时出现的火花，如绝缘损坏、导线断线或链接松动导致短路或接地时产生的火花；电路发生故障，熔丝熔断时产生的火花；沿绝缘表面发生的闪络等。

(3) 铁磁谐振和高次谐振及电弧

电力线路和电气设备在投切过程中由于受感性和容性负荷的影响，可能会产生铁磁谐振和高次谐振，并引起过电压，这个过电压也会破坏电气设备绝缘造成击穿，并产生电弧。

除上述外，电动机转子与定子发生摩擦或风扇与其他部件相碰也会产生火花，这是由碰撞引起的机械性质的火花。

8.1.2　危险场所的划分

危险场所是指由于存在易燃易爆气体、蒸气、液体、可燃性粉尘或者可燃性纤维而具有引起火灾或爆炸危险的场所。典型的危险场所，如石油化工行业中爆炸性物质的生产、加工和储存过程中所形成的环境、煤矿井等。

8.1.2.1　危险物质的分类及分组

(1) 爆炸危险物质的分类

爆炸危险物质可以分为三类：

Ⅰ类：矿井甲烷。

Ⅱ类：爆炸性气体、蒸气。

Ⅲ类：爆炸性粉尘、纤维或飞絮。

对于Ⅱ类爆炸性气体、蒸气，按最大试验安全间隙（MESG）和最小引燃电流比（MICR）进一步划分为ⅡA、ⅡB、ⅡC三类。ⅡA、ⅡB和ⅡC各类对应的典型气体分别是丙烷、乙烯和氢气。其中，ⅡB危险性大于ⅡA类；ⅡC类危险性大于前两者，最为危险。各类爆炸性气体MESG和MICR对应关系见表8-1。

表8-1　各类爆炸性气体MESG和MICR对应关系

类别	MESG/mm	MICR
ⅡA	≥0.9	≥0.8
ⅡB	0.5～0.9	0.45～0.8
ⅡC	≤0.5	≤0.45

上述最大试验安全间隙是指两个容器由长度25 mm的间隙连通，在规定试验条件下，一个容器内燃爆时，不会使另一个容器内燃爆的最大连通间隙的宽度。此参数是衡量爆炸性物品传爆能力的性能参数，上述最小点燃电流比是指在规定试验条件下，气体、蒸气等爆炸性混合物的最小点燃电流与甲烷爆炸性混合物的最小点燃电流之比。

对于Ⅲ类爆炸性粉尘、纤维或飞絮，进一步划分为ⅢA、ⅢB、ⅢC三类。

ⅢA：可燃性飞絮，指正常规格大于500 μm的固体颗粒包括纤维，可悬浮在空气中，也可依靠自身重量沉淀下来。飞絮对应的实例包括人造纤维、棉花（棉绒纤维、棉纱头）、剑麻、黄麻、麻屑、可可纤维、麻絮、废打包木丝绵。

ⅢB：非导电粉尘，指电阻系数大于10^3 Ω·μm的可燃性粉尘。

ⅢC：导电粉尘，指电阻系数等于或小于10^3 Ω·μm的可燃性粉尘。

所谓可燃性粉尘，是指正常规格为500 μm或更小的固体颗粒，可悬浮在空气中，也可依靠自身重量沉淀下来，还可在空气中燃烧或焖烧，在大气压力和常温条件下可与空气形成爆炸性混合物。

其中，ⅢB类粉尘危险性大于ⅢA类，而ⅢC类导电粉尘一旦进入电气装置外壳可直接产生电火花形成引燃源，其危险性又大于ⅢB类，是最为危险的粉尘。

(2) Ⅱ类、Ⅲ类爆炸性物质

Ⅱ类爆炸性气体、蒸气和Ⅲ类爆炸性粉尘、纤维或飞絮按引燃温度（自燃点）分为6组：T1、T2、T3、T4、T5和T6。各组别对应的引燃温度见表8-2，部分爆炸性气体的分类和分组见表8-3。

表8-2　各组别对应的引燃温度

组别	引燃温度 T/℃	组别	引燃温度 T/℃
T1	$450<T$	T4	$135<T\leqslant200$
T2	$300<T\leqslant450$	T5	$100<T\leqslant135$
T3	$200<T\leqslant300$	T6	$85<T\leqslant100$

表 8-3　部分爆炸性气体的分类和分组

分类	最大安全实验间隙	最小点燃电流比	爆炸性气体组别					
			T1	T2	T3	T4	T5	T6
			T>450 ℃	300 ℃<T≤450 ℃	200 ℃<T≤300 ℃	135 ℃<T≤200 ℃	100 ℃<T≤135 ℃	85 ℃<T≤100 ℃
ⅡA	≥0.9	≥0.8	甲烷、乙烷、丙烷、丙酮、氯苯、甲苯	丁烷、乙醇、丙烯、丁醇、乙酸乙酯、乙酸戊酯、乙酸酐	戊烷、已烷、庚烷、辛烷、汽油、硫化氢、环己烷	乙烯、乙醛	—	亚硝酸乙酯
ⅡB	0.5～0.9	0.45～0.8	乙甲醚、民用煤气、环丙烷	乙烯、环氧乙烷、环氧丙烷、丁二烯	异戊二烯	—	—	—
ⅡC	≤0.5	<0.45	氢、水煤气、焦炉煤气	乙炔	—	—	二硫化碳	硝酸乙酯

8.1.2.2　危险场所的分区

对不同危险环境进行分区，目的是便于根据危险环境的特点正确选用电气设备、电气线路及照明装置等的防护措施。

(1) 爆炸性气体环境

爆炸性气体环境是指在一定条件下，气体或蒸气可燃性物质与空气形成的混合物。该混合物被点燃后，能够保持燃烧并自行传播的环境。

① 爆炸性气体环境危险场所分区。根据爆炸性气体混合物出现的频繁程度和持续时间，对危险场所分区，分为 0 区、1 区、2 区。

0 区：正常运行时连续或长时间出现或短时间频繁出现爆炸性气体、蒸气或薄雾的区域。例如，油罐内部液面上的空间。

1 区：正常运行时可能出现(预计周期性出现或偶然出现)爆炸性气体、蒸气或薄雾的区域。例如，油罐顶上呼吸阀附近。

2 区：正常运行时不出现，即使出现也只可能是短时间偶然出现爆炸性气体、蒸气或薄雾的区域。例如，油罐外 3 m 内。

② 释放源的等级，可分为三种。

连续级释放源：连续释放、长时间释放或短时间频繁释放。

一级释放源：正常运行时周期性释放或偶然释放。

二级释放源：正常运行时不释放或不经常且只能短时间释放。

③ 通风的等级。IEC 和我国有关标准将通风分为高、中、低三个等级。

高级通风(VH)：能够在释放源处瞬间降低其浓度，使其低于爆炸下限，区域范围很小甚至可以忽略不计。

中级通风(VM):能够控制浓度,使得区域界限外部的浓度稳定地低于爆炸下限,虽然释放源正在释放中,并且释放停止后,爆炸性环境持续存在时间不会过长。

低级通风(VL):在释放源释放过程中,不能控制其浓度,并且在释放源停止释放后,也不能阻止爆炸性环境持续存在。

④ 爆炸性气体场所危险区域的划分。划分危险区域时,应综合考虑释放源和通风条件,应遵循以下原则。首先,应按下列释放源级别划分区域:存在连续级释放源的区域可划为 0 区;存在第一级释放源区域,可划为 1 区;存在第二级释放源的区域,可划为 2 区。其次,应根据通风条件调整区域划分:当通风良好时,应降低爆炸危险区域的等级。良好的通风标志是混合物中危险物质的浓度被释放到爆炸下限的 25%以下。局部机械通风在降低爆炸性气体混合物浓度方面比自然通风和一般机械通风更为有效时,可采用局部机械通风降低爆炸性危险区域等级。当通风不良时,应提高爆炸危险区域等级。在障碍物、凹坑、死角等处,由于通风不良,应局部提高爆炸危险区域等级。利用堤或墙等障碍物,可限制比空气重的爆炸性气体混合物的扩散,缩小爆炸危险范围。

(2) 爆炸性粉尘环境

爆炸性粉尘环境是指一定条件下,粉尘、纤维或飞絮的可燃性物质与空气形成的混合物被点燃后,能够保持燃烧自行传播的环境。

根据粉尘、纤维或飞絮的可燃性物质与空气形成的混合物出现的频率和持续时间及粉尘厚度进行分类,将爆炸性粉尘环境分为 20 区、21 区和 22 区。

20 区:在正常运行过程中,可燃性粉尘连续出现或经常出现,其数量足以形成可燃性粉尘与空气混合物、或可能形成无法控制和极厚的粉尘层的场所及容器内部。

21 区:在正常运行过程中,可能出现粉尘数量足以形成可燃性粉尘与空气混合物但未划入 20 区的场所。该区域包括与充入排放粉尘点直接相邻的场所、出现粉尘层和正常操作情况下可能产生可燃浓度的可燃性粉尘与空气混合物的场所。

22 区:在异常条件下,可燃性粉尘云偶尔出现且只是短时间存在、或可燃性粉尘偶尔堆积或可能存在粉尘层且产生可燃性粉尘空气混合物的场所。如果不能保证排除可燃性粉尘堆积或粉尘层时,则应划分为 21 区。

(3) 火灾危险环境

火灾危险环境按下列规定分为 21 区、22 区和 23 区。

火灾危险 21 区:具有闪点高于环境温度的可燃液体,在数量和配置上能引起火灾危险的环境。

火灾危险 22 区:具有悬浮状、堆积状的可燃粉尘或纤维,虽不能形成爆炸混合物,但在数量和配置上能引起火灾危险的环境。

火灾危险 23 区:具有固体状可燃物质,在数量和配置上能引起火灾危险的环境。

8.1.3 防爆电气设备

8.1.3.1 防爆电气设备类型

爆炸性环境用电设备与爆炸危险物质的分类相对应,分为Ⅰ类、Ⅱ类和Ⅲ类。

(1) Ⅰ类电气设备:用于煤矿瓦斯气体环境。Ⅰ类防爆型考虑了甲烷和煤粉的点燃以及地下用设备增加的物理保护措施。用于煤矿的电气设备,当其环境中除甲烷外还可能含有其他爆炸性气体时,应按照Ⅰ类和Ⅱ类相应可燃性气体的要求进行制造和试验。

(2) Ⅱ类电气设备:用于煤矿甲烷以外的其他爆炸性气体环境。具体分为ⅡA、ⅡB、ⅡC 三类。ⅡB 类的设备可适用于ⅡA 类设备的使用条件,ⅡC 类的设备可用于ⅡA 或ⅡB 类设备的使用条件。

(3) Ⅲ类电气设备:用于除煤矿以外的爆炸性粉尘环境。具体分为ⅢA、ⅢB、ⅢC 三类。ⅢB 类的设备可适用于ⅢA 设备的使用条件,ⅢC 类的设备可用于ⅢA 或ⅢB 类设备的使用条件。

8.1.3.2　设备保护等级(EPL)

引入设备保护等级目的在于指出设备的固有点燃风险,区别爆炸性气体环境、爆炸性粉尘环境和煤矿有甲烷的爆炸性环境的类别。

用于煤矿有甲烷的爆炸性环境中的Ⅰ类设备 EPL 分为 Ma、Mb 两级。

用于爆炸性气体环境的Ⅱ类设备的 EPL 分为 Ga、Gb、Gc 三级。

用于爆炸性粉尘环境的Ⅲ类设备的 EPL 分为 Da、Db、Dc 三级。

Ma、Ga、Da 级的设备具有"很高"的保护等级,该等级具有足够的安全程度,使设备在正常运行过程中、在预期的故障条件下或者罕见的故障条件下不会成为点燃源。对 Ma 级来说,甚至在气体突出时设备带电的情况下也不可能成为点燃源。

Mb、Gb、Db 级的设备具有"高"的保护等级,在正常运行过程中,在预期的故障条件下不会成为点燃源。对于 Mb 级来说,在从气体突出到设备断电的时间范围内预期的故障条件下不可能成为点燃源。

Gc、Dc 级的设备具有爆炸性气体环境用设备。具有"加强"的保护等级,在正常运行过程中不会成为点燃源,也可采取附加保护,保证在点燃源有规律预期出现的情况下,不会点燃。

8.1.3.3　防爆电气设备防爆结构型式

爆炸危险场所使用的防爆电气设备,在运行中必须具备不引燃周围爆炸性混合物的性能,满足上述要求的电气设备可制成隔爆型、增安型、本质安全型、正压型、充油型、充砂型、无火花型和浇封型,见表 8-4。

表 8-4　防爆电气设备的防爆原理

爆炸类型	防爆原理	图解法
隔爆型 d	将设备在正常运行时,能产生火花电弧的部件置于隔爆外壳内,隔爆外壳能承受内部的爆炸压力而不致损坏,并能保证内部的火焰气体通过间隙传播时降低能量,不足以引爆壳外的气体	
增安型 e	在正常运行时不会产生电弧、火花和危险高温,在结构上再进一步采取保护措施,提高设备的安全性和可靠性	

表 8-4(续)

爆炸类型	防爆原理	图解法
本质安全型 i	设备内部的电路在规定的条件下,正常工作或规定的故障状态下产生的电火花和热效应均不能点燃爆炸性混合物	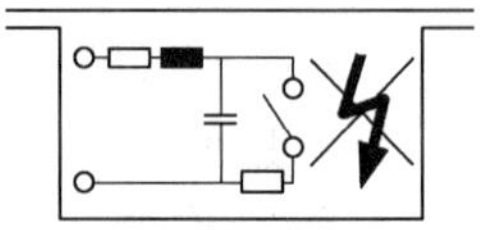
正压型 p	保证内部保护气体的压力高于周围以免爆炸性混合物进入外壳,或保证足量的保护气体通过,使内部的爆炸性混合物的浓度降至爆炸下限以下	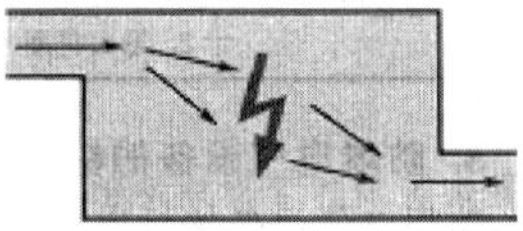
油浸型 o	将电气设备的部件整个浸在保护液中,使设备不能够点燃液面上或外壳外面的爆炸性气体	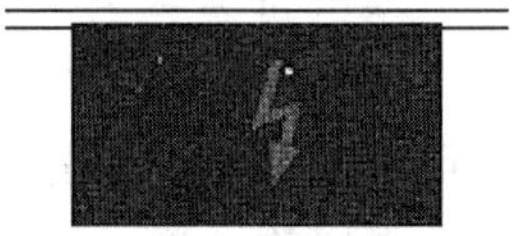
充砂型 q	将能点燃爆炸性气体的被固定导电部件完全埋入填充材料中,以防止点燃外部爆炸性气体环境	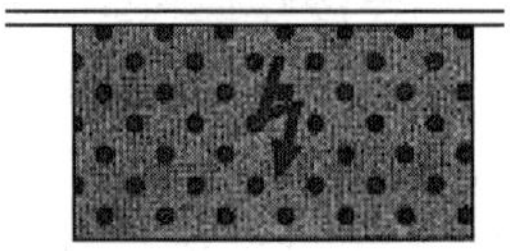
无火花型 n	电气设备不能点燃周围的爆炸性气体(在正常的工作条件下和在确定的非正常工作条件下)	
浇封型 m	将可能产生点燃爆炸性混合物的电弧,火花或高温的部分进行浇封,使它不能点燃周围的爆炸性混合物	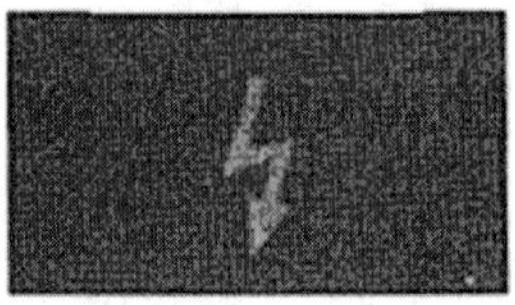

8.1.3.4 防爆电气设备的选型

爆炸性气体环境防爆电气设备见表 8-5,在 0 区只准许选用 ia 级本质安全型设备和其他特别为 0 区设计的电气设备(特殊型)。但为了将来便于工程造价,在防爆电气设备选型时,只要满足环境要求和爆炸性混合气体级别组别的要求即可,不宜为了提高安全度而选用更高一级的防爆电气设备。值得一提的是,化学的、机械的、热的、霉菌等不同周围环境条件下,在对防爆电气设备选型时应同时考虑。

表 8-5 防爆电气设备类型的选型

爆炸危险区域	适用的防爆电气设备类型	符号
0 区	1. 本质安全型(ia 级)	ia
	2. 其他特别为 0 区设计的电气设备(特殊型)	s

表 8-5(续)

爆炸危险区域	适用的防爆电气设备类型	符号
1 区	1. 适用于 0 区的防护类型	—
	2. 隔爆型	a
	3. 增安型	e
	4. 本质安全型(ib 级)	ib
	5. 充油型	o
	6. 正压型	p
	7. 冲砂型	q
	8. 其他特别为 1 区设计的电气设备(特殊型)	s
2 区	1. 适用于 0 区或 1 区的防护类型	n
	2. 无火花型	—

8.1.3.5　防爆电气设备的标志

防爆电气设备的标志应设置在设备外部主体部分的明显地方，且应设置在设备安装之后能看到的位置。标志应包括：制造商的名称或注册商标、制造商规定的型号标识、产品编号或批号、颁发防爆合格证的检验机构名称或代码、防爆合格证号、Ex 标志、防爆结构形式符号、类别符号、表示温度组别的符号(对于Ⅱ类电气设备)或最高表面温度及单位 ℃，前面加符号 T(对于类电气设备)、设备的保护等级(EPL)、防护等级(仅对于Ⅲ类，如 IP54)。

表示 Ex 标志、防爆结构型式符号、类别符号、温度组别或最高表面温度、保护等级、防护等级的示例：

Ex dⅡB T3 Gb 表示该设备为隔爆型“d”，保护等级为 Gb，用于ⅡB 类 T3 组爆炸性气体环境的防爆电气设备。

Ex pⅢC T120 ℃ Db IP65 表示该设备为正压型“p”，保护等级为 Db，用于有ⅢC 导电性粉尘的爆炸性粉尘环境的防爆电气设备，其最高表面温度低于 120 ℃，外壳防护等级为 IP65。

用于煤矿的电气设备，其环境中除了甲烷外还可能含有其他爆炸性气体(除甲烷外)时，应按照Ⅰ类和Ⅱ类相应可燃性气体的要求进行制造和检验。该类电气设备应有相应的标志，如 Ex dⅠ/ⅡB T_3 或 Ex dⅠ/Ⅱ(NH_3)。

8.2　化工防雷防电

我国是世界上受雷电严重危害的国家之一，每年夏末我国大部分地区进入雨季，降雨时时常会伴有雷电发生。近些年，我国各地年平均雷电日数为 40 余天，并且呈上升趋势，每平方公里每年有 6 次以上落地雷。2013 年七八月份山东烟台发生 300 起雷击事故，给市民和单位造成了严重的经济损失。

8.2.1 雷电的形成和分类

8.2.1.1 雷电的形成

雷电是伴有雷击和闪电的局地对流性天气。它必定产生在强烈的积雨云中，因此常伴有强烈的阵雨或暴雨。总的来说，云的上部以正电荷为主，云的中、下部以负电荷为主，云的下部前方的强烈上升气流中还有一小范围的正电区。因此，云的上、下之间形成一个电位差，当电位差达到一定程度后，就产生放电，这就是平常所见的闪电现象。在放电过程中，闪道中的温度骤增，使空气体积急剧膨胀，从而产生冲击波，导致强烈的雷鸣。当云层很低时，有时可形成云地间放电，这就是雷击。

8.2.1.2 雷电的分类

（1）直接雷

带电的云层与大地上某一点之间发生迅猛的放电现象，叫作“直击雷”，一般是直接击在建筑物上。

（2）感应雷

① 静电感应雷。带有大量负电荷的雷云所产生的电场将会在架空明线上感生出被电场束缚的正电荷。当雷云对地放电或对云间放电时，云层中的负电荷在一瞬间消失了，在线路上感应出的这些被束缚的正电荷也就在一瞬间失去了束缚。在电势能的作用下，这些正电荷将沿着线路产生大电流冲击，从而对电气设备产生不同程度的影响。

② 电磁感应雷。雷击发生在供电线路附近，或着击在避雷针上会产生强大的交变电磁场，此交变电磁场的能量将感应于线路并最终作用到设备上（由于避雷针的存在，建筑物上落雷机会反而增加，内部设备遭感应雷危害的机会和程度一般来说也增加了），对用电设备造成极大危害。

感应雷的雷击发生率和破坏力比直击雷更大，造成的负面影响也更为严重。

（3）球形雷

球形雷是一种气体的漩涡，产生于闪电通路的急转弯处是一团带有高电荷的气体混合物，主要由氧、氮、氢以及少量的氧化氢组成。由于球形雷较为罕见，因而研究它十分困难，至今仍然是自然界中的一个谜。

球形雷平均直径为 25 cm，球体大小在高尔夫球和足球之间，球状闪电，偶尔也有环状或中心向外延伸的蓝色光晕，发出火花或射线。颜色常见的为橙红色或红色，当它以特别明亮并使人目眩的强光出现时，也可看到黄色、蓝色和绿色。一般其寿命只有 1～5 s，最长的可达数分钟。

球形雷的行走路线，一般从高空直接下降，接近地面时突然改向，做水平移动；有的突然在地面出现，弯曲前进；也有的沿着地表滚动并迅速旋转，运动速度通常为 1～2 m/s。它可以穿过门窗，常见的是穿过烟囱进入建筑物。它甚至可以在导线上滑动，有时还发出“嗡嗡”响声。多数火球无声消失，有的在消失时有爆炸声，可以造成破坏，甚至使建筑物倒塌，使人和家畜死亡。

8.2.1.3 雷电参数

雷电参数主要有雷暴日、雷电流幅值、雷电流陡度、冲击过电压等。

雷暴日：只要一天之内能听到雷声就算一个雷暴日。年雷暴日数用来衡量雷电活动的频繁程度。雷暴日通常指一年内的平均雷暴日数，即年平均雷暴日，单位为日/年。雷暴日数越大，说明雷电活动越频繁。例如，我国广东省的雷州半岛和海南岛一带雷暴日在80日/年以上，北京一些地区、上海约为40日/年，天津、济南约为30日/年等。我国将年平均雷暴日不超过15日/年的地区划为少雷区，将超过40日/年的地区划为多雷区。在防雷设计时，需要考虑当地雷暴日条件。

雷电流幅值：指雷云主放电时冲击电流的最大值。雷电流幅值可达数十千安至数百千安。

雷电流陡度：指雷电流随时间上升的速度，雷电流冲击波波头陡度可达50 kA/s，平均陡度约为30 kA/s。雷电流陡度越大，对电气设备造成的危害也越大。

雷电冲击过电压：直击雷冲击过电压很高，可达数千千伏。

8.2.2　建筑物防雷的分类

防雷的分类是指建筑物按其重要性、生产性质、遭受雷击的可能性和后果的严重性所进行的分类，可参照《建筑物防雷设计规范》(GB 50057—2022)。

8.2.2.1　第一类防雷建筑物

(1) 凡制造、使用或储存火炸药及其制品的危险建筑物，因电火花而引起爆炸、爆轰，会造成巨大破坏和人身伤亡者。

(2) 具有0区或20区爆炸危险场所的建筑物。

(3) 具有1区或21区爆炸危险场所的建筑物，因电火花而引起爆炸，会造成巨大破坏和人身伤亡者。例如，火药制造车间、乙炔站、电石库、汽油提炼车间等。

8.2.2.2　第二类防雷建筑物

(1) 国家级重点文物保护的建筑物。

(2) 国家级的会堂、办公建筑物、大型展览和博览建筑物、大型火车站和飞机场、国宾馆，国家级档案馆、大型城市的重要给水水泵房等特别重要的建筑物。

(3) 国家级计算中心、国际通信枢纽等对国民经济有重要意义的建筑物。

(4) 国家特级和甲级大型体育馆。

(5) 制造、使用或储存火炸药及其制品的危险建筑物，且电火花不易引起爆炸或不致造成巨大破坏和人身伤亡者。

(6) 具有1区或21区爆炸危险场所的建筑物，且电火花不易引起爆炸或不致造成巨大破坏和人身伤亡者。

(7) 具有2区或22区爆炸危险场所的建筑物。

(8) 有爆炸危险的露天钢质封闭气罐。

(9) 预计雷击次数大于0.05次/a的部、省级办公建筑物和其他重要或人员密集的公共建筑物以及火灾危险场所。

(10) 预计雷击次数大于0.25次/a的住宅、办公楼等一般性民用建筑物或一般性工业建筑物。

8.2.2.3 第三类防雷建筑物

(1) 省级重点文物保护的建筑物及省级档案馆。

(2) 预计雷击次数大于或等于 0.01 次/年且小于或等于 0.05 次/年的部、省级办公建筑物和其他重要或人员密集的公共建筑物以及火灾危险场所。

(3) 预计雷击次数大于或等于 0.05 次/年且小于或等于 0.25 次/年的住宅、办公楼等一般性民用建筑物或一般性工业建筑物。

(4) 在平均雷暴日大于 15 日/年的地区,高度在 15 m 及以上的烟囱、水塔等孤立的高耸建筑物;在平均雷暴日小于或等于 15 日/年的地区,高度在 20 m 及以上的烟囱、水塔等孤立的高耸建筑物。

8.2.3 防雷装置

建筑物防雷装置是指用于对建筑物进行雷电防护的整套装置,由外部防雷装置和内部防雷装置组成,如图 8-1 所示。

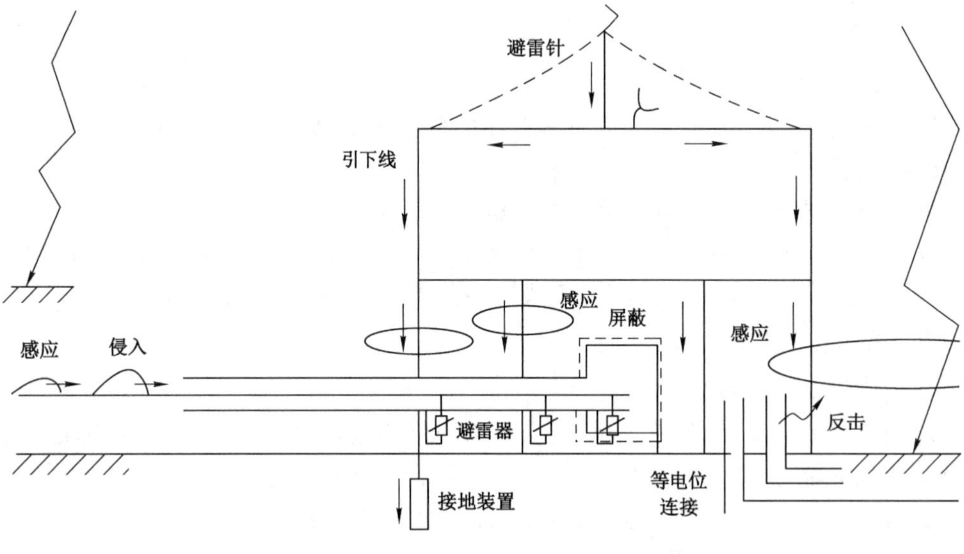

图 8-1 建筑物防雷装置结构示意图

8.2.3.1 外部防雷装置

用于防直击雷的防雷装置由接闪器、引下线和接地装置组成。

(1) 接闪器。接闪杆(又称为避雷针)、接闪带(又称为避雷带)、接闪线(又称为避雷线)、接闪网(又称为避雷网)以及金属屋面、金属构件等均为常用的接闪器,其保护示意图如图 8-2 所示。

接闪器是利用其高出被保护物的地位,把雷电引向自身,起到拦截闪击的作用,通过引下线和接地装置,将雷电流泄入大地,保护被保护物免受雷击。

接闪器的保护范围按滚球法确定,该法是假设以一定半径的球体,沿需要防直击雷的部位滚动,当球体只触及接闪器(包括被利用作为接闪器的金属物)和地面(包括与大地接触并能承受雷击的金属物),而不触及需要保护的部位时,则该部分就得到接闪器的保护。

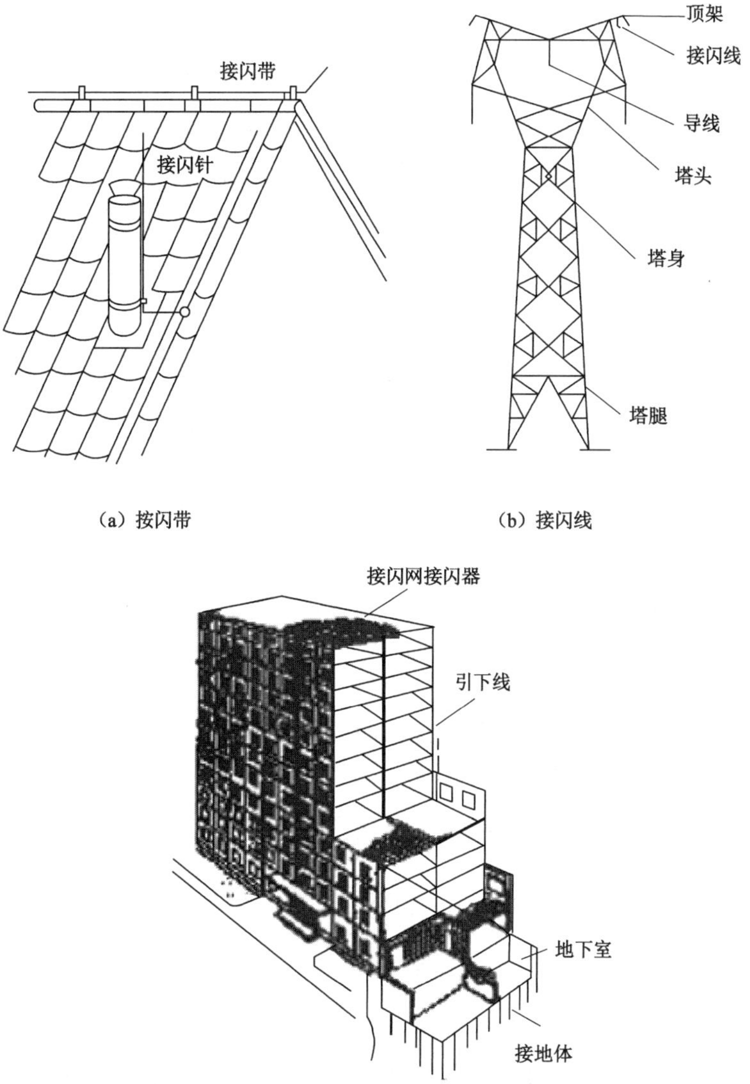

(a) 接闪带　　(b) 接闪线

(c) 接闪网

图 8-2　接闪器

此时对应的球面线即保护范围的轮廓线。滚球的半径按建筑物防雷类别确定，一类为 30 m、二类为 45 m、三类为 60 m。图 8-3 所示为滚球法计算示意图。

(2) 引下线是连接接闪器与接地装置的圆钢或扁钢等金属导体，用于将雷电流从接闪器传导至接地装置。引下线应满足机械强度、耐腐蚀和热稳定性的要求。防直击雷的专设引下线距建筑物出入口或人行道边沿不宜小于 3 m。

(3) 接地装置是接地体和接地线的总合，用于传导雷电流并将其流入大地。除独立接闪杆外，在接地电阻满足要求的前提下，防雷接地装置可以和其他接地装置共用。

防雷接地电阻通常是指冲击接地电阻。冲击接地电阻一般不等于工频接地电阻，这是因为极大的雷电流自接地体流入土壤时，接地体附近形成很强的电场，击穿土壤并产生火

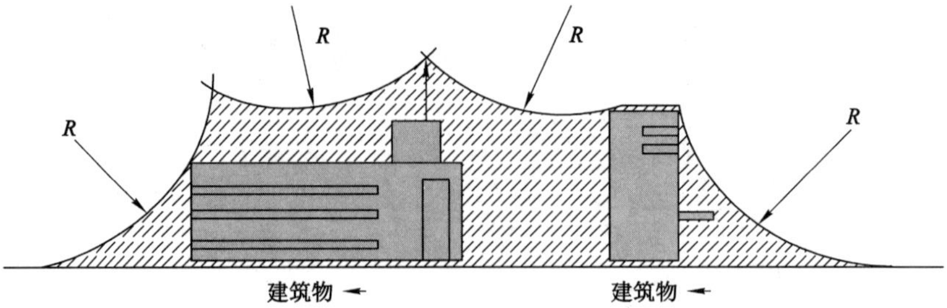

图 8-3　滚球法计算示意图

花，相当于增大了接地体的泄放电流面积，减小了接地电阻。冲击接地电阻一般都小于工频接地电阻。土壤电阻率越高，雷电流越大；接地体和接地线越短，则冲击接地电阻越小。就接地电阻值而言，独立接闪杆的冲击接地电阻不宜大于 10 Ω；附设接闪器每根引下线的冲击接地电阻不应大于 10 Ω。为了防止跨步电压伤人，防直击雷的人工接地体距建筑物出入口和人行道不应小于 3 m。

8.2.3.2　内部防雷装置

由屏蔽导体、等电位连接件和电涌保护器等组成。对于变配电设备，常采用避雷器作为防止雷电波侵入的装置。

(1) 屏蔽导体。通常指电阻率小的良导体材料，如建筑物的钢筋及金属构件；电气设备及电子装置金属外壳；电气及信号线路的外设金属管、线槽、外皮、网、膜等。由屏蔽导体可构成屏蔽层，当空间干扰电磁波入射到屏蔽层金属体表面时，会产生反射和吸收，电磁能量被衰减，从而起到屏蔽作用。

(2) 等电位连接件。在雷电防范中，等电位连接是关键。等电位连接件包括等电位连接带、等电位连接导体等。利用其可将分开的装置、诸导电物体连接起来，以减小雷电流在它们之间产生的电位差。

(3) 电涌保护器(SPD)。SPD 也叫作防雷器，是一种用于限制瞬态过电压和分泄电涌电流的器件。其作用是将窜入电力线、信号传输线的瞬态过电压限制在设备或系统所能承受的电压范围内，或者将强大的雷电流泄流入地，防止设备或系统遭受闪电电涌冲击而损坏。

电涌保护器的类型和结构按不同的用途有所不同，但它至少包含一个非线性元件。放电间隙、充气放电管、晶体闸流管等非线性元器件在无电涌出现时为高阻抗；当出现电压电涌时，突变为低阻抗。由这类非线性元件作为基本元件的电涌保护器称为“电压开关型”或“克罗巴型”电涌保护器。压敏电阻和抑制二极管等非线性元器件在无电涌出现时为高阻抗，随着电涌电流和电压的增加，阻抗跟着连续变小，由这类非线性元件作为基本元件的电涌保护器称为“限压型”或“箝压型”电涌保护器。由电压开关型元件和限压型元件组合而成的电涌保护器，其特性随所加电压的特性可以表现为电压开关型、限压型或两者皆有，被称为“组合型”电涌保护器。

(4) 避雷器。避雷器是用来防护雷电产生的过电压沿线路侵入变配电所或建筑物内，以免危及被保护电气设备的绝缘。避雷器按结构主要分为阀型避雷器和氧化锌避雷器等。阀型避雷器上端接在架空线路上，下端接地。正常情况下，避雷器对地保持绝缘状态；当雷电冲击波到来时，避雷器被击穿，将雷电引入大地；冲击波过去后，避雷器自动恢复绝缘状态。氧化锌避雷器利用了氧化锌阀片理想的非线性伏安特性，即在正常工频电压下呈高电阻特性，而在大电流时呈低电阻特性，限制了避雷器上的电压，具有无间隙、无续流、残压低等优点，被广泛使用。

8.2.4　防雷措施

各类防雷建筑物均应设置防直击雷的外部防雷装置，并应采取防止闪电电涌侵入的措施。此外，各类防雷建筑物还应设内部防雷装置。在建筑物的地下室或地面层处，建筑物金属体或金属装置、建筑物内系统，进出建筑物的金属管线等物体应与防雷装置做防雷等电位连接，并且应考虑外部防雷装置与建筑物金属体或金属装置、建筑物内系统之间的间隔距离。根据不同雷电种类，各类防雷建筑物所应采取的主要防雷措施如下。

8.2.4.1　直击雷防护

第一类防雷建筑物、第二类防雷建筑物和第三类防雷建筑物均应设置防直击雷的外部防雷装置；高压架空电力线路、变电站等也应采取防直击雷的措施。

直击雷防护的主要措施是装设接闪杆、架空接闪线或网。接闪杆分独立接闪杆和附设接闪杆。独立接闪杆是离开建筑物单独装设的，接地装置应当单设。

第一类防雷建筑物的直击雷防护，要求装设独立接闪杆、架空接闪线或网。第二类和第三类防雷建筑物的直击雷防护措施，宜采用装设在建筑物上的接闪网、接闪带或接闪杆，或者由其混合组成的接闪器。

8.2.4.2　闪电感应防护

第一类防雷建筑物和具有爆炸危险的第二类防雷建筑物均应采取防闪电感应的防护措施。闪电感应的防护主要有静电感应防护和电磁感应防护两个方面。

(1) 静电感应防护

为了防止静电感应产生的过电压，应将建筑物内的设备、管道、构架、钢屋架、钢窗、电缆金属外皮等较大金属物和突出屋面的放散管、风管等金属物，均应与防闪电感应的接地装置相连。对第二类防雷建筑物可就近接至防直击雷接地装置或电气设备的保护接地装置上，可不单接接地装置。

(2) 电磁感应防护

为了防止电磁感应，平行敷设的管道、构架和电缆金属外皮等长金属物，其净距小于100 mm时，应采用金属线跨接。跨接点之间的距离不应超过30 m；交叉净距小于100 mm时，其交叉处也应跨接。当长金属物的弯头、阀门、法兰盘等连接处的过渡电阻大于0.03 Ω时，连接处也应用金属线跨接。在非腐蚀环境下，对于不少于5根螺栓连接的法兰盘可不跨接。防电磁感应的接地装置也可与其他接地装置共用。

8.2.4.3　闪电电涌侵入防护

第一类防雷建筑物、第二类防雷建筑物和第三类防雷建筑物均应采取防闪电电涌侵入的防护措施。属于闪电电涌侵入造成的雷害事故很多，在低压系统中这种事故占总雷害事故的70%以上。

室外低压配电线路宜全线采用电缆直接埋地敷设，在入户处应将电缆的金属外皮、钢管接到等电位连接带或防闪电感应的接地装置上，入户处的总配电箱是否装设电涌保护器应根据具体情况按雷击电磁脉冲防护的有关规定确定。

当难以全线采用电缆时，不得将架空线路直接引入屋内，允许从架空线上换接一段有金属铠装(埋地部分的金属铠装要直接与周围土壤接触)的电缆或护套电缆穿钢管直接埋地引入。这时，电缆首端必须装设户外型电涌保护器，并与绝缘子铁脚、金具、电缆金属外皮等共同接地，入户端的电缆金属外皮、钢管必须接到防闪电感应接地装置上。

8.2.4.4 人身防雷

雷雨天气情况下，为了防止直击雷伤人，应减少在户外活动时间，尽量避免在野外逗留。雷电期间，最好不要骑自行车、驾驶拖拉机或摩托车；不要携带金属物体在露天行走；不要靠近避雷设备的任何部分；不要拨打移动电话。如果一时找不到合适的避雷场所，千万不能靠近空旷地带或山顶上的树木，也不要呆在电线杆和高压电线下，否则很易受到雷击。此时人们应尽量降低重心，并减少人体与地面的接触面积，应立即下蹲，但不能躺在地上，如果披上雨衣，防雷效果就会更好。

此外，现在汽车逐渐进入了千家万户，汽车本身就是一个比较好的避雷场所。因为汽车本身就是一个金属壳体，相当于一个屏蔽室，即便雷击到汽车上，电流也会沿着汽车壳体表面流动并将电流释放到地面，躲在汽车里面是相对安全的。

第 9 章　建筑电气安全

9.1　建筑施工电气安全

9.1.1　施工现场电气安全事故原因分析

随着经济的发展，建筑工程的规模也在逐渐增加。在建筑工程中电气施工占有非常重要的地位，做好建筑施工现场电气的安全管理是非常关键的。电气施工中施工人员的操作失误或者疏忽极易引发安全事故，从而影响到建筑工程的质量，甚至造成人员伤亡。此外，建筑工程电气设备一旦出现安全问题，给周边的单位或居民带来一定的损害。

9.1.1.1　施工现场电气安全的特点

电气工程是建筑施工中必不可少的项目之一，电气工程的质量将直接影响建筑物的使用。施工现场电气安全的特点主要体现在以下几个方面：

(1) 施工现场环境较为复杂，电气设备容易受到外界环境的影响，从而产生不同程度的腐蚀。配电线路也会产生机械性损伤，使线路外露，从而引发安全事故。

(2) 施工现场相对开放，机械具有很强的流动性和周转性，而且电力设备还具有很强的通用性。

(3) 在施工现场容易出现交叉操作的情况，经常出现非电气专业人员操作电气设备的情况。非电气专业人员不具备熟练的专业技能和经验，在使用过程中经常会因操作失误而造成人体触电伤害。

9.1.1.2　施工现场电气安全管理问题分析

(1) 安全管理制度

建筑施工中涉及的单位较多，然而在安全管理制度中没有明确规范各单位和部门的责任，导致各单位的安全管理意识淡薄，不重视安全管理工作。

此外，在施工现场安全管理中也缺乏相应的监督制度，监管工作没有落实到位。施工现场中更多的是对施工质量和施工时间的监管，而对安全监管的重视程度不够，安全监管往往流于形式，并没有落实到具体的行动中，从而导致安全事故的发生。

(2) 施工现场的安全防护

电气施工中必须做好相应的安全防护工作，否则很容易引发安全事故。然而从实际的电气施工现场来看，安全防护措施并没有做到位，施工现场没有严格按照安全防护的要求来进行防护，在施工中存在作业而边防不到位的问题。同时，对于楼梯口、电梯井口、通道口都没有按照要求设置防护措施，部分施工现场的施工环境较差，光照明显不足，各种电气设备、材料工具乱堆乱放，也没有设置安全标志。

(3) 施工人员的安全意识

施工人员的安全意识对施工安全起着很重要的作用，然而建筑工程中大部分施工人员缺乏安全意识。施工企业未按照国家的规定对施工人员进行岗前、岗中的安全生产教育，导致施工人员安全施工意识不强。施工企业需要对施工人员进行培训，施工人员在达到相应的技能水平之后才能上岗。对于一些特殊岗位，还必须要求施工人员持证上岗。

(4) 安全生产的费用投入

部分施工企业为了使工程中标，在招投标阶段往往会采用低价中标的方式，在这种情况下，企业为了保证自身的经济利益，通常会压低安全生产方面的费用。由于安全生产费用不足，采购人员采购物品时往往会降低标准。质量不达标的物品应用到建筑工程中很容易会引发安全事故，而有缺陷的安全防护用品在施工中不仅无法起到安全防护的作用，还有可能会造成二次伤害，或者引发更严重的事故。

9.1.1.3 加强施工现场电气安全的措施

为了加强施工现场电气安全管理，可采取如下措施。

(1) 落实安全管理制度

建筑电气工程不同于其他的建筑工程，对于安全生产目标和责任无法照搬其他的工程，而是需要结合建筑电气工程的实际情况来制定相应的安全管理制度，这样才能保证建筑电气工程的安全性。

为此，要将安全管理制度落实到位。要根据建筑电气工程的实际情况建立完善的安全管理制度，做到科学化、合理化。在安全管理制度中还需要明确安全生产目标和责任，将安全责任落实到每一个施工人员身上，同时还需要建立相关的监督检查制度，利用制度来督促工作人员严格按照安全生产的要求进行工作。加强对施工现场的监督检查，及时发现施工现场存在的问题并采取相应的措施，将施工现场中的安全隐患扼杀在源头上。要加强日常监督和检查，将安全管理工作落实到位。

(2) 加强施工现场电气设备管理

施工现场管理工作较为复杂，且涉及的部门较多，会存在一定的交叉，尤其是电气设备的使用存在共享的情况。通常情况下，在高温、潮湿等恶劣的环境下不宜使用电气设备，否则不仅会使电气设备的运行效率降低，而且还容易引发安全事故。施工现场的环境质量较差，电气设备发生故障的概率较高。因此，需要加强对施工现场电气设备的管理，在使用电气设备时要远离易燃易爆品。此外，在应用前必须严格检查电气设备的质量，确保达标之后才能进入施工现场。施工现场中的电气设备需要进行定期的维护和检查，详细记录电气设备的使用情况，有效防止电气设备出现漏电的情况。

(3) 提升电气施工人员的综合素质

施工企业在招聘电力施工人员时要提高相应的标准，不仅要求电力施工人员具备专业的技能水平，还需要有一定的经验，且安全管理意识较强。在电气施工中，施工人员还需要做好技术交底。企业对所有的施工人员要进行统一的培训，保证每位施工人员在上岗之前能够熟练掌握安全生产的知识，提升安全管理水平。

(4) 加强施工现场临时用电管理

为了确保电力工程的安全，需要关注电气工程开展的整个流程，加强施工现场临时用电管理。

9.1.2 施工现场供配电系统

9.1.2.1 配电系统

(1) 配电系统基本结构

施工现场用电工程的基本配电系统应当按三级设置，即采用三级配电。它的基本结构如图 9-1 所示。

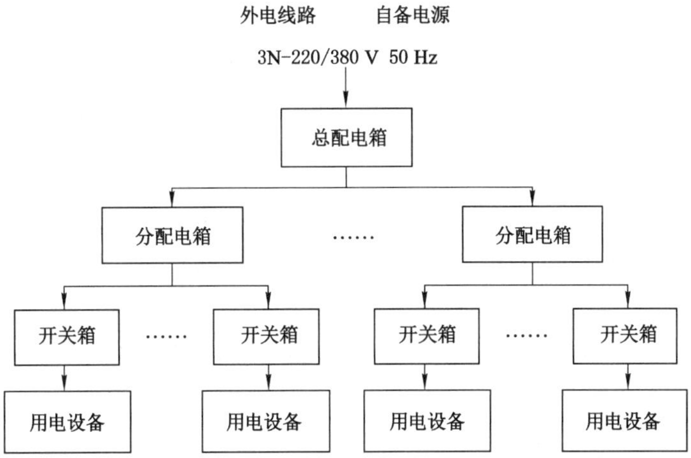

图 9-1　配电系统的基本结构

从一级总配电箱(配电柜)向二级分配电箱配电可以分路，从二级分配电箱向三级分配电箱配电同样也可以分路。但是，从开关箱向用电设备配电实行所谓的"一机一闸制"，不存在分路问题，即每一开关箱只能配电连接一台与其相关的用电设备(含插座)，包括配电集中办公区、道路及加工车间一组不超过 30 A 负荷的照明器。

动力配电箱与照明配电箱宜分箱设置；若动力与照明合置于同一配电箱内共箱配电，则动力照明应分路配电。动力开关箱与照明开关箱必须分箱设置，不存在共箱分路设置问题。

分配电箱应设在用电设备或负荷相对集中的场所；分配电箱与开关箱的距离不得超过 30 m；开关箱与其供电的固定式用电设备的水平距离不宜超过 3 m。

(2) 配电室及自备电源

① 配电室的位置。配电室的位置应根据现场负荷的类型、大小、分布特点、环境特征等全面考虑。应符合以下原则：靠近电源；靠近负荷中心；进、出线方便；周边道路畅通；周围环境灰尘少、潮气少、振动少，无腐蚀介质，无易燃、易爆物，无积水；避开污染源的下风侧和易积水场所的正下方。

② 配电室的布置。配电室的布置主要是指配电室内配电柜的空间排列。为了保障其运行安全和检查、维修安全，配电室的布置要考虑操作通道、维护通道的宽度，以及与顶棚、墙壁、地面之间保持电气安全距离。

配电室需要保持整洁，无杂物，耐火等级不低于二级，室内不得存放易燃易爆物品，并且要配备沙箱、可灭电气火灾的灭火器等绝缘灭火器材。

③ 自备电源的设置。建筑施工现场临时用电工程一般都是由外电线路供电。外电线路常因电力供应不足或其他原因而停止供电，使施工受到影响。为了保证施工不因停电而中断，有的施工现场拥有自备电源，作为外电线路停止供电时的后备接续供电电源。自备电源应采用具有专用保护零线的、中性点直接接地的三相四线制供配电系统；自备电源与外电线路电源部分在电气上安全隔离，独立设置。

(3) 配电装置

① 配电装置的箱体结构。施工现场配电装置（配电箱、开关箱）的箱体结构由箱体、配置电器安装板、接线端子板组成。配电箱、开关箱的箱体应采用冷轧钢板或阻燃绝缘材料制作，不得采用木板制作，箱体表面应做防腐处理。配电箱、开关箱内应配置电器安装板，用以安装所配置的电器和接线端子板等，钢质电器安装板与钢板箱体之间应做金属性连接。当钢质电器安装板与钢板箱体之间采用折页做活动连接时，必须在两者之间跨接编织软铜线。

配电箱、开关箱中应设置N线和PE线接线端子板，具体要求包括：

a. N、PE端子板必须分别设置，固定安装在电器安装板上，并分别做（N、PE）符号标记，严禁合设在一起。其中，N端子板与钢质电器安装板之间必须保持绝缘，而PE端子板与钢质电器安装板之间必须保持与电气连接。当钢板箱配装绝缘电器安装板时，PE端子板应与钢板箱体做电气连接。

b. N、PE端子板的接线端子数应与箱的进、出线路数保持一致。配电箱、开关箱的箱体尺寸和电器安装板尺寸应与箱内电器的数量和尺寸相适应。

c. 配电箱、开关箱的进出线口应设置于箱体正常安装位置的下底面，并设固定线卡。配电箱、开关箱应设门配锁，箱门与箱内PE端子板间应跨接编织软铜线。

d. 配电箱、开关箱的外形结构应能防雨、防尘。

② 配电装置电器的功能。配电装置配置的电器必须具备三种基本功能：电源隔离功能，正常接通与分断电路功能，过载、短路、漏电保护功能。

a. 电源隔离功能。电源隔离功能，是指所选配的电器分断时具有可见分断点，并能够断开电源所有极，因此这类电器称为隔离开关。用作隔离开关的电器有刀型开关、刀熔开关以及分断时具有可见分断点的断路器。隔离开关可用于空载接通与分断电路。

b. 正常接通与分断电路功能。正常接通与分断电路功能，是指所选配的电器能够在配电系统空载或正常负载情况下可靠、有效地接通与分断电路（非频繁操作）。具有这种功能的电器有各种断路器。

c. 过载、短路、漏电保护功能。所谓过载、短路、漏电保护功能，是指所选配的电器在配电系统发生过载、短路、漏电故障时，能按其动作特性有效地分断电路。具有这种功能的电器就是各种断路器和漏电保护器的组合、漏电断路器或刀熔开关和漏电保护器的组合。

③ 总配电箱的电器配置与接线。

a. 总配电箱的电器配置。总配电箱应设置电源隔离开关、断路器（熔断器）、漏电保护器。

当总路设置总漏电保护器时，还应装设总隔离开关、分路隔离开关以及总断路器（总熔断器)、分路断路器(分路断器)。

当各分路设置分路漏电保护器时,还应装设总隔离开关、分路隔离开关以及总断路器(总熔断器)、分路断路器(总分路熔断器)。隔离开关应设置于电源进线端,应采用具有可见分断点,并且能同时断开电源所有极或彼此靠近的单极的隔离电器,不得采用不具有可见分断点的电器。

b. 总配电箱的电器接线。采用 TN-S 接零保护系统时,总配电箱的典型电器配置与接线可有两种基本形式,分别如图 9-2 和图 9-3 所示。

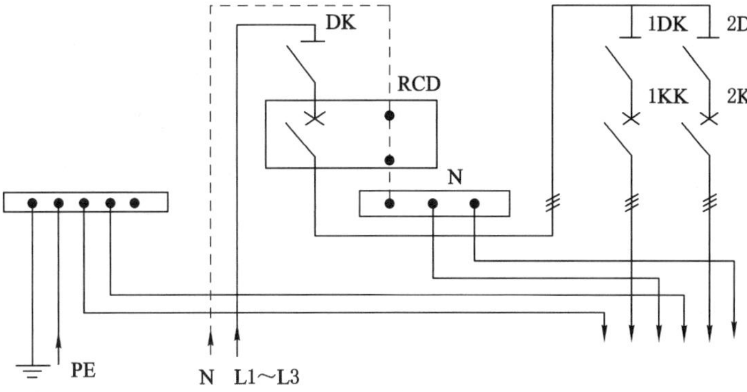

图 9-2　总配电箱电气配置接线图(一)

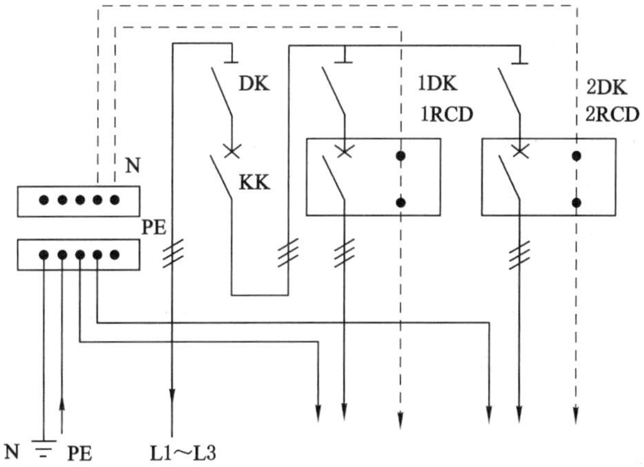

图 9-3　总配电箱电气配置接线图(二)

如图 9-2 所示,配电采用一总路、二分路形式。总电源进线为三相五线形式。L1、L2、L3 直接进入总电源隔离开关 DK,N 线直接进入总漏电断路器 RCD 电源侧 N 端,PE 线进入 PE 端子板,PE 端子板接地(PE 线重复接地)。配出二分路均为三相五线形式。其中,N 线均由 N 端子板引出;PE 线均由 PE 端子板引出。DK 为总电源隔离开关,采用三极刀型开关,设于总电源进户端;RCD 为总漏电断路器(具有过载、短路、漏电保护功能),设于总电源隔离开关负荷侧,采用三极四线型产品;1DK、2DK 分别为二分路电源隔离开关,均采用三极刀型开关,设于二分路电源端:1KK、2KK 分别为二分路断路器,设于 1DK、2DK 的负荷侧，均为三极型产品。如果 1KK、2KK 为分断时具有可见分断点的断路器，则可兼作隔离开关，可不另设隔离开关 1DK、2DK。

图 9-2 的总配电箱电器配制接线是针对采用三相五线进线、TN-S 接零保护系统设计的。但它对采用其他进线方式和其他接地保护系统仍然具有适用性。例如，当用于三相四线进户，且采用局部 TN-S 接零保护系统时，因为无专用 PE 线进户，所以图中电源进户端的 PE 线撤掉，而代之以电源进户端的 N(实际是 NPE)线，总电断路器 RCD 电源端的 N 线则可从 PE 端子板引入，其余不变。

如图 9-3 所示，配电采用一总路、二分路，总电源进线为三相五线形式。L1、L2、L3 直接进入总电源隔离开关 DK，N 线经 N 端子板分线接二分路漏电断路器 1RCD、2RCD 的电源侧 N 端，PE 线进入 PE 端子板，PE 端子板接地(PE 线重复接地)。配出二分路均为三相五线形式，其中各分路 N 线为各分路专用，不得混接；而 PE 线则均由 PE 端子板引出。DK 为总电源隔离开关，采用三极刀型开关，设于总电源进户端。KK 为总断路器，设于总电源隔离开关的负荷侧，采用三极型产品。1DK、2DK 分别为二分路电源隔离开关，均采用三极刀型开关，分别设于二分路电源端；1RCD、2RCD 分别为二分路漏电断路器(具有过载、短路、漏电保护功能)，分设于二分路电源隔离开关的负荷侧，均采用三极四线型产品。

图 9-3 是针对采用三相五线进线、TN-S 接零保护系统设计的，但它对采用其他进线方式和其他接地保护系统同样具有适用性。例如，当用于三相四线进户，且采用局部 TN-S 接零保护系统时，只需要将图中进户 PE 线撤掉，N(实际为 NPE)线改进 PE 端子板，N、PE 端子板做电气连接即可，其余不变。

在图 9-3 中，如果总断路器 KK 为分断时具有可见分断点的断路器，则可兼作隔离开关，而不必重复装设总隔离开关 DK。

④ 分配电箱的电器配置与接线。在采用二级漏电保护的配电系统中，分配电箱中不要求设置漏电保护器但必须设置电源隔离开关、过载与短路保护电器。总路应设置总隔离开关以及总断路器(总熔断器)；分路应设置分路隔离开关以及分路断路器(分路熔断器)；隔离开关应设置于电源进线端，并选用分断时具有可见分断点的电器，如刀型开关等；断路器或熔断器应设置于隔离开关的负荷侧。断路器和熔断器应具有可靠的过载与短路保护功能。

在分配电箱中，如果总路和分路均选用分断时具有可见分断点的断路器，则总路和分路均可不设隔离开关。另外，在分配电箱中刀型隔离开关与普通断路器的组合也可用刀熔开关替代。

⑤ 开关箱的电器配置与接线。开关箱的电器配置与接线要与用电设备负荷类别相适应。下面介绍几种典型开关箱的电气配置与接线。

a. 三相动力开关箱。一般三相动力开关箱的电器配置与接线如图 9-4 所示。DK 为电源隔离开关，采用二极刀型开关，设于电源进线端；RCD 为漏电断路器，采用三极三线型产品。进线为 L1～L3 和 PE，出线为 L1～L3 和 PE；DK 可用刀熔开关或分断时具有可见分断点的断路器替代；如 PE 线要做重复接地，则只需将 PE 端子板接地即可。此箱可用作混凝土搅拌机、物料提升机、钢筋机械、木工机械、水泵、桩工机械等设备的开关箱。

b. 单相照明开关箱。单相照明开关箱的电器配置与接线如图 9-5 所示。DK 为电源隔离开关，采用二极刀型开关，设于电源进线端；RCD 为漏电断路器，采用一极二线型产品；进线为 L(L1～L3)、N、PE，出线为 L、N、PE；DK 可用刀熔开关或分断时具有可见分断点的断

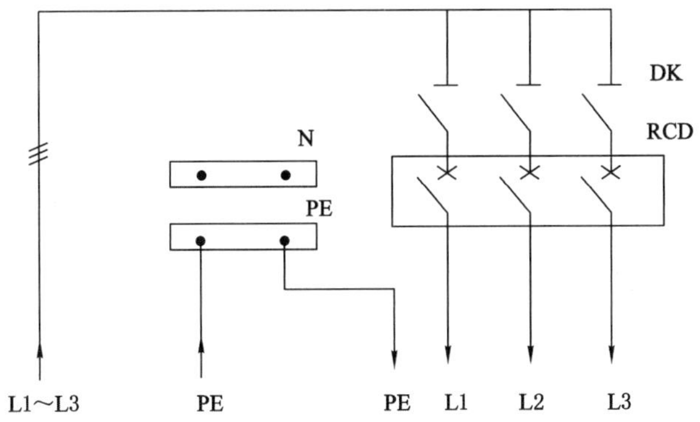

图 9-4　一般三相动力开关箱电器配置接线图

路器替代；如果 PE 线要做重复接地，则只需将 PE 端子板接地即可。此开关箱可用作照明器和单相手持式电动工具的开关箱。

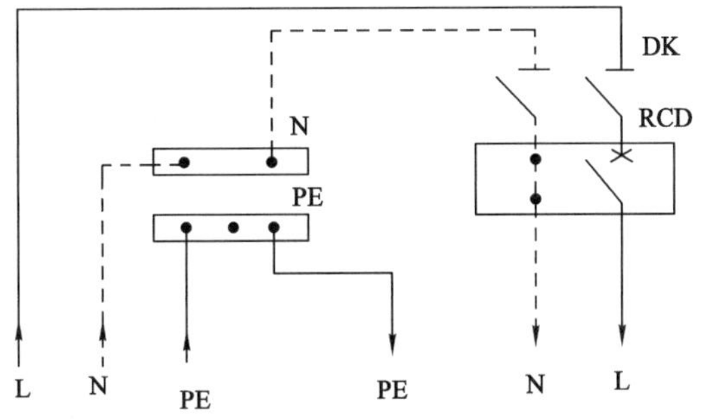

图 9-5　单相照明开关箱电器配置接线图

(4) 配电线路

在供配电系统中，除了有配电装置作为配电枢纽以外，还必须有联结配电装置和用电设备，负责传输、分配电能的电力线路，这就是配电线路。施工现场的配电线路，按其敷设方式和场所不同，主要有架空线路、电缆线路和室内配线三种。设有配电室时，还应包括配电母线。

① 配电线的选择。实际上，配电线的选择就是架空线路导线、电缆线路电缆、室内线路导线或电缆以及配电母线的选择。

a. 架空线的选择。架空线的选择主要是选择架空线路导线的种类和导线的截面，其选择依据主要是线路敷设的要求和线路负荷计算的电流值。架空线中各导线截面与线路工作制的关系为：三相四线制工作时，N 线和 PE 线截面不小于相线（L 线）截面的 50%；单相线路的零线截面与相线截面相同。架空线的材质为绝缘铜线或铝线，优先采用绝缘铜线。架空线的绝缘色标准为：当考虑相序排列时，LI（A 相）——黄色，L2（B 相）——绿色，L3（C 相）——红色；另外，N 线——淡蓝色；PE 线——绿/黄双色。

b. 电缆的选择。电缆的选择主要是选择电缆的类型、截面和芯线配置，其选择依据主要是线路敷设的要求和线路负荷计算的电流值。

根据基本供配电系统的要求，电缆中必须包含线路工作时所需要的全部工作芯线和PE线。特别要指出的是，需要三相四线制配电的电缆线路必须采用五芯电缆，而采用四芯电缆外加一条绝缘线等配置方法都是不规范的。五芯电缆中，除包含三条相线外，还必须包含用作N线的淡蓝色芯线和用作PE线的绿/黄双色芯线。其中，N线和PE线的绝缘色规定同样适用于四芯、三芯等电缆。而五芯电缆中相线的绝缘色则一般由黑、棕、白三色中的两种搭配。

c. 室内配线的选择。室内配线必须采用绝缘导线或电缆。其选择要求基本与架空线路或电缆线路相同。

除以上三种配线方式以外，还有一个配电母线问题。由于施工现场配电母线常常采用裸扁铜板或裸扁铝板制作成裸母线，因而其安装时必须用绝缘子支撑固定在配电柜上，以保持对地绝缘和电磁(力)稳定性。母线规格主要由总负荷计算电流确定。考虑到母线敷设有相序规定，母线表面应涂刷有色油漆，三相母线的相序和色标依次为：L1(A相)——黄色；L2(B相)——绿色；L3(C相)——红色。

② 配电线的敷设。

a. 架空线路的敷设。架空线路的组成一般包括四部分，即电杆、横担、绝缘子和绝缘导线。当动力、照明线在同一横担上架设时，导线相序排列顺序是：面向负荷从左侧起依次为L1、N、L2、L3、PE。动力、照明线在二层横担上分别架设时，导线相序排列顺序是：上层横担面向负荷从左侧起依次为L1、L2、L3；下层横担面向负荷从左侧起依次为L(L1或L2或L3)、N、PE。

架空线路电杆、横担、绝缘子、导线的选择和敷设方法应符合《施工现场临时用电安全技术规范》(JGJ 46—2024)的规定：严禁集束缠绕，严禁架设在树木、脚手架及其他设施上或从其中穿越；架空线路与邻近线路或固定物的防护距离应符合规定。

b. 电缆线路的敷设。电缆线路的敷设应采用埋地或架空两种方式，严禁沿地面明设，以防机械损伤和介质腐蚀。架空电缆应沿电杆、支架、墙壁敷设，并用绝缘子固定绝缘线绑扎。严禁沿树木、脚手架及其他设施敷设或从其中穿越。电缆埋地宜采用直埋方式，埋设深度不应小于0.7 m，埋设方法应符合《施工现场临时用电安全技术规范》(JGJ 46—2024)的规定。直埋电缆在穿越建筑物、构筑物、道路、易受机械损伤的场所、介质腐蚀场所及引出地面从2 m高到地下0.2 m处必须加设防护套管，防护套管内径不应小于电缆外径的1.5倍。埋地电缆的接头应设在地面以上的接线盒内，电缆接线盒应能防水、防尘、防机械损伤，并远离易燃、易爆、易腐蚀场所。

c. 室内配线的敷设。安装在现场办公室、生活用房、加工厂房等暂设建筑内的配电线路，通常称为室内配电线路，简称室内配线。室内配线分为明敷设和暗敷设两种。

明敷设可采用瓷瓶、瓷(塑料)夹配线以及嵌绝缘槽配线和钢索配线三种方式，不得悬空乱拉。明敷主干线的距地高度不得小于2.5 m。

暗敷设可采用绝缘导线穿管埋墙或埋地方式和电缆直埋墙或直埋地方式。暗敷设线路部分不得有接头；暗敷设金属穿管应做等电位连接，并与PE线相连接；潮湿场所或埋地非电缆(绝缘导线)配线必须穿管敷设，管口和管接头应密封。严禁将绝缘导线直埋墙内或地下。

9.1.2.2　TN-S接零保护系统

在TN系统中，如果中性线或零线分为两条零线，一条零线用作工作零线，用N表示；另一条零线用作接地保护零线，用PE表示，即将工作零线与保护零线分开设置和使用，这样的接地、接零保护系统称为TN-S接零保护系统，简称TN-S系统，如图9-6所示（R_N为接地电阻）。

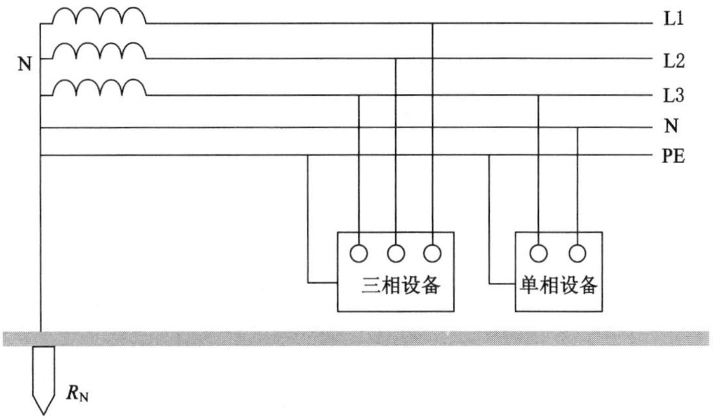

图9-6　TN-S系统

（1）TN-S接零保护系统的设置规则

在施工现场临时用电工程专用的电源中性点直接接地的220/380 V三相四线制低压电力系统中，必须采用TN-S接零保护系统，严禁采用TN-C接零保护系统。

① 施工现场与外电线路共用同一供电系统。电气设置的接地形式应与原系统保持一致，不得一部分设备做保护接零，另一部分设备做保护接地。当采用TN系统做保护接零时，现场工作零线（N线）必须由电源进线零线通过总漏电保护器后引出，保护零线（PE线）必须由电源进线零线重复接地处或总漏电保护器电源侧进线零线处引出（如图9-7中的1、2所示），形成局部TN-S接地、接零保护系统。在图9-7中，DK为电源隔离开关，RCD为漏电保护器。

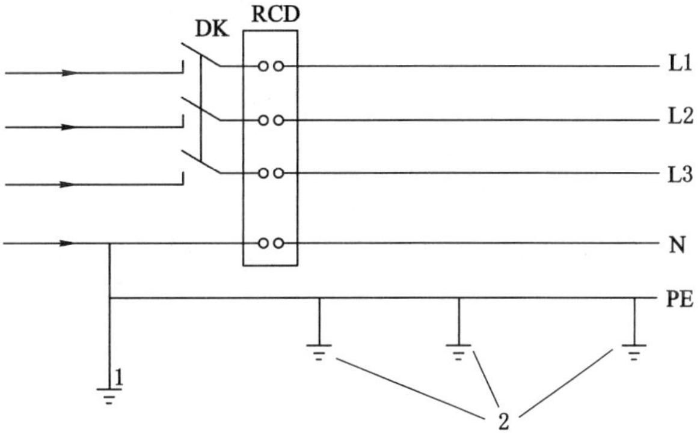

图9-7　三相四线供电时局部TN-S接零保护系统零线引出示意图

② 采用 TN-S 和局部 TN-S 接零保护系统。

a. PE 线的引出位置。对于专用变压器供电时的 TN-S 接零保护系统，PE 线必须由工作接地线、配电室（总配电箱）电源侧零线或总漏电保护器（RCD）电源侧零线处引出。对于共用变压器三相四线供电时的局部 TN-S 接地、接零保护系统，PE 线必须由电源进线零线重复接地处或总漏电保护器电源侧进线零线处引出。

b. PE 线与 N 线的连接关系。经过总漏电保护器（RCD）后 PE 线和 N 线即分开，不得再做电气连接。

c. PE 线与 N 线的应用区别。PE 线是保护零线，只用于连接电气设备外漏可导电部分，在正常工作情况下无电流通过，被视为不带电部分，且与大地保持等电位；N 线是工作零线，作为电源线用于连接单相设备或三相网线设备，在正常工作情况下会有电流通过（当三相负荷不平衡时），被视为带电部分，且对地呈现电压。因此，在实用中两者不得混用和代用。

d. PE 线的重复接地。PE 线的重复接地不应少于三处，应分别设置于供配电系统的首端、中间、末端处，每处重复接地电阻值（指工频接地电阻值）不应大于 10 Ω。重复接地必须与 PE 线相连接，严禁与 N 线相连接。否则，N 线中的电流将会分流经大地和电源中性点工作接地处形成同路，使 PE 线对地电位升高，而带电 PE 线重复接地的目的，一是降低 PE 线的接地电阻，二是防止 PE 线断线而招致接地保护失效。

e. PE 线的绝缘色。为了明显区分 PE 线、N 线以及相线，按照国际统一标准，PE 线一律采用绿/黄双色绝缘线，N 线和相线严禁采用绿/黄双色绝缘线。

f. PE 线的材质。为了保证 PE 线电气连接的可靠性，PE 线必须采用绝缘铜线。

（2）过载、短路保护

当电气设备和线路因其负荷（电流）超过额定值而发生过载故障，或因其绝缘损坏而发生短路故障时，就会因电流过大而可烧毁绝缘，引起漏电和电气火灾。

过载和短路故障会使电气设备和线路不能正常使用，造成财产损失，甚至使整个用电系统瘫痪，严重影响正常施工，还可能引发触电伤害事故。因此，对过载、短路故障的危害必须采取有效的预防性保护措施。

预防过载、短路故障危害的有效技术措施就是在基本供配电系统中设置过载、短路保护系统，过载、短路保护系统可通过在总配电箱、分配电箱、开关箱中设置过载、短路保护电器实现。

过载、短路保护系统必须按三级设置，即在总配电箱、分配电箱、开关箱及其各分路中都要设置过载、短路保护电器，并且其过载、短路保护动作参数应逐级合理选取，以实现三级保护的选择性配合。用作过载、短路保护的电器主要有各种类型的断路器和熔断器。其中，断路器以塑壳式断路器为宜；熔断器则应选用具有可靠灭弧分断功能的产品，不得以普通熔丝替代。

（3）漏电保护系统

施工现场用电工程采用二级漏电保护系统。漏电保护器的设置位置必须在基本供配电系统的总配电箱（配电柜）和开关箱首、末二级配电装置中。其中，总配电箱（配电柜）中的漏电保护器可以设置于总路，也可以设置于各分路，但不必在总路和各分路重复设置。

漏电保护器的动作参数应按分级、分段漏电保护原则和可靠防止人体触电伤害原则确定。

开关箱中的漏电保护器，其额定漏电动作电流应为：一般场所 $I_{\triangle} \leqslant 30$ mA，潮湿与腐蚀介质场所 $I_{\triangle} \leqslant 15$ mA，而其额定漏电动作时间则均应为 $T_{\triangle} \leqslant 0.1$ s。总配电箱中的漏电保护器，其额定漏电动作电流 $I_{\triangle} > 30$ mA，额定漏电动作时间应为 $T_{\triangle} > 0.1$ s，但其额定漏电动作电流与额定漏电动作时间的乘积应不超过安全界限值 30 mA・s，即 $T_{\triangle} \times T_{\triangle} \leqslant 30$ mA・s。

漏电保护器的电源进线类别（相线或零线）必须与其进线端标记一一对应，不允许交叉混接，更不允许将 PE 线当作 N 线接入漏电保护器。

漏电保护器在结构选型时，宜选用无辅助电源型（电磁式）产品，或选用辅助电源故障时能自动断开的辅助电源型（电子式）产品。不能选用辅助电源故障时不能断开的辅助电源型（电子式）产品，漏电保护器极数和线数必须与负荷的相数和线数保持一致。

漏电保护器必须与用电工程合理的接地系统配合使用，才能形成完备可靠的防（间接接触）触电保护系统。

（4）接地装置

所谓接地，是指设备与大地做电气连接或金属性连接。做电气设备的接地，通常的方法是将金属导体埋入地中，并通过金属导体与电气设备做电气连接（金属性连接）。这种埋入地中直接与地接触的金属导体称为接地体，而连接电气设备与接地体的金属导体称为接地线，接地体与接地线的连接组合体就称为接地装置。

接地是施工现场用电系统安全运行必须实施的基础性技术措施。在施工现场用电工程中，有如下类型的接地：10/0.4 kV 电力变压器二次侧中性点和 230/400 V 自备发电机组电源中性点要直接接地（功能性接地）；PE 线要做重复接地（功能性接地）；电气设备外露导电部分要通过 PE 线接地（保护性接地）；高大建筑机械和高架金属设施要做防雷接地；产生静电的设备要做防静电接地等。

在施工现场用电过程中，电气设备的接地可以充分利用自然接地体。所谓自然接地体是指原已埋入地中并与大地做良好电气连接的金属结构体，例如埋入地中的钢筋混凝土的钢筋结构体、金属水管、其他金属管道（燃气管道除外）等。当无自然接地体可利用时，应敷设人工接地装置。

9.1.3　用电设备安全

用电设备是配电系统的终端设备，施工现场的用电设备基本上可分为三大类：电动建筑机械、手持式电动工具和照明器等。

施工现场用电设备的选择和使用不仅应满足施工作业、现场办公和生活需要，更重要的是要适应施工现场的环境条件，确保其运行安全，防止各种电气伤害事故。通常情况下，施工现场的环境条件按触电危险程度可划分为三类：一般场所、危险场所和高度危险场所。一般场所包括：相对湿度≤75%的干燥场所；无导电粉尘场所；气温不高于 30 ℃的场所；有不导电地板（干燥木地板、塑料地板、沥青地板等）的场所。危险场所包括：相对湿度长期处于 75%以上的潮湿场所；露天并且能遭受雨、雪侵袭的场所；气温高于 30 ℃的炎热场所；有导电粉尘的场所；有导电泥、混凝土或金属结构地板的场所；施工中常处于水湿润的场所。高度危险场所包括：相对湿度接近 100%的场所；蒸气环境场所；有活性化学媒质放出腐蚀性气体或液体的场所；具有两个及以上危险场所特征（如导电地板和高温，或者导电地板和有导电粉尘)场所。

9.1.3.1　电动建筑机械的使用

(1) 起重机械的使用

起重机械主要指塔式起重机、外用电梯、物料提升机及其他垂直运输机械。起重机械电气安全的主要内容是防雷、运行位置控制、外电防护、电磁感应防护等。

塔式起重机、外用电梯、滑升模板的金属操作平台及需要设置避雷装置的物料提升机,其机体金属结构件应做防雷接地;同时,其开关箱中的PE线应通过箱中的PE端子板做重复接地。两种接地可共用一组接地体(如机体钢筋混凝土基础中已做等电位焊接的钢筋结构接地体),但接地线及其与接地体的连接点应各自独立。

塔式起重机运行时严禁越过无防护设施的外电架空线路作业,并应按规范规定与外电架空线路或其防护设施保持安全距离。塔式起重机夜间工作时应设置正对工作面的投光灯;塔身高于30 m的塔式起重机应在塔顶和臂架部设红色信号灯。

轨道式塔式起重机的电缆不得拖地行走。塔式起重机在强电磁波源附近工作时,地面操作人员与塔式起重机及其吊物之间应采取绝缘隔离防护措施。外用电梯通常属于客、货两用电梯,应有完备的驱动、制动、行程、限位、紧急停止控制,每日工作前必须进行空载检查。

物料提升机是只许运送物料、不允许载人的垂直运输机械,应有完备的驱动、制动、行程、限位、紧急停止控制,每日工作前必须进行空载检查。

(2) 桩工机械的使用

桩工机械主要有潜水式钻孔机、潜水电机等。桩工机械是一种与水密切接触的机械,因此其主要的电气安全内容是防止水和潮湿引起的漏电危害。电动机负荷线应采用防水橡皮护套铜芯软电缆,电缆护套不得有裂纹和破损,开关箱中漏电保护器的设置应符合潮湿场所漏电保护的要求。

(3) 夯土机械的使用

夯土机械是一种移动式、振动式机械,其主要的电气安全内容是防止潮湿、振动、机械损伤引起的漏电危害。为此,使用时应做到:

① 夯土机械的金属外壳与PE线的连接点不得少于两处;其漏电保护必须适应潮湿场所的要求。

② 夯土机械的负荷线应采用耐气候型橡皮护套铜芯软电缆。

③ 夯土机械的操作扶手必须绝缘,使用时必须按规定穿戴绝缘防护用品,使用过程中电缆应有专人调整,严禁缠绕、扭结和被夯土机械跨越,电缆长度不应大于50 m。

④ 多台夯土机械并列工作时,其间距不得小于5 m;前后工作时,其间距不得小于10 m。

(4) 木工机械的使用

木工机械主要指电锯、电刨等木料加工机械。木工机械主要的电气安全内容是防止机械损伤和漏电引起触电和电气火灾。因此,必须及时清理木屑等木工机械及其负荷线周围的杂物,使其免受机械损伤。其漏电保护可按一般场所要求设置。

(5) 电焊机械的使用

电焊机械属于露天半移动、半固定式用电设备。各种电焊机基本上都是靠电弧、高温工作的，所以防止电弧、高温引燃易燃易爆物是其使用时应注意的首要问题。由于电焊机空载时其二次侧具有 50～70 V 的空载电压，已超出安全电压范围，因而二次侧防触电成为其安全使用的第二个重要问题。另外，电焊机通常在钢筋网间露天作业，还需注意其一次侧防触电问题。其安全使用要求可综合归纳如下：

① 电焊机械应放置在防雨、干燥和通风良好的地方。

② 电焊机开关箱中的漏电保护器必须采用额定漏电动作参数符合规定(30 mA、0.1 s)的二极二线型产品。此外，还应配装防二次侧触电保护器。

③ 电焊机变压器的一次侧电源线应采用耐气候型橡皮护套铜芯软电缆，长度不应大于 5 m，电源进线处必须设置防护罩，进线端不得裸露。

④ 电焊机变压器的二次线应采用防水橡皮护套铜芯软电缆，电缆长度不应大于 30 m，不得跨越道路；电缆护套不得破裂，其接头必须做绝缘、防水包扎，不应有裸露带电部分；不得采用金属构件或结构钢筋代替二次线的地线。

⑤ 发电机式直流电焊机的换向器应经常检查、清理、维修，以防止可能产生的异常换向电火花。

⑥ 使用电焊机械焊接时必须穿戴防护用品。严禁露天冒雨从事电焊作业。

(6) 混凝土机械的使用

混凝土机械主要指混凝土搅拌机、插入式振动器、平板振动器、地面抹光机、水磨石机等。混凝土机械主要的电气安全内容是防止电源进线机械损伤引起的触电危害和停电检修时误启动引起的机械伤害。因此，混凝土机械的电源线(来自开关箱)不能过长，不得拖地，不得缠绕在金属物件上，严禁用金属裸线绑扎固定；当对其进行清理、检查、维修时，必须首先将其开关箱分闸断电，呈现可见电源分断点，并关门上锁。

(7) 钢筋机械的使用

钢筋机械主要指钢筋切断机、钢筋煨弯机等钢筋加工机械。钢筋机械主要的电气安全内容是防止设备及其负荷线的机械损伤和受潮漏电引起的触电伤害。因此，钢筋机械在使用过程中应避免雨雪和地面流水的侵害，应及时清除其周边的钢筋废料。

9.1.3.2　手持式电动工具的选择和使用

施工现场使用的手持式电动工具主要指电钻、冲击钻、电锤、射钉枪及手持式电锯、电刨、切割机、砂轮等。手持式电动工具按其绝缘和防触电性能共分为三类：Ⅰ类工具、Ⅱ类工具和Ⅲ类工具。Ⅰ类工具是指具有金属外壳、采用普通单重绝缘的工具；Ⅱ类工具是指具有塑料外壳、采用双重绝缘或金属外壳、加强绝缘的工具；Ⅲ类工具是指采用安全电压(例如 36 V、24 V、12 V、6 V 等)供电的工具。各类工具因其绝缘结构和供电电压不同，所以其防触电性能也各不相同，所以其选择和使用必须与环境条件相适应。

(1) 手持式电动工具的选择

一般场所(空气湿度小于 75%)可选用Ⅰ类或Ⅱ类工具。

在潮湿场所或金属构架上操作时，必须选用Ⅱ类或由安全隔离变压器供电的Ⅲ类工具，严禁使用Ⅰ类工具。

在狭窄场所(锅炉、金属容器、地沟、管道内等)作业时，必须选用由安全隔离变压器供电的Ⅲ类工具。

(2) 手持式电动工具的使用

Ⅰ类工具的防触电保护主要依赖于其金属外壳接地和在其开关箱中装设漏电保护器，所以其外壳与PE线的连接点(不应少于两处)必须可靠；其开关箱中的漏电保护器应按潮湿场所对漏电保护的要求配置；其负荷线应采用耐气候型橡皮护套铜芯软电缆，并且不得有接头，负荷线插头应具有专用接地保护触头。

Ⅱ类工具的防触电保护可依赖于其双重绝缘或加强绝缘，但使用金属外壳Ⅱ类工具时，其金属外壳可与PE线相连接，并设漏电保护。Ⅱ类工具的负荷线应采用耐气候橡皮护套铜芯软电缆，并且不得有接头。

Ⅲ类工具的防触电保护主要依赖于安全隔离变压器，由安全电压供电。在狭窄场所使用Ⅲ类工具时，其开关箱和安全隔离变压器应设置在场所外面，并且连接PE线，使用过程中应有人在外面监护。Ⅲ类工具开关箱中的漏电保护器应按潮湿场所对漏电保护的要求配置，其负荷线应采用耐气候型橡皮护套铜芯软电缆，并且不得有接头。

在潮湿场所、金属构架上使用Ⅱ类、Ⅲ类工具时，其开关箱和控制箱也应设在作业场所外面。

各类手持式电动工具的外壳、手柄、插头、开关、负荷线等必须完好无损，其绝缘电阻应为：Ⅰ类工具≥2 MΩ，Ⅱ类工具≥7 MΩ，Ⅲ类工具≥1 MΩ。

使用手持式电动工具时，必须按规定穿戴绝缘防护用品。

9.1.3.3 照明器的选择和使用

(1) 照明设置的一般规定

在夜间施工或在坑洞、作业厂房、料具堆放场、道路、仓库、办公室、食堂、宿舍等场所，应设一般照明、局部照明或混合照明。在一个工作场所内，不得只设局部照明。

停电后，作业人员需要及时撤离现场的特殊工程。例如，夜间高处作业工程及自然采光很差的深坑洞工程等场所，还必须装设由独立自备电源供电的应急照明。

对于夜间影响行人和车辆安全通行的在建工程，如开挖的沟、槽、孔洞等，应在其邻边设置醒目的红色警戒照明。对于夜间可能影响飞机及其他飞行器安全通行的高大机械设备或设施，如塔式起重机、外用电梯等，应在其顶端设置醒目的警戒照明。警戒照明应设置不受停电影响的自备电源。

此外，还要根据需要设置不受停电影响的保安照明。

(2) 照明器的选择

① 照明器类型的选择。湿度(相对湿度≤75%)正常的一般场所可选用普通开启式。照明器：潮湿或特别潮湿(相对湿度>75%)的场所，属于触电危险场所，必须选用密闭型防水照明器或配有防水灯头的开启式照明器。

含有大量尘埃但无爆炸和火灾危险的场所，属于一般场所，必须选用防尘型照明器，以防止尘埃影响照明器安全发光。

有爆炸和火灾危险的场所，属于触电危险场所，应按危险场所等级选用防爆型照明器。

存在较强振动的场所，必须选用防振型照明器。

有酸碱等强腐蚀介质的场所，必须选用耐酸碱型照明器。

② 照明供电的选择。一般场所，照明电源电压宜为 220 V，即可选用额定电压为 220 V 的照明器。

隧道、人防工程、高温、有导电灰尘、比较潮湿或灯具离地面高度低于规定 2.5 m 等较易触电的场所，照明电源电压不应大于 36 V。

潮湿和易于触及带电体的触电危险场所，照明电源电压不得大于 24 V。特别潮湿、地面导电良好、有锅炉或金属容器等高度触电危险的场所，照明电源电压不得大于 12 V。行灯电压不得大于 36 V。照明电压偏移值最高为额定电压的－10%～5%。

(3) 照明器的使用

① 照明器的安装：

a. 安装高度：一般 220 V 灯具在室外不低于 3 m，在室内不低于 2.5 m；碘钨灯及其他金属卤化物灯安装高度宜在 3 m 以上。

b. 安装接线：螺口灯头的中心触头应与相线连接，螺口应与 N 线连接；碘钨灯及其他金属卤化物灯的灯线应固定在专用接线柱上，不得靠近灯具表面；灯具的内接线必须牢固，外接线必须做可靠的防水绝缘包扎。

c. 对易燃易爆物的防护距离。普通灯具不宜小于 300 mm；聚光灯及碘钨灯等高热灯具不宜小于 500 mm，且不得直接照射易燃物。达不到防护距离时，应采取隔热措施。

d. 荧光灯管的安装：应采用管座固定或吊链悬挂方式安装，其配套电磁镇流器不得安装在易燃结构物上。

e. 投光灯的安装：底座应牢固安装在非燃性稳定的结构物上。

② 照明器的控制与保护。任何灯具必须经照明开关箱配电与控制，配置完整的电源隔离、过载与短路保护及漏电保护。路灯应逐灯另设熔断器保护。灯具的相线必须经开关控制，不得直接引入灯具。暂设工程的照明灯具宜采用拉线开关控制，其安装高度为距地 2～3 m。宿舍区禁止设置床头开关。

9.1.3.4　外电防护

在施工现场周围往往存在一些高、低压电力线路，这些不属于施工现场的外界电力线路统称为外电线路。外电线路一般为架空线路，个别现场也会存在电缆线路。由于外电线路的位置原已固定，因而其与施工现场的相对距离也难以改变，这就给施工现场作业安全带来了一个不利的影响因素。如果施工现场距离外电线路较近，施工人员搬运物料、器具(尤其是金属料具)或操作不慎时易触及外电线路，则会发生直接接触触电伤害事故。因此，当施工现场邻近外电线路作业时，为了防止外电线路对施工现场作业人员可能造成的危害，施工现场必须对其采取相应的防护措施，这种对外电线路可能引起触电伤害的防护称为外电线路防护，简称外电防护。

外电防护属于对直接接触触电的防护。直接接触触电防护的基本措施是：绝缘；屏护；安全距离；限制放电能量；采用 24 V 及以下安全特低电压。

尽管上述基本措施具有普遍适用的意义，但是对于施工现场外电防护这种特殊的防护，其防护措施主要是做到绝缘、屏护、安全距离。也就是说，保证安全操作距离；架设安全防护设施；无足够安全操作距离且无可靠安全防护设施的施工现场暂停作业。

9.2 建筑施工临时用电防护措施

9.2.1 施工现场临时用电管理

9.2.1.1 施工现场临时用电原则

临时用电是指施工过程中使用电动设备和照明等进行的线路敷设、电气安装以及对电气设备和线路的使用、维护工作。施工现场临时用电有三项基本原则：其一，必须采用TN-S接零保护系统；其二，必须采用三级配电系统；其三，必须采用二级漏电保护系统。

(1) 采用TN-S接零保护系统

TN-S接零保护系统(TN-S系统)是指在施工现场临时用电工程专用的电源中性点直接接地的220/380 V三相四线制的低压电力系统中增加一条专用保护零线(PE线)，又称为三相五线系统。该系统的主要技术特点如下：

① 电力变压器低压侧或自备发电机组的中性点直接接地，接地电阻值一般不大于4 Ω。

② 电力变压器低压侧或自备发电机共引出五条线：三条相线(火线)L1、L2、L3，变压器二次侧或自备发电机组的中性点(N)接地处同时引出两条零线，一条叫作工作零线(N线)，另一条叫作保护零线(PE线)。其中，工作零线(N线)与相线(L1、L2、L3)一起作为三相四线制电源线路使用；保护零线(PE线)只用作电气设备接地保护，即只用于连接电气设备正常情况下不带电的外露可导电部分(金属外壳、基座等)。两条零线(N和PE)不得混用。同时，为了保证接地、接零保护系统可靠，在整个施工现场的PE线上还应做不少于3处的重复接地，且每处接地电阻值不得大于10 Ω。

(2) 采用三级配电系统

三级配电是指施工现场从电源进线开始至用电设备中间应经过三级配电装置配送电力，即由总配电箱(配电室内的配电柜)、分配电箱、开关到用电设备处分三个层次逐级配送电力。而开关箱作为末级配电装置，与用电设备之间必须实行"一机一闸制"，即每一台用电设备必须有专用的配电开关箱，而每一个开关箱只能给一台用电设备配电。总配电箱、分配电箱内可设若干分路，且动力与照明宜分路设置，但开关箱内只能设一路。

(3) 采用二级漏电保护系统

二级漏电保护是指在整个施工现场临时用电工程中，总配电箱中必须装设漏电保护器，开关箱中也必须装设漏电保护器。这种由总配电箱和所有开关箱中的漏电保护器所构成的漏电保护系统称为二级漏电保护系统。

在施工现场临时用电工程中采用TN-S接零保护系统时，由于设置了一条专用保护零线，因而在正常情况下，不论负荷是否平衡，PE线上都不会有电流通过，不会变为带电体。因此，与其相连接的电气设备外露可导电部分(金属外壳、基座等)始终与大地保持等电位，这是TN-S接零保护系统的一个突出优点。然而，对于防止因电气设备非正常漏电而发生的间接接触触电来说，仅采用TN-S接零保护系统并不可靠，这是因为电气设备发生漏电时，PE线上就会有电流通过，此时与其相连接的电气设备外露可导电部分(金属外壳、基座等)即变为带电部分。如果同时采用二级漏电保护系统，那么：当任何电气设备发生非正常漏电时，PE线上的漏电流即同时通过漏电保护器；当漏电流值达到漏电保护器额定漏电动作电流值时，漏电保护器就会在其额定漏电动作时间内分闸断电，使电气设备外露可导电部分(金属外壳、基座等)恢复不带电状态，从而防止可能发生的间接接触触电事故。上述分析表明，只有同时采用TN-S接零保护系统和二级电保护系统，才能有效地形成完备、可靠的防间接接触触电保护系统，因而TN-S接零保护系统和二级漏电保护系统是施工现场防间接接触触电不可或缺的两道防线。

9.2.1.2 施工现场临时用电管理的内容

施工现场临时用电应实行规范化管理。其主要内容包括：建立和实行临时用电组织设计制度；建立和实行电工及用电人员管理制度；建立和实行安全技术档案管理制度。

(1) 临时用电组织设计

按照《施工现场临时用电安全技术规范(附条文说明)》(JGJ 46—2005)的规定，施工现场用电设备在5台及以上或设备总容量在50 kW及以上者，应编制用电组织设计，并且应由电气工程技术人员组织编写。编制用电组织设计的目的是指导建造一个安全可靠、经济合理、适应施工现场特点和用电特性的用电工程。施工现场临时用电组织设计的基本内容如下：

① 现场勘测。电源进线、变电所、配电装置、用电设备位置及线路走向要依据现场勘测资料提供的技术条件和施工用电需要综合确定。

② 负荷计算。负荷是电力负荷的简称，是指电气设备(如电力变压器、发电机、配电装置、配电线路、用电设备等)中的电流和功率。负荷计算的结果是配电系统设计中选择电器、导线、电缆规格、供电变压器和发电机容器的重要依据。

③ 选择变压器。变压器的选择主要是指施工现场用电提供电力的10/0.4 kV级电力变压器形式和容量的选择，选择的主要依据是现场总计算负荷。

④ 设计配电系统。配电系统主要由配电线路、配电装置和接地装置三部分组成。其中，配电装置是整个配电系统的枢纽，经过与配电线路、接地装置的连接，形成一个分层次的配电系统。施工现场用电工程配电系统设计的主要内容是设计或选择配电装置、配电线路、接地装置等。

⑤ 设计防雷装置。施工现场的防雷主要是防直击雷，对于施工现场专设的临时变压器还要考虑防感应雷的问题。施工现场防雷装置设计的主要内容是按照《施工现场临时用电安全技术规范(附条文说明)》(JGJ 46—2005)的规定，选择和确定防雷装置设置的位置、防雷装置的形式、防雷接地的方式和防雷接地电阻值等。

⑥ 确定防护措施。施工现场在电气领域里的防护主要是指施工现场对易燃易爆物、腐蚀介质、机械损伤、电磁感应、静电等危险环境因素的防护。

⑦ 制定安全用电措施和电气防火措施。安全用电措施和电气防火措施是指为了保证用电工程安全运行，防止各种触电事故和电气火灾事故而制定的技术性和管理性规定。

临时用电组织设计及变更时，必须履行“编制、审核、批准”的程序，并且由电气工程技术人员组织编制，经相关部门审核及具有法人资格企业的技术负责人批准后实施。变更临时用电组织设计应补充有关图纸资料。

(2) 电工及用电人员

① 电工。电工必须是经过按国家现行标准考核合格后的专业电工,并应通过定期技术培训,持证上岗。电工的专业等级水平应同工程的难易程度和技术复杂性相适应。

② 用电人员。用电人员是指施工现场操作用电设备的人员,如各种电动建筑机械和手持式电动工具的操作者和使用者。各类用电人员必须通过安全教育培训和技术交底,掌握安全用电基本知识,熟悉所用设备性能和操作技术,掌握劳动保护方法,并且考核合格。

(3) 安全技术档案

按照《施工现场临时用电安全技术规范(附条文说明)》(JGJ 46—2005)的规定,施工现场必须建立临时用电安全技术档案。安全技术档案的内容包括:施工现场临时用电组织设计的全部资料;修改施工现场临时用电组织设计的资料;用电技术交底资料;施工现场用电工程检查验收表;电气设备试、检验凭单和调试记录;接地电阻、绝缘电阻、漏电保护器、漏电动作参数测定记录表;定期检(复)查表;电工安装、巡检、维修、拆除工作记录。

9.2.2 安全用电措施和电气防火措施

为了保障施工现场用电安全,除设置合理的用电系统外,还应结合施工现场实际编制并实施相配套的安全用电措施和电气防火措施。

9.2.2.1 安全用电措施

(1) 安全用电技术措施要点

① 选用符合国家强制性标准认证的合格设备和器材,不用残缺、破损等不合格产品。

② 严格按经批准的用电组织设计构建临时用电工程,用电系统要有完备的电源隔离及过载、短路、漏电保护。

③ 按规定定期检测用电系统的接地电阻、相关设备的绝缘电阻和漏电保护器的漏电动作参数。

④ 配电装置装设端正严实牢固,高度符合规定,不拖地放置,不随意改动;进线端严禁用插头、插座作活动连接,进出线上严禁搭、挂、压其他物体;移动式配电装置迁移位置时,必须先将其前一级隔离开关分闸断电,严禁带电搬运。

⑤ 配电线路不得明设于地面,严禁行人踩踏和车辆碾压;线缆接头必须连接牢固,并做防水绝缘包扎,严禁裸露带电线头;不得拖拉线缆,严禁徒手触摸和严禁在钢筋、地面上拖拉带电线路。

⑥ 用电设备应防止溅水和浸水,已溅水和浸水的设备必须停电处理,未断电时严禁徒手触摸;用电设备移位时,严禁带电搬运,严禁拖拉其负荷线。

⑦ 照明灯具的选用必须符合使用场所环境条件的要求,严禁将 220 V 碘钨灯作行灯使用。

⑧ 停、送电作业必须遵守以下规则:停、送电指令必须由同一人下达;停电部位的前级配电装置必须分闸断电,并悬挂停电标志牌;停、送电时应有一人操作,一人监护,并应穿戴绝缘防护用品。

(2) 安全用电组织措施要点

① 建立用电组织设计制度。建立临时用电施工组织设计的编制、审批制度,并建立相应的技术档案。

② 建立技术交底制度。向专业电工、各类用电人员介绍临时用电施工方案和安全用电技术措施的总体意图、技术内容和注意事项，并应在技术交底文字资料上履行交底人和被交底人的签字手续，注明交底日期。

③ 建立安全自检制度。从临时用电工程开始，每天配电箱内的漏电开关使用前启动漏电试验按钮试跳一次；每隔10天对配电箱内的漏电开关进行漏电动作电流和漏电动作时间的测试并对供电线路进行巡视，以监视临时用电工程是否安全可靠，并做好检测记录。

④ 建立电工安装、巡检、维修、拆除制度。加强日常和定期维修工作，及时发现和消除隐患，并建立维修工作记录，记载维修时间、地点、设备、内容、技术措施、处理结果、维修人员、验收人员等。建立工程拆除制度。建筑工程竣工后，临时用电工程的拆除应有统一的组织和指挥，并须规定拆除时间、人员、程序、方法、注意事项和防护措施等。

⑤ 建立安全培训制度。定期对专业电工和各类用电人员进行用电安全教育和培训，经过考核合格者持证上岗。禁止无证上岗或随意串岗。

⑥建立安全用电责任制。对临时用电工程各部位的操作、监护、维修分片、分区、分机落实到人，并辅以必要的奖惩。

9.2.2.2　电气防火措施

(1) 电气防火技术措施

① 用电系统的短路、过载、漏电保护电器要配置合理，更换电器要符合原规格。

② PE线的连接点要确保电气连接可靠。

③ 电气设备和线路周围，特别是电焊作业现场和碘钨灯等高热灯具周围要清除易燃、易爆物或作为阻燃隔离防护。

④ 电气设备周围要严禁烟火。

⑤ 电气设备集中场所要配置可扑灭电气火灾的灭火器材。

⑥ 防雷接地要确保良好的电气连接。

(2) 电气防火组织措施

① 建立易燃、易爆物和腐蚀介质管理制度。

② 建立电气防火责任制，加强电气防火重点场所烟火管制，并设置禁止烟火标志。

③ 建立电气防火教育制度，定期进行电气防火知识宣传教育，增强各类人员电气防火意识和电气防火能力。

④ 建立电气防火检查制度，发现问题，及时处理，不留隐患。

⑤ 建立电气火警预报制，做到防患于未然。

⑥ 建立电气防火领导责任体系及电气防火队伍。

⑦ 电气防火措施可与一般防火措施一并编制。

第 10 章　新能源汽车电气安全

10.1　充放电原理

新能源汽车的充放电原理涉及电池、电动机和电控系统的协同工作。电池的充放电原理是指在特定条件下，电化学反应使得正负极之间的电荷流动，在充电时将电荷储存，放电时释放电荷。

10.1.1　动力电池系统的基本结构原理

10.1.1.1　动力电池系统的结构组成

新能源汽车的车载电源系统主要由辅助动力源和动力电池系统（动力电池模组、电池管理系统、动力电池箱辅助元器件）组成。辅助动力源是供给新能源汽车其他各种辅助装置所需能源的动力电源，一般为 12 V 或 24 V 的直流低压电源，其作用是给动力转向、制动力调节控制、照明、电动窗门等各种辅助装置提供所需的能源；动力电池模组由多个电池模块或单体电芯串联组成；电池管理系统是整个动力电池系统的神经中枢；动力电池箱用来放置动力电池模组；辅助元器件主要包括动力电池系统内部的电子电器元件，如熔断器、继电器、分流器、接插件、紧急开关、烟雾传感器、维修开关以及电子电器元件以外的辅助元器件，如密封条、绝缘材料等。

动力电池系统的组成及其内部结构如图 10-1～图 10-3 所示，辅助元器件如图 10-4 所示。

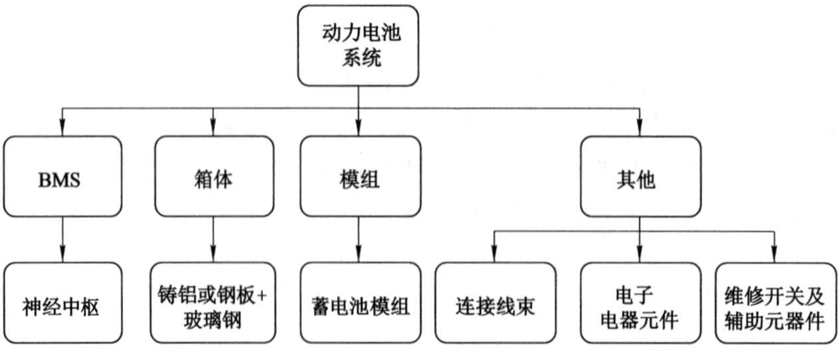

图 10-1　动力电池系统的组成

电池单体是构成动力电池模块的最小单元，一般由正极、负极、电解质及外壳构成，实现电能与化学能之间的直接转换。

图 10-2　动力电池系统

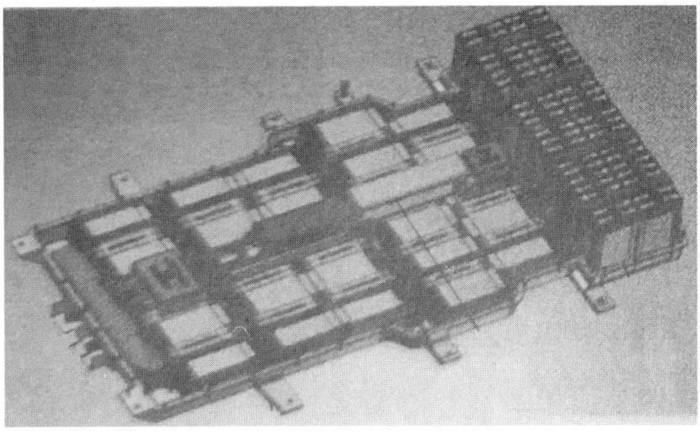

图 10-3　动力电池系统内部结构

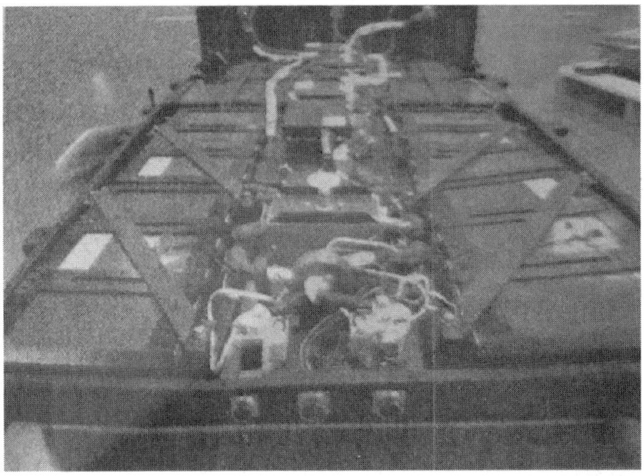

图 10-4　辅助元器件

电池模块是一组并联的电池单体的组合，该组合的额定电压与电池单体的额定电压相等，是电池单体在物理结构和电路上连接起来的最小分组，可作为一个单元替换。

动力电池模组则是由多个电池模块或单体电芯串联组成的一个组合体。

10.1.1.2 动力电池系统的工作原理

动力电池模组放置在一个密封并且屏蔽的动力电池箱内，动力电池系统使用可靠的高压接插件与高压控制盒相连，然后输出的直流电由电动机控制器转变为三相脉冲高压电，驱动电动机工作；系统内的 BMS 实时采集各电芯的电压、各传感器的温度值、电池系统的总电压值和总电流值等数据，实时监控动力电池的工作状态，并通过 CAN 线与 ECU 或充电动机进行通信，对动力电池系统充放电等进行综合管理。

高、低压系统及绝缘监测回路的工作原理如图 10-5 至图 10-7 所示。

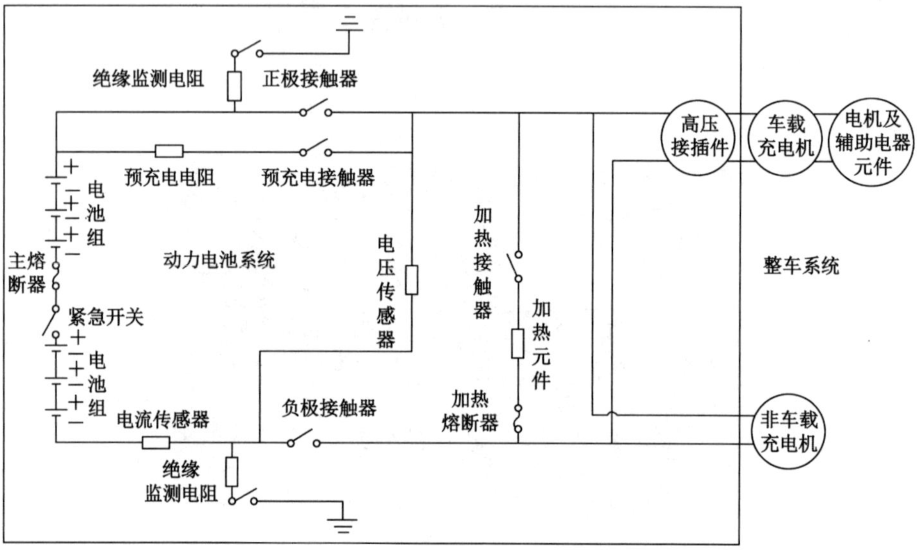

图 10-5 高压系统工作原理

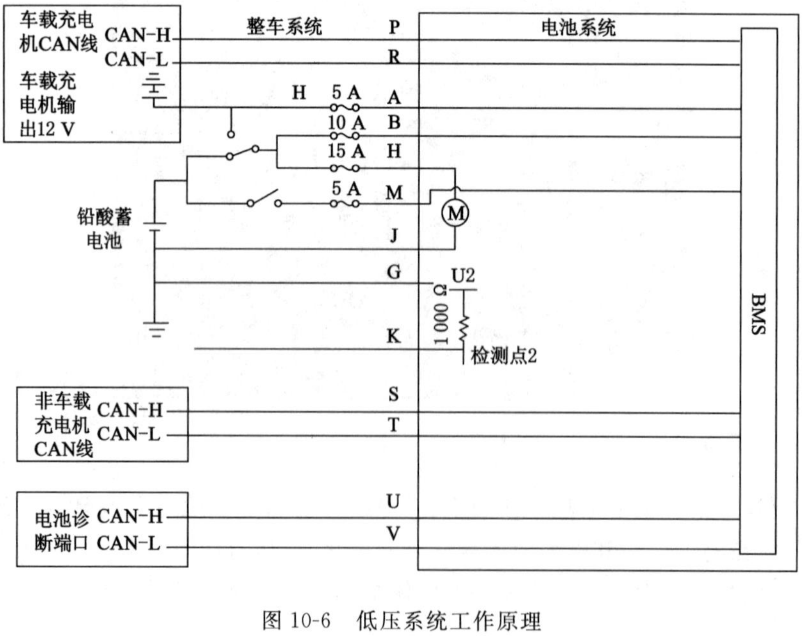

图 10-6 低压系统工作原理

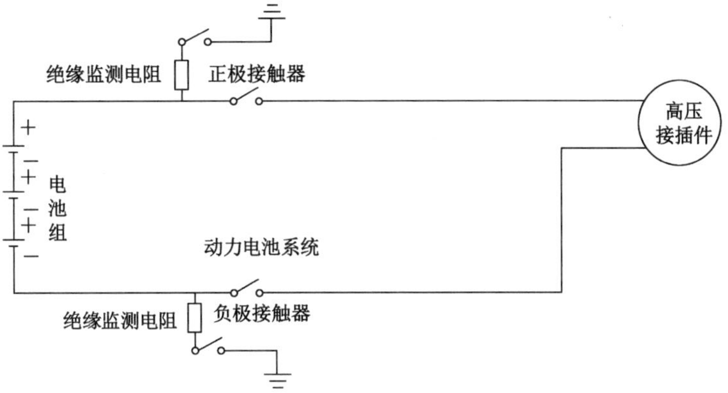

图 10-7　绝缘监测回路工作原理

10.1.2　充电原理

在电池充电的过程中，外部电源的直流电流通过电池，将负极物质中的离子还原成原子，并将正极物质中的原子氧化成离子。这导致正、负极之间的电势差增大，并使得电解质中的离子向正极移动，从而将电荷存储在电池中。充电过程中，正极上的氧化反应和负极上的还原反应是一个可逆过程。当外部电源的正极和负极极性与电池相反时，电池开始充电。

当电动汽车需要充电时，通过充电桩或充电站获取电能，如图 10-8 所示。充电桩提供交流电能或直流电能，取决于车辆和充电设备的兼容性以及所选择的充电方式。充电过程中，交流电充电时，充电桩将交流电转换为直流电，以便充电到电池组；而直流充电时，则直接将直流电输送到电池组中。电池组一般采用锂离子电池，其通过充电控制器来控制充电过程。充电控制器确保电池充电的安全性和稳定性以及充满后停止充电，防止过充。图 10-9 所示为新能源汽车充电原理图。

图 10-8　新能源汽车充电示意图

10.1.3　放电原理

如图 10-10 所示，在电池放电的过程中，电池的负极物质中的离子被氧化成原子，并释放出电子。正极物质中的离子则被还原成离子，与负极的电子结合，形成新的化合物。放电过程中，正极上的还原反应和负极上的氧化反应是一个不可逆过程。电池的放电是通过将储存的电荷释放出来，以供给外部负载使用。

当车辆需要行驶时，电池中储存的电能被释放以驱动电动机。电池释放电能的过程就是放电。电池通过电控系统将储存的电能转化为电流，供给电动机。电动机转换电能为机械能，推动车辆运动。放电过程中，电池的电荷减少，直到电池中的可用电能耗尽或降至一定程度，需要再次充电。

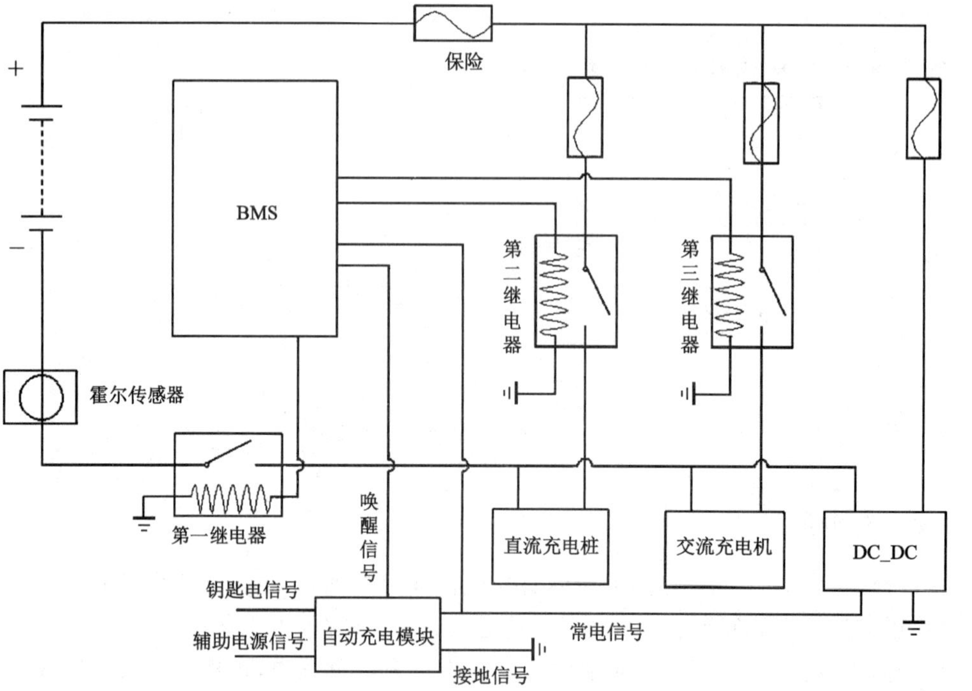

图 10-9　新能源汽车充电原理图

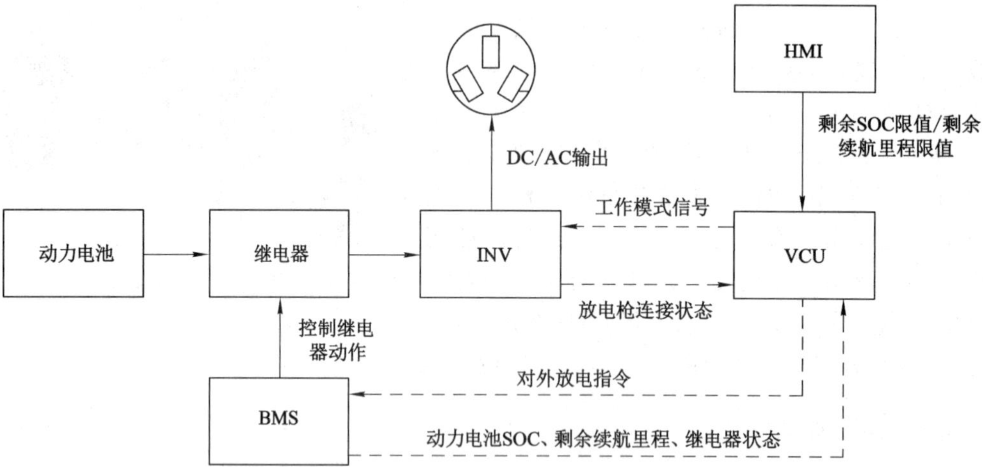

图 10-10　新能源汽车放电原理图

10.1.4　常用电池工作原理及工作特性

10.1.4.1　铅酸蓄电池

(1) 铅酸蓄电池的工作原理

铅酸蓄电池活性物质在充电和放电时,发生的可逆化学变化过程可以用以下化学方程式表示：

$$PbO_2 + 2H_2SO_4 + Pb \underset{\text{充电}}{\overset{\text{放电}}{\rightleftharpoons}} PbSO_4 + 2H_2 + PbSO_4 \tag{10-1}$$

铅酸蓄电池经过灌装电解液和充电后，就可以从铅酸蓄电池的接线柱上引出电流。单体铅酸蓄电池的电压为 2 V，通常所使用的蓄电池组是由多个单体蓄电池串联组成。在使用或存放一段时间后，单体电池的电压可能降低到 1.8 V 以下。如果电压继续下降，那么铅酸蓄电池将会损坏。

(2) 铅酸蓄电池的构造

图 10-11 所示为普通铅酸蓄电池的构造。铅酸蓄电池的基本单元是单体电池，每个单体电池都是由正极板、负极板和装在正极板和负极板之间的隔板组成，将不同数量的单体电池按使用要求串联组合，装置在塑料外壳中获得不同电压和不同容量的铅酸蓄电池总成。

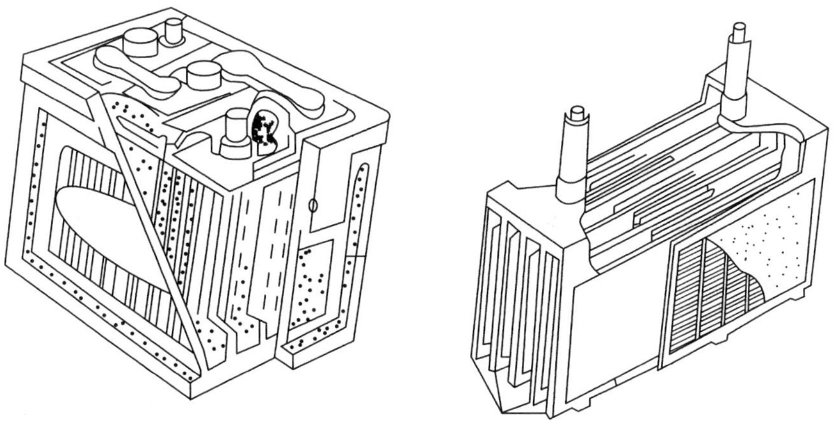

图 10-11 普通铅酸蓄电池构造

(3) 铅酸蓄电池的工作特性

① 铅酸蓄电池的电动势与开路电压。铅酸蓄电池的电动势和开路电压与电解液 H_2SO_4 浓度的关系曲线如图 10-12 所示。铅酸蓄电池在放电过程中，H_2SO_4 的浓度会逐渐减小，如果 H_2SO_4 浓度下降到 1.2 g/cm^3 时，铅酸蓄电池就必须充电。

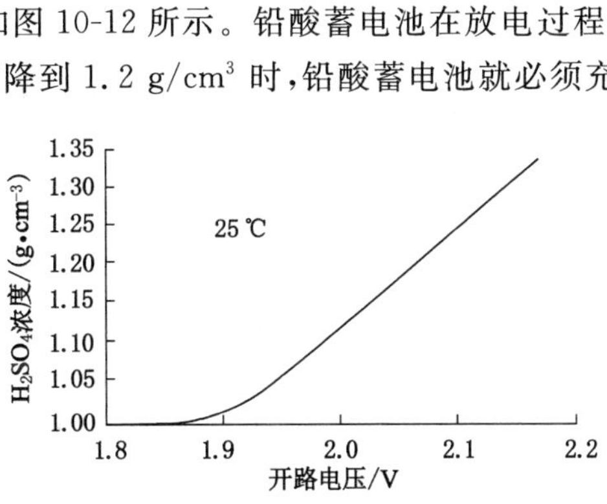

图 10-12 铅酸蓄电池开路电压与电解液 H_2SO_4 浓度的关系曲线

② 铅酸蓄电池充电特性。在蓄电池充电开始，蓄电池的端电压迅速地上升(图 10-13

中 A—B 段)。当达到 B 点以后,蓄电池的端电压上升逐渐缓慢(图 10-13 中 B—C 段)。达到充电量 90%左右时,蓄电池的端电压再次上升(图 10-13 中 C—D 段),当蓄电池的端电压达到 D 点时,蓄电池的两极开始析出气体。出现“过充”现象,应停止充电。蓄电池的充电性能与蓄电池中 PbO 在化学反应过程生成 $PbSO_4$ 的速度有关。

③ 铅酸蓄电池恒电流的放电特性。蓄电池开始放电时,蓄电池的端电压随放电电流增大下降较快(图 10-14 中 A—B 段)。然后蓄电池的端电压随放电电流的增大保持稳定状态(图 10-14 中 B—C 段)。当蓄电池放电电流超过 D 点后,蓄电池的端电压迅速下降,达到蓄电池所规定的终止电压。超过 D 点时,蓄电池呈“过放”状态,蓄电池“过放”时将使蓄电池损坏。蓄电池的放电性能是与蓄电池中 $PbSO_4$ 在化学反应过程中生成为 Pb 的速度有关。

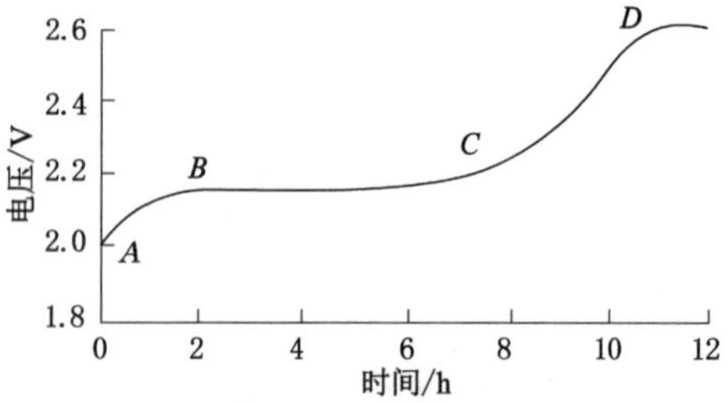

图 10-13 铅酸蓄电池充电特性

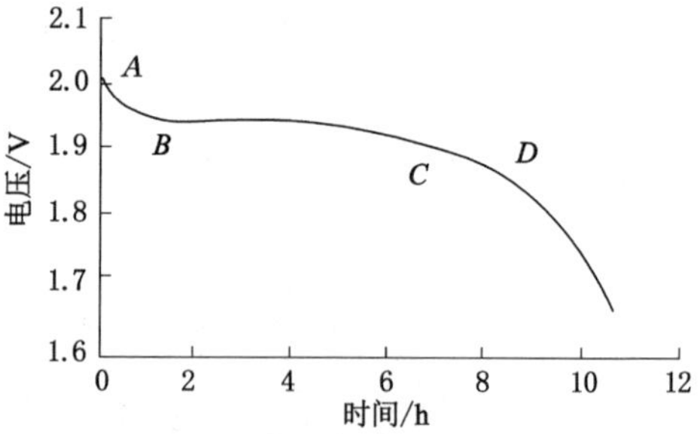

图 10-14 铅酸蓄电池放电特性

10.1.4.2 镍氢电池

镍氢电池是一种碱性电池,单体电池标称电压为 1.2 V,比能量可达 70～80 W·h/kg,比功率可达 200 W/kg,有利于提高电动车辆的动力性能和延长其行驶里程。有高倍率的放电特性,短时间可以以 3C 放电,瞬时脉冲放电率很大。镍氢电池的“过充”和“过放”性能好,能够带电快速充电,并且可以随充随放,在 15 min 内可充 60%的容量,1 h 内可以完全充满。在 SOC 达到 80%的放电深度下,循环寿命可达到 1 000 次以上。低温性能较好,能够长时间存放,不会出现“记忆效应”。镍氢电池中没有 Pb 和 Cd 等重金属元素,对环境造成的污染较小。

(1) 镍氢电池的工作原理

镍氢电池的正极,是球状氢氧化镍($Ni(OH)_2$)粉末与添加剂钴等金属、用塑料和黏合剂等制成的涂膏涂在正极板上。在正极材料中添加 Ca、Co、Zn 或稀土元素,对稳定电极的性能有明显的改进。采用镍粉、石墨等作为导电剂时,可以提高在大电流时的放电性能。

镍氢电池的负极的关键技术是储氢合金,要求储氢合金能够稳定的经受反复的储氢和放氢的循环。储氢合金有稀土系($LaNi_5$)、钛系列(TiNi、Ti_2Ni 等)、锆系列($ZrMn_2$)、镁系列(Mg_2Ni、Mg_2Cu 等)与钴、锰等金属元素烧结的合金,是一种允许氢原子进入或析出的多金属合金的晶格基块,储氢合金的种类和性能,对镍氢电池的性能有重要影响。储氢合金经过热处理和表面处理,可以增加储氢合金的防腐性能,这有利于提高镍氢电池的比能量、比功率和使用寿命。

电解质是水溶性氢氧化钾和氢氧化锂的混合物。在充电过程中,水在电解质溶液中分解为氢离子和氢氧离子,氢离子被负极吸收,负极的金属转化为金属氢化物。放电过程中,氢离子离开了负极，氢氧离子离开了正极，氢离子和氢氧离子在电解质氢氧化钾中结合成水并释放电能。

$$\underset{\text{正极}}{2NiOOH}+KOH+\underset{\text{负极}}{H_2}\underset{\text{充电}}{\overset{\text{放电}}{\rightleftharpoons}}\underset{\text{正极}}{Ni(OH)_2}+KOH+\underset{\text{负极}}{Ni(OH)_2} \tag{10-2}$$

(2) 镍氢电池的构造

镍氢电池的负极是储氢合金，正极是氢氧化镍 $Ni(OH)_2$，用氢氧化钾 KOH 作为电解质，在正负极之间有隔膜，共同组成镍氢单体电池。在金属铂的催化作用下，完成充电和放电的可逆反应。氢气是没有毒性的物质，无污染，安全可靠，使用寿命长，而且不需要补充水分。

(3) 镍氢电池的工作特性

① 镍氢电池充电特性。镍氢电池在充电时，负极上的水分子在电化学反应中生成氢原子，氢原子立即扩散到储氢合金中，形成氢化物(MH)并储存在储氢合金中。正极 $Ni(OH)_2$ 释放出一个电子而变换为充电状态的 NiOOH。

② 镍氢电池放电特性。镍氢电池在放电时，负极上的氢化物(MH)在合金表面上氧化成水，正极上的 NiOOH 吸收一个电子还原为 $Ni(OH)_2$。在温度变化时，温度对镍氢电池的放电会对电池的容量、放电率和中点电位等产生影响。一般镍电池能够在 −20～+50 ℃ 的温度变化范围内稳定地工作。

③ 寿命。用于 EV 上的镍氢电池具有良好的使用寿命。试验表明，经过 1 000 次的循环充电和放电，电池充电的电荷量和放电能力基本能保持不变。

10.1.4.3 锂离子电池

(1) 锂离子电池的工作原理

锂是最轻的金属元素，原子量仅为 6.49，密度为 0.534 g/cm^3，锂的电极性很强，金属锂暴露在空气中或遇到水时会发生燃烧。

锂离子电池的负极采用天然球状石墨或片状石墨、人造石墨和层状石墨的锂-碳化合物(LiC_6)等制造。

锂离子电池的正极采用 $LiMnO_2$、$LiNiO_2$、$LiCoO_2$ 和 $LiCo_{0.01}Mg_{0.01}Ni_{0.01}O_2$ 等锂的化合物制造，用 $LiCoO_2$ 作为正极材料的锂离子电池的质量比能量可以达到 100 W・h/kg，循环寿命 500 次左右，但钴的资源较少，有较大的毒性。采用 $LiNiO_2$ 中的 Ni 取代 $LiCoO_2$ 中的 Co，$LiMn_2O_4$，易于合成，价格便宜，可以取得较好的效果，而且可以降低成本。北京“格林”动力电源技术有限公司研发的球形钴酸锂 $LiCo_3O_4$ 具有高电压、高容量、抗过载能力强和长寿命的特点。由于锂的化学性能活泼，遇到水时会发生激烈的化学变化，必须采用非水性电解质，通常用有机溶剂/无机盐、无机溶剂/无机盐溶液、固体锂离子导体或熔融盐组成。电解质采用 $LiPF_6$、$LiBF_4$、$LiCLO_4$ 等，其中 $LiPF_6$ 电解质可以使锂离子电池更加安全，性能更好。

在锂离子电池中正极采用不同的材料时，锂的电化学氧化反应为：

$$\begin{cases} MnO_2\text{ 作为正极：}2MnO_2+Li+e^-=\!=\!=LiMn_2O_4 \\ NiO_2\text{ 作为正极：}NiO_2+Li+e^-=\!=\!=LiNiO_2 \\ C_OO_2\text{ 作为正极：}C_OO_2+Li+e^-=\!=\!=LiC_OO_2 \end{cases} \tag{10-3}$$

在锂离子电池中正极还原反应为：

$$LiC_6 = 6C + Li + e^- \quad (10\text{-}4)$$

锂离子电池中的可逆反应属于一种新机理的嵌入式反应，图 10-15 所示为锂离子电池中的锂离子在充电时由正极“嵌入”负极，以及锂离子在放电时“脱离”负极回到正极的示意图。

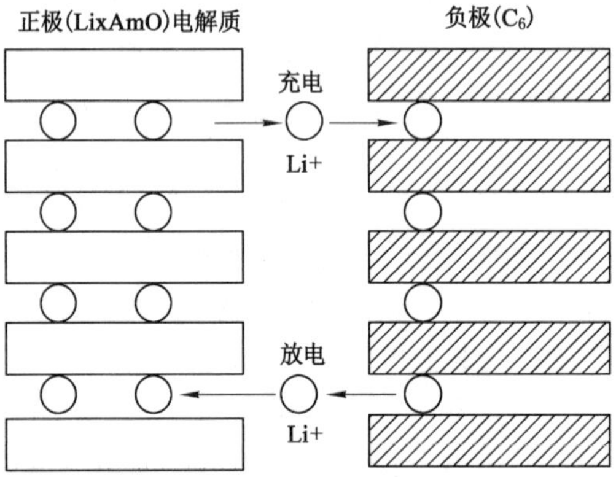

图 10-15　锂离子电池的锂离子在充电时“嵌入”负极和放电时“脱离”正极示意图

(2) 锂离子电池的构造

锂离子电池的单体电池做成圆柱形或棱柱形，锂离子电池由正极、负极和固体锂离子导体组成，它们被封装在外壳中。

(3) 锂离子电池的工作特性

① 锂离子电池充电特性。锂离子电池用标准充电电流充电到一定的时间后，电池电压上限达到 4.15 V 时，改用恒压充电。根据不同倍率的充电条件，锂离子电池的充电特性也略有不同。

② 锂离子电池放电特性。正常情况下，锂离子电池在不同倍率的放电条件时，锂离子电池的放电特性也有所不同。当放电量接近终止时，电压将急剧下降。

当温度变化时，温度对锂离子电池的放电的容量有明显的影响。

10.2　充放电安全技术及管理

10.2.1　充电方式与充电时间

10.2.1.1　充电方式

(1) 常规充电

常规充电方式采用恒压、恒流的传统充电方式对新能源汽车进行充电。用相当低的充电电流为动力电池充电，电流大小约为 15 A。以 120 Ah 的蓄电池为例，充电时间要持续 8 h 左右。

目前，部分市售新能源汽车配备了便携式充电设备，随车搭配的便携式充电设备允许的电流多为 10 A 或 16 A，利用这些便携式充电设备就可以使用家中的插座进行充电，不过需要注意的是，家中的插座也有 10 A 和 16 A 的区分，空调所用插座一般为 16 A，其余大部分用电器的插座是 10 A，不同的电流会对新能源汽车充电时间产生一定的影响。

另外，新能源汽车用户也可以到专用充电站、充电桩进行充电。交流充电桩设置在街边、超市、办公楼、停车场等处。新能源汽车驾驶员只需将车停靠在充电站指定的位置上，接上电线即可开始充电。计费方式是投币或刷卡，采用三相四线制 380 V 供电或单相 220 V 供电。一般充电时长为补电 1～2 h，充满 5～8 h(SOC 值达到 95％以上)。

(2) 快速充电

快速充电方式以较高的充电电流在短时间内为蓄电池充电，与常规充电方式相比安装成本较高。快速充电也可称为迅速充电或应急充电，其目的是在短时间内给新能源汽车充满电，大型充电站多采用这种充电方式。快速充电方式主要针对长距离旅行或需要进行快速补充电能的情况进行充电，充电桩功率很大，采用三相四线制 380 V 供电。一般充电时长为 10～30 min。需要注意的是，快速充电时，短时间内电池会承受较大电流的“冲击”，因此会导致电池出现过热现象，会对电池寿命产生一定影响。

(3) 无线充电

上面所讲的充电方式中，无论是常规充电方式，还是快速充电方式，都会受到“线的羁绊”，充电装置和充电时使用的线路令其多少会受到场地的制约，无线充电则在一定程度上解决了这个问题。

主流的无线充电方式主要有两种：电磁感应式和磁场共振式。其优缺点见表 10-1。

表 10-1　主流无线电充电方式的优缺点

主流无线充电法	电磁感应式	磁场共振式
优点	能量转换效率高	一对多充电、无须精准对位
缺点	供电距离近(0～10 cm)、一对一充电	传输损耗高
应用代表	宝马、奔驰、奥迪、沃尔沃、比亚迪	丰田、高通

① 电磁感应式：这种技术通过两个线圈供电。充电基站一侧的线圈产生一个振动的磁场，相应衍生出一个交变电流，被待充电端设备上的线圈接收。

② 磁场共振式：磁共振技术同样采用了松散耦合的线圈排列来产生可以用的电磁场，但它同时可以调整振荡频率以精确匹配发射器和接收器。与电磁感应技术中的紧密耦合相比，磁共振技术增加了传输距离，但由于线圈之间的耦合松散，导致电能传输不理想。

(4) 更换电池

除了以上三种充电方式外，还可以采用更换动力电池的方式，即在动力电池电量耗尽时，用充满电的动力电池更换已经耗尽的动力电池。动力电池归服务站或电池厂商所有，新能源汽车用户只需租用动力电池。新能源汽车用户把车停在一个特定的区域，然后用专用机械将耗尽的动力电池取下，换上已充满电的动力电池。对于更换下来的未充电动力电池，可以在服务站充电，也可以集中收集起来以后再充电。由于电池更换过程是机械更换和动力电池充电，因此也被称为机械“加油”或“机械充电”。电池更换站同时具备常规充电站和快速充电站的优点，可以用低谷电给动力电池充电，同时又能在很短的时间内完成“加油”过程。通过使用机械设备，整个电池更换过程可以在 10 min 内完成，与现有的内燃机汽车加油时间大致相当。

不过，这种方法也存在不少问题。首先，这种电池更换系统的初始成本很高，其中包括昂贵的机械装置和大量的蓄电池；其次，由于存放大量未充电和已充电的蓄电池需要很多空间，因此修建一个蓄电池更换站所需空间远大于修建一个常规充电站或快速充电站所需的空间；第三，在蓄电池自动更换系统得到应用之前，需要对蓄电池的物理尺寸和电气参数制定统一的标准。

10.2.1.2 充电时间

目前国内正在大力发展纯电动汽车，随着政府政策的大力推动，相信在不久的将来纯电动汽车会离我们越来越近。纯电动汽车充电方式一般分为快速充电和慢速充电两种方式。快速充电可以在短时间内将动力电池进行快速补电，慢速充电的电流比较小，充电时间较长，是最为常规的充电方式。

快充和慢充是相对概念，一般快充为大功率直流充电，半小时可以充满动力电池 80％的容量，慢充为交流充电，充电过程需 6～8 h。新能源汽车充电快慢与充电机功率、电池充电特性和温度等紧密相关。当前技术水平即使快充也需要 1 h 充电到动力电池容量的 80％，超过 80％后，为保护电池安全充电电流必须变小，充到 100％的时间较长。

那么，国内各种品牌新能源汽车充电时间是怎样的呢？详情如表 10-2 所列。

表 10-2　常见新能源汽车的充电时长与续航里程

车型	慢充时间/h	快充时间/h(80％电量)	续驶里程/km
北汽 E150EV	8	1	150
江淮和悦 iEV4	8	1	180
比亚迪 e6	15	1.5	300
奇瑞 eQ	8～10	1.2	200
腾势	10	1.5～2	352
荣威 E50	6～8	1	170
启辰 e30	6～8	1	150

10.2.2 充电步骤及注意事项

10.2.2.1 家用单相交流慢速充电

家用单相交流慢速充电步骤：

(1) 打开充电口盖板和充电座防尘盖，确认充电座防尘盖和充电枪枪口颜色一致。

(2) 将车端充电枪与车身上的充电座相连，直到听到“咔”的响声。

(3) 将供电端(桩端)充电枪与充电柱上的充电座连接。

(4) 充电结束后，将供电端充电枪和车端充电枪均拔出。

(5) 盖好供电端充电枪和车端充电枪的防尘盖。

10.2.2.2 交流充电桩慢速充电

(1) 打开慢充充电盖板开启手柄，掀开慢充口盖及慢充口盖板

(2) 打开充电柱电源口盖板,将电缆插到充电桩上。

(3) 将充电线缆插到车身充电口上。

(4) 将充电卡插人充电桩卡口。

(5) 开始充电。

10.2.2.3　直流充电桩快速充电

(1) 将车辆停至直流充电桩指定停车地点,关闭点火开关,将点火钥匙取下。

(2) 打开充电口盖板,松开快充充电插座塑料卡扣,打开塑料盖。

(3) 将直流充电桩用充电枪与车身上的快速充电端口相连接。

(4) 将充电卡插入充电桩卡口。

(5) 开始充电。

10.2.2.4　充电操作注意事项

(1) 充电前应确认车辆高压系统无故障。

(2) 充电过程中不允许启动车辆。

(3) 车辆附近不允许有易燃易爆物品。

(4) 在家用慢充充电时要确定电路上的额定电流及用电器的总功率。

(5) 充电前应检查充电电缆的情况。

(6) 当充电接口有水时须注意检查充电接口内部。

(7) 发生故障时应通知相关负责人,不允许擅自维修。

(8) 充电时如有条件应建立警示标志。

(9) 不允许使用线板或线捆连接家用高压充电器。

10.2.3　动力电池的维护与保养

10.2.3.1　定期检测

(1) 检查电池组

要通过清理电池组盖与电柱级,避免其出现灰尘等杂物。如果在检查过程中发现其表面覆盖杂物或者污染物,要利用压缩空气法提高表面的清洁度。应该保证电池组外壳完整,避免出现形变、裂纹等问题。同时应该加强托盘与电池盖的密封性,只有加强电池与车身的连接性,才能加强电池的稳定性。

(2) 检测电池的连接状况

应该保证极柱连接安全、稳定,避免出现腐蚀等问题,并且保证单体电池连接点与电池组温度导电带等部件触碰安全,避免出现形变、松动等问题。在充电时,其插座与插头接触必须安全,不能出现脱落等情况。

(3) 检测漏洞

通常情况下,为了保证电流稳定,其锂电子电池组的电压会稳定在300 V,因而必须电池满足绝缘要求。同时,要坚持日常维护,因为如果电池被频繁更换与充电,会缩短其使用时间,提高故障率,所以应该通过专业的维修养护机构修复动力电池。不仅要坚持日常维护、检测,而且要制定管理方案,并且根据电池的实际应用情况进行升级与修复。其主要内容包括检测电压、电池箱连接器等,及时记录检测和维修情况,避免频繁检修和更换,以此降低维修成本。

10.2.3.2 避免紧急加速

在新能源汽车启动、载人时，如果通过动力电池进行紧急加速，动力电池会因为大量放电而出现硫酸铅结晶等问题，从而影响动力电池的物理性能。同时，汽车如果突然降速，驾驶者一定要考虑动力电池故障问题。一定要培养正确的驾驶习惯，避免紧急加速。

10.2.3.3 保证充电器安全

保护充电器想要提高动力电池维护与保养工作的效果，必须提高对充电的重视程度。一般情况下，因为市场上的充电器都缺乏高耐振动处理性能，所以其在维修过程中会出现很多问题。如果在强烈的振动下导致充电器中的电位器出现位移等问题，就会影响充电效果。因此，如果想要保护动力电池，就必须保护充电器。

10.2.3.4 降低生产成本

综上所述，我国新能源动力电池研发起步较晚，所以企业的核心技术主要来自发达国家，尤其是在关键零部件生产领域。从我国新能源动力电池的实际发展情况分析可知，我国如今已经在零件自主研发领域产生一定成就，虽然相比于发达国家仍有一定发展空间，需要重视零件质量和功能。尽管国产汽车拥有价格优势，但在提高购买量的过程中，也要保证新能源动力电池的功能、延长其使用时长，降低后续养护和维修的成本，以此激发人们的购买热情，提升企业经济利润。

10.2.3.5 培养电池技术人才

无论在何领域，要想提高发展水平、促进其持续发展，就必须拥有专业的技术人才。因此，在研究新能源动力电池时，必须培养专业的电池技术人才。提高其性能的过程中，还能缩短维修养护的时间、减少成本、降低难度。因此，要为电池技术人员引进先进、丰富的电池知识，还要培训新能源汽车知识，并且要提高其解决问题的能力。如今，我国缺少此类人才，所以导致电池技术发展缓慢，维修养护耗费巨大。因此，也要为这类人员提供更多实践机会，加强理论和技术的融合，发展养护、维修技术。

10.2.4 电动机的维护与维修

10.2.4.1 电动机的维护

新能源汽车的保养最重要的是通过制定完整的维修保养规划对新能源汽车的部件(主要是电动机)进行定期与不定期交叉维护，从而最大限度地保证新能源汽车行驶的安全。目前，根据国产新能源汽车的保养方案，新能源汽车一般分为A级保养计划和B级保养计划，两种保养计划需要间接交替进行，并且两种保养计划均涵盖了对电动机的保养和维护。A级保养俗称整车保养，当新车累计行驶里程达到7 500 km或者10 000 km时做一次保养；B级保养也称非整车保养，主要是按照项目套餐对新能源汽车进行有针对性的零部件保养(如单独进行的电池保养、线路保养、轮胎保养等)。两种保养方式通常都是按照行驶里程作为参考依据划分保养周期的。对于极端环境情况，如在东北地区极端低温和海南地区极端高温条件下使用的车辆，还需要添加不定期保养，具体的维护保养方法如下：

(1) 日常的维护与保养

对电动机的日常保养主要分为以下工序：第一道工序为清洁工序，主要清洁电动机表面、线路之间的污垢(由于电动机的静电效应极易沾染污垢),在清洁过程中检查有无破损之处;第二道工序是紧固工序,用装有压力表的紧固螺丝刀,对表面螺丝压力进行测试,紧固压力过小的螺丝,调松压力过大的螺丝(防止由于压力过大导致断裂);第三道工序是检查工序,检查紧固螺丝扣的电动机有无发生外观变形、破损、锈蚀、异响、排线有无老化等故障;第四道工序是补充工序,对于缺失的绝缘液和冷却液要进行必要的补充。

(2) 定期的维护与保养

电动机的定期维护包括电路检查、过载检查、冷却系统检查等。电路检查主要是检查电路有无破损、老化、短路、断路,其主要方法是将电动机增量编码器(也叫作U/V/W编码器)的旋变钮拧开,用绝缘电阻表检测,当电压为1 000 V时,电阻值大于或等于500 Ω/V为合格。

过载检查主要是检查电动机的荷载能力,方法是对电动机过电,通过升压的方式观察仪表上的功率提升曲线是否平滑。冷却系统检查主要是检查电动机与电动机控制器冷却液循环制冷效果,具体方法是捏紧冷却液管使其水道内部阻力增大,使冷却液泵转速变小,声音发生变化。如无声音变化,则水道内冷却液没有循环,需放气。

(3) 不定期的维护与保养

除了定期与日常的技术维护外,由于电动汽车对使用环境依赖程度很高,因此针对不同环境还要进行不定期的维护与保养。比如,我国南方潮湿,就应当加大监测湿度对于电动机的影响并做好维护和保养。再如,广东夏天炎热,就需要考虑高温对电动机的影响,做有针对性的维护与保养。

10.2.4.2 电动机故障维修

按照故障性质,电动机故障一般可分为电气原因故障和机械原因故障。电气原因故障的影响因素较多,而且因素之间影响较大,比较难判断;机械故障可通过异响、温度异常等外部特征进行判断。常见的故障原因和维修方法如下:

(1) 常见的机械原因

① 异响故障。例如,在行驶或检测过程中,突然发现异响,一般为转子扫膛或者轴承磨损。检查转子扫膛主要通过塞尺来检查定子和转子之间的间隙,检查有无损坏的轴承,如果有的话,应及时更换即可排除。

② 顿挫故障。例如,在行驶过程中,车辆突然一顿一顿,所有仪表显示正常,则极有可能是电动机需要清理。

(2) 常见的电气原因

① 电动机间歇性转速过快的故障维修。例如,在开车过程中,突然发现扭矩突增或突降,扭矩控制失效,则极有可能是该原因,通过更换内部控制器即可解决。

② 电动机温度过高的故障维修。温度过高是电动机的常见故障,通常是由于内部电阻突然增大导致的。具体表现为电动机控制器根据温度变化无法给予必要的调整,导致功率忽高忽低,主要的解决方式包括更换控制器和更换电动机。

③ 电动机旋转变压器的故障维修。故障一般表现为电动机无法启动或转矩输出偏小。先检查控制器与电动机连接是否正常:如果异常,先行修复;如果还异常,则需要进一步检查解码电路;如果仍然异常,则需要更换旋转变压器。

④ 电动机缺相的故障维修。故障一般表现为电动机停顿、噪音过大和电动机温度过高

而报警，则大概率是由于电动机内部的霍尔元件(主要负责控制信号的传输)出现故障。每部电动机有三个霍尔元件，此类故障一般可以通过同时更换三个霍尔元件彻底解决。

(3) 新能源汽车的清洗

① 新能源汽车的清洗应按照正常洗车方法，但要注意，在清洗过程中应避免水流入车体充电插座，避免车身线路短路。

② 在沿海一带行驶时、在撒有防冻剂的路面上行驶时、在沾有油脂等杂物时将会引起油漆层的剥落或导致车身和零部件腐蚀，须立刻清洗车辆。

在空气里含有大量灰尘、铁屑或化学物质的地区内行驶时，在进行新能源汽车的清洗时，应注意以下几点：

a. 车辆进行日常外观养护及机舱内清洁时，应首先关闭点火开关，并拔出钥匙。擦拭时不得使用潮湿的抹布接触高压部件，如充电机、高压盒和高压线束插头。有必要清洁时，应在关闭点火开关 10 min 后进行，并尽量单手擦拭。

b. 洗车时，使用高压水枪对车身表面、轮毂、轮胎进行冲洗不会造成触电、漏电等问题，但由于很多新能源汽车的快充口安装在前格栅处。因此，在洗车时，应尽量避免用高压水枪直接对准前格栅冲。动力电池安装在车身的底部，高压水流的冲击可能会造成水渗入电池箱而影响绝缘，应避免冲刷底盘。

c. 前机舱内布置了很多高压设备，禁止掀开前机舱盖进行冲洗，否则会造成高压部件各插件受潮，导致车辆出现绝缘故障，无法行驶。

10.2.5 常见问题及注意事项

10.2.5.1 当前新能源汽车维修中常见的问题

通过对当前新能源汽车维修中常见问题的分析与讨论，可在一定程度上有效地帮助我们及时采取针对性的解决措施，确保加大对新能源汽车的维修力度，及时排查出导致其出现故障的原因，从而有效地降低故障的发生率，提升整个汽车的运行安全性。下面就针对当前新能源汽车维修中常见的问题展开具体的分析与讨论。

(1) 高压安全防护方面的问题

新能源汽车较传统汽车而言，除了使用电能作为主要运行动力外，在高压电路以及相关零部件方面，也存在着较大的差异。对于新能源汽车而言，其一般都存在高压电路，像电动机、高压电池等都属于高压系统。因此，无论是纯电动汽车还是混合动力汽车，其高压系统部件的电压和电流都较高。在汽车在运行过程中，有些零部件处的电流甚至可以高达几百安培，这就远远超出了人体所承受的正常安全电流。在对能源汽车进行设计时，就应确保新能源汽车中任意人们可接触点之间的电压都不能高于 36 V，否则就会给人们的触摸带来一定的触电风险。此外，对于新能源汽车中的高压元件，还应做好绝缘措施，避免电压过高，而导致人们触电。高压问题是新能源汽车存在的一个典型问题也是与传统汽车较为不同的问题。在具体维修时，就应着重做好高压安全防护方面的工作，有效降低驾驶人员触电的风险性。

(2) 动力电池泄漏和自燃问题

高压电池虽然较石油资源更加环保，但是其在使用的过程中也存在一定的风险性。就针对当前的新能源汽车而言，大多数都是使用的锂离子电池，而锂离子电池在正常的使用范围内一般不会出现较大的设备故障和安全问题。倘若在使用过程中不注重对锂离子电池的保护，就会增大锂离子电池内部发生化学反应的可能性，进而也就会引发安全问题。而电池内部化学反应的持续产生，就会导致电池内部聚集更多的热量，当热量达到电池可承受的峰值之后，就会导致电池出现自燃，进而也就会引发汽车出现自燃或爆炸。因此，维修人员就应着重对新能源汽车电池进行保护，避免出现滥用电池的状况。此外，导致动力电池出现泄漏的主要原因可能是充电时间过长，导致电池出现泄漏。而电池倘若受到碰撞或者持续在温度较高的环境下，也会出现电池泄漏的情形。

(3) 新能源汽车维修人员的综合水平还较低

虽然我国给予了新能源汽车企业较多的优惠条件，但是与传统汽车相比，新能源汽车的起步还较晚，发展较为缓慢。相对传统汽车维修，新能源汽车维修人员的整体数量较少，虽然有些汽车维修技术人员也能对新能源汽车展开维修，但是当遇到一个新型故障时，维修人员就会变得束手无策。此外，当前绝大多数的新能源汽车维修人员都没有经过系统且专业的训练，很多售后服务人员都是从传统汽车维修售后服务转型而来的，对于新能源汽车的维修问题没有形成一个固定的体系，不利于开展新能源汽车的维修工作。因此，维修人员专业技能的缺乏以及维修经验的欠缺，是当前新能源汽车在发展时所存在的主要问题。

10.2.5.2　新能源汽车在维修时应注意的事项

(1) 建立较为完善的新能源汽车维修标准，为新能源汽车维修工作的开展提供重要的理论依据和制度保障。然而，当前新能源汽车的发展速度还较快，相应的技术也在不断的迭代更新，但在汽车维修方面没有形成一个较为完备的体系，这样就导致汽车维修工作的展开无确定的参考依据。因此，国家相关部门就应结合各新能源汽车企业，并根据当前新能源汽车所具备的技术，不断地完善和修订新能源汽车的维修标准，并做好及时更新。在对新能源汽车进行维修时，维修场地也不应该是任何场合，场地的选取应符合行业的相关标准，必须给维修人员设立单独的维修工位，且工位上也应提供必须的安全防护措施，确保实现对维修人员人身安全的合理防护。在维修人员进行维修时，应设置相应的隔离带达到警醒的作用，避免外来因素给汽车的维修带来风险。此外，由于新能源汽车涉及到高压电，故在维修过程中，维修人员应严格按照相关维修流程开展维修工作，在具体维修之前，还应穿戴符合安全标准的防护设备，并对整个电车进行下电操作。只有确保整辆汽车都处于绝缘状态之后，才能真正的开始维修工作。在对新能源汽车进行维修时，还应安排一名资深人员作为工作监护人，对整个维修过程进行监控，一旦发现维修人员在维修过程中存有异常情况，应立即对其进行施救，避免引起更为严重的安全事故。当新能源汽车在路上抛锚时，维修人员应在汽车抛锚处设置相应的警示牌，并打开应急灯。倘若无法进行现场维修，还可用拖车拖到相应的维修场地，避免长时间待在车内，增大维修人员的危险性。

(2) 加大对新能源汽车维修人员的培训，提升其资质水平和综合能力。具备较多传统汽车维修经验的维修人员，在新能源汽车方面也不见得有较高的维修水平。这是由于新能源汽车与传统汽车之间还存有较大的差异。因此，相关单位就应做好对新能源汽车维修人员的培训工作，确保维修人员能够熟悉和掌握整个新能源汽车的构造。此外，相关部门还应加大对维修人员专业考核，只有考核通过且获得一定的资格证书之后，才能正式上岗，否则就会增大新能源汽车维修的危险性。

综上所述，不断研究与分析新能源汽车维修注意事项，有效提升新能源汽车的维修质量，降低新能源汽车故障的发生率以及有效提升整个汽车的运行性能，促进新能源汽车行业的快速稳定发展都具有至关重要的作用。因此，我们应首先认识与了解新能源汽车维修的基础知识和当前新能源汽车维修中常见的问题，进而建立较为完善的新能源汽车维修标准以及加大对新能源汽车维修人员的培训，从提升汽车维修人员的资质水平和综合能力两个方面做好新能源汽车的维修工作，确保在维修过程中注重各项流程，积极的转变维修观念，不断的提升新能源汽车的维修技术，更好地提升新能源汽车的维修水平，进而就能达到节约能源资源，保护环境的目的。

参 考 文 献

[1] 白春良.谈施工现场临时用电三项基本安全技术原则[J].山西建筑,2012,38(14):127-129.
[2] 本刊讯.汽车产业中长期发展规划出台[J].中国经贸导刊,2017(15):53.
[3] 曹政钦,石岩,魏钢.高电压技术[M].重庆:重庆大学出版社:2020.
[4] 陈波.论新能源汽车动力电池的维护保养与常见故障排除[J].专用汽车,2023(6):113-115.
[5] 陈禾,陈维贤.超、特高压输电线路中潜供电流的电路分析和计算[J].高电压技术,2010,36(10):2368-2373.
[6] 陈小群.光伏电站电力设备施工及运行安全技术[M].北京:中国水利水电出版社,2018.
[7] 陈雄.安全生产法规[M].重庆:重庆大学出版社,2019.
[8] 崔建国,宁永香.深度探讨铅酸蓄电池的工作原理及维护技术[J].山西电子技术,2018(6):73-76.
[9] 电动汽车重大专项总体组."十五"国家高技术研究发展计划(863 计划)电动汽车重大专项进展[J].汽车工程,2003,25(6):533-536.
[10] 丁文彦.谈人体电阻及其影响因素[J].电工技术,1997(5):55-56.
[11] 冯小静,王继仁.电气防火防爆的安全措施[J].电气时代,2006(3):80-82.
[12] 高翔.307# 变配电站供电系统安全设计[D].衡阳:南华大学,2019.
[13] 郭乐乐.电力系统中性点运行方式剖析[J].河北自学考试,2002(9):16-17.
[14] 国家安全生产监督管理总局,国家煤矿安全监察局.煤矿安全规程:条文对比[M].北京:煤炭工业出版社,2016.
[15] 何春林,张昱.10 kV 系统配电网的接地方式研究[J].电力电容器与无功补偿,2023,44(6):103-107.
[16] 黄宇娥.我国低压网的额定电压选用 380/220V 最适宜[J].电工技术,1988(3):13-15.
[17] 惠婷,李铭,王建虎.煤矿电气设备安全管理存在的问题及对策[J].陕西煤炭,2021,40(6):193-195.
[18] 李唐兵,龙洋,游勇华,等.建筑电气与安全用电[M].成都:西南交通大学出版社:2018.
[19] 李啸骢,龙军.供配电技术[M].重庆:重庆大学出版社:2017.
[20] 李佑光.供配电系统[M].重庆:重庆大学出版社:2016.
[21] 李悦,杨海宽.电气安全工程[M].北京:化学工业出版社,2004.
[22] 李志勇,陈影.电工安全用电[M].北京:电子工业出版社,2015.

[23] 梁慧敏,张奇,白春华.电气安全工程[M].北京:北京理工大学出版社,2010.
[24] 梁永春.高压电力电缆温度场和载流量评估研究动态[J].高电压技术,2016,42(4):1142-1150.
[25] 林海滨.完善建筑物内部防雷装置设计的实践经验[J].气象研究与应用,2007,28(3):56-58.
[26] 林玉岐.电气作业安全操作指导[M].北京:化学工业出版社,2009.
[27] 林志鸿,林银盛.新能源汽车发展综述[J].南方农机,2017,48(12):37-38.
[28] 刘景安,张杰.电气设备温度在线监测系统[J].电网技术,2006,30(3):98-100.
[29] 刘俊敏.电流对人体的伤害[J].工业安全与防尘,1988,14(12):37.
[30] 刘青.基于安全生产下工业用电安全及电缆维护[J].煤炭技术,2013,32(3):53-55.
[31] 刘太峰.建筑工程中消防电气的安装与维护探析[J].中小企业管理与科技(中旬刊),2019(5):176-177.
[32] 刘晓明,冯大伟,陈海,等."电气工程导论" 课程思政教学与实践[J].电气电子教学学报,2023,45(5):90-93.
[33] 陆荣华.电气安全手册[M].北京:中国电力出版社,2006.
[34] 毛雨.建筑工程施工现场用电安全及电气设备供电安全探究[J].中国设备工程,2022(20):66-68.
[35] 毛卓平.110kV 变电站防雷接地设计[D].长沙:湖南大学,2016.
[36] 能源部电力建设研究所.电力建设施工、验收及质量验评标准汇编(下)[M].2 版.北京:中国电力出版社,2006.
[37] 钮英建.电气安全工程[M].北京:中国劳动社会保障出版社,2009.
[38] 唐继跃,房兆源.电气设备检修技能训练[M].北京:中国电力出版社,2007.
[39] 田国强,王金贵,赵堂远,等.供配电及用电系统在民用建筑中的运用[J].住宅与房地产,2017(33):233.
[40] 王春杰,祝令瑜,汲胜昌,等.高压输电线路和变电站雷电防护的现状与发展[J].电瓷避雷器,2010(3):35-46.
[41] 王明鹏.三相异步电动机正反转控制[J].现代职业教育,2017(13):182.
[42] 魏良.矿山电气设备使用技术[M].北京:煤炭工业出版社,2005.
[43] 吴憩棠.分级管理和准入条件:解读"新能源汽车生产企业及产品准入管理规则"[J].汽车与配件,2009(29):16-19.
[44] 吴育毅.接地网腐蚀状态检测方法及其实现[D].长沙:湖南大学,2020.
[45] 夏洪永,俞章毅.电气安全技术[M].北京:化学工业出版社,2008.
[46] 肖白,赵雪纯,董光德.电能质量综合评估方法综述与展望[J].发电技术,1-18.
[47] 徐厚生,赵双其.防火防爆[M].北京:化学工业出版社,2004.
[48] 杨丰萍,李中奇,彭伟发.电器技术及控制[M].成都:西南交通大学出版社,2022.
[49] 杨璨,向婉芹.电力生产安全技术[M].重庆:重庆大学出版社,2015.
[50] 杨天义.试论用电负荷分级及供电电源[J].建筑电气,2009,28(9):7-11.
[51] 杨有启,钮英建.电气安全工程[M].北京:首都经济贸易大学出版社,2000.
[52] 姚卫星,周光荣,徐礼达.水电站电气设备安装[M].北京:中国水利水电出版社:2019.

[53] 尤海峰，覃雪芳．触电事故原因分析及急救[J]．中国安全生产，2010，5(8)：46-47.
[54] 张长富．工厂供配电技术[M]．重庆：重庆大学出版社：2015.
[55] 张春林．浅谈施工现场临时用电系统安全管理探讨[J]．工程建设与设计，2018(14)：208-209.
[56] 张海强．公路建设项目施工现场三级配电设备选型方法[J]．科技视界，2018(23)：232-233.
[57] 张海燕．电气工程概论[M]．重庆：重庆大学出版社，2022.
[58] 张红军．促进可再生能源发展的多种能源利用协同机制与路径[D]．北京：中国石油大学(北京)，2023.
[59] 张洪铭．《电力安全规程》翻译实践报告[D]．吉林：东北电力大学，2020.
[60] 张义军，孟青，马明，等．闪电探测技术发展和资料应用[J]．应用气象学报，2006，17(5)：611-620.
[61] 赵淳，阮江军，李晓岚，等．输电线路综合防雷措施技术经济性评估[J]．高电压技术，2011，37(2)：290-297.
[62] 赵航．基于 CatBoost 的配电网单相接地故障选线方法研究[D]．哈尔滨：东北农业大学，2023.
[63] 赵莲清，刘向军．电气安全[M]．2 版．北京：中国劳动社会保障出版社，2007.
[64] 赵梓君．基于 ρ 平面的小电阻系统高阻接地故障选线方法研究[D]．长沙：湖南大学，2021.
[65] 周浩，余宇红．我国发展特高压输电中一些重要问题的讨论[J]．电网技术，2005，29(12)：1-9.
[66] 周志敏，纪爱华．现代防雷实用技术[M]．北京：电子工业出版社，2015.
[67] 朱柏刚，谢颐明．电气控制技术[M]．北京：中国铁道出版社，2022.
[68] 朱成成．电网不平衡条件下双馈风力发电机转子侧变流器控制策略研究[D]．银川：宁夏大学，2023.
[69] ALEKSANDROV P E，ANUROVA A I，PETROPAVLOVSKII M E，et al. Intrinsic characteristics of cathode and anode materials for lithium-ion batteries[J]. Russian journal of applied chemistry，2007，80(8)：1331-1334.
[70] AL-ZYOUD W，QUNIES A M，WALTERS A U C，et al. Perceptions of chemical safety in laboratories[J]. Safety，2019，5(2)：21.
[71] BUICA G，ANTONOV A E，BEIU C，et al. Safety measures - tools for reducing the cost of working accidents in electrical installations[J]. Environmental engineering and management journal，2012，11(7)：1247-1255.
[72] CHAN K Y V，LEONG S L，NG S. Battery module charging and discharging control method and a battery system：US10186876[P]. 2019-01-22.
[73] CHEN Z P，WANG X Y，GUI W H，et al. A novel sensing imaging equipment under extremely dim light for blast furnace burden surface：starlight high-temperature industrial endoscope[J]. CAA Journal of automatica sinica，2024，11(4)：893-906.
[74] DALZIEL C F. Effects of electric shock on man[J]. IRE Transactions on medical

electronics,1956,PGME-5:44-62
[75] EDELBERG R. Relation of electrical properties of skin to structure and physiologic state[J]. The journal of investigative dermatology,1977,69(3):324-327.
[76] FONTANAROSA P B. Electrical shock and lightning strike[J]. Annals of emergency medicine,1993,22(2 Pt 2):378-387.
[77] GEDDES L A. Handbook of electrical hazards and accidents[M]. Boca Raton:CRC Press,1995.
[78] GEDDES L A. Handbook of electrical hazards and accidents[J]. Journal of clinical engineering,1995,2016:495-498.
[79] KAY G N,DOSDALL D J,SHEPARD R B. Cardiac electrical stimulation[M]// Clinical Cardiac Pacing,Defibrillation and Resynchronization Therapy. Amsterdam: Elsevier,2011:3-39.
[80] KOUMBOURLIS A C. Electrical injuries[J]. Critical care medicine,2002,30(11 suppl):S424-S430.
[81] KOUWENHOVEN W B,LANGWORTHY O R. Cardiopulmonary resuscitation. An account of forty-five years of research[J]. The johns hopkins medical journal,1973, 132(3):186-193.
[82] KUMAR M,SOOMRO A,UDDIN W,et al. Optimal multi-objective placement and sizing of distributed generation in distribution system:a comprehensive review[J]. Energies,2022,15(21):7850.
[83] LEE K Y,MOON H W,KIM D W,et al. A study on the development of an autonomous electrical safety management service using an IoT-based smart outlet[J]. The International journal of electrical engineering & education,2021,58(2):168-178.
[84] MAGYARI M,MOLDOVAN L,RAD M. Considerations regarding Ex d IIB + H_2 method of protection for flameproof electrical equipment[J]. MATEC web of conferences,2022, 354:00042.
[85] NEGARA I M Y,FAHMI D,ASFANI D A,et al. Investigation and improvement of standard external lightning protection system:industrial case study[J]. Energies, 2021,14(14):4118.
[86] NGUYEN T T, HOLT R. Lightning protection of transmission lines: optimal shielding design procedure[J]. IEE proceedings-generation,transmission and distribution, 2003,150(6):659.
[87] PANTOJA J P,DE OLIVEIRA L P,HERNÁNDEZ-FIGUEROA H E,et al. Design of a UWB biconical antenna with a lightning protection system for surveillance applications[J]. Microwave and optical technology letters,2019,61(3):688-695.
[88] PERKINS G D, HANDLEY A J, KOSTER R W, et al. European Resuscitation Council Guidelines for Resuscitation 2015: section 2. Adult basic life support and automated external defibrillation[J]. Resuscitation,2015,95:81-99.
[89] SEEMANN G. Modeling of electrophysiology and tension development in the human

heart[D]. Diss. :Uriversität Karlsruhe,2005.

[90] SHISHVAN S S,FLECK N A,MCMEEKING R M,et al. Failure mechanisms at the Li anode/solid electrolyte interface during Li stripping[J]. Mechanics of materials, 2024,193:104990.

[91] SMITH R J,DORF R C. Circuits,devices,and systems:a first course in electrical engineering[M]. 5th ed. New York:Wiley,1992

[92] VON MEIER A. Electric Power Systems[M]. New York:Wiley,2006.

[93] WANG G, HUANG M, BAI H, et al. A current differential protection scheme for distribution networks with inverter-interfaced distributed generators considering delay behaviors of sequence component extractors[J]. Electronics,2023,12(23):4727.

[94] WANG Y,LIN F. Analysis and countermeasures of hidden dangers and risks in substation operation and maintenance[J]. World;ournal of innovation and modern technology,2023,6(16):8-15.

[95] WEEDY B M,CORY B J,JENKINS N,et al. Electric power systems[M]. New York: Wiley,2012.

[96] YOSHIMURA T,FUJIMURA N. Polarization hysteresis loops of ferroelectric gate capacitors measured by sawyer-tower circuit [J]. Japanese Journal of Applied Physics,2003,42(Part 1,No. 9B):6011-6014.

[97] YU Y,BIAN R E,WANG T W,et al. Inverse time overcurrent optimization of distribution network with DG based on improved gray wolf algorithm[J]. Energy reports,2022,8:237-246.